高等院校城市规划专业本科系列教材

城市规划技术子系列

# 城市规划数据库技术（第二版）

Database Technology of Urban Planning (Second Edition)

张　军　周玉红　主编

WUHAN UNIVERSITY PRESS

武汉大学出版社

图书在版编目(CIP)数据

城市规划数据库技术/张军,周玉红主编.—2版.—武汉:武汉大学出版社,2011.8
高等院校城市规划专业本科系列教材
ISBN 978-7-307-09021-7

Ⅰ.城… Ⅱ.①张… ②周… Ⅲ.数据库管理系统—应用—城市规划—高等学校—教材 Ⅳ.TU984-39

中国版本图书馆CIP数据核字(2011)第153112号

责任编辑:任仕元　　责任校对:刘　欣　　版式设计:马　佳

---

出版发行:武汉大学出版社　(430072　武昌　珞珈山)
(电子邮件:cbs22@whu.edu.cn 网址:www.wdp.com.cn)
印刷:湖北睿智印务有限公司
开本:787×1092　1/16　印张:15.25　字数:357千字　插页:1
版次:2004年9月第1版　2011年8月第2版
2011年8月第2版第1次印刷
ISBN 978-7-307-09021-7/TU·100　定价:26.00元

---

# 总　　序

随着中国城市建设的迅速发展，城市规划学科涉及的学科领域越来越广泛。同时，随着科学技术的突飞猛进，城市规划研究方法、规划设计方法及城市规划技术方法也有很大的变化，这些变化要求城市规划高等教育在教学结构、教学内容及教学方法上做出适时调整。因此，我们特别组织编写了这套高等院校城市规划专业本科系列教材，以满足高等城市规划专业教育发展的需要。

这套教材由城市规划与设计、风景园林及城市规划技术这三大子系列组成。每本教材的主编教师都有从事相应课程教学 20 年以上的经验，课程讲义经历了不断更新及充实的过程，有些讲义凝聚了两代教师的心血。教材编写过程中，有关编写人员在原有讲义基础上，广泛收集最新资料，特别是最近几年的国内外城市规划理论及实践的资料。教材在深入讨论、反复征求意见及修改的基础上完成，可以说这是一套比较成熟的城市规划本科教材。我们希望在这套教材完成之后，将继续相关教材编写，如城市规划原理、城市建设历史、城市基础设施规划等，以使该套教材更完整、更全面。

本系列教材注重知识的系统性、完整性、科学性及前沿性，同时与实践相结合，提出与规划实践、城市建设现状、城市空间现状相关的案例及问题，以帮助、引导学生积极自觉思考和分析问题，鼓励学生创新意识，力求培养学生理论联系实际、解决实际问题的能力，使我们的教学更具开放性和实效性。

这套教材不仅可以作为高等院校城市规划和建筑学专业本科教材及教学参考书，同时也可以作为从事建筑设计、城市规划设计、园林景观设计及城市规划研究人员的工具书及参考书。

希望这套教材的出版能够为城市规划高等教育的教学及学科发展起到积极的推进作用，为城市规划专业及建筑学专业的师生带来丰富的有价值的资料，同时还能为城市规划师及其相关专业的从业者带来有益的帮助。

教材在编写过程中参考了同行的著作和研究成果，在此一并表示感谢。也希望专家、学者及读者对教材中的不足之处提出批评指正意见，帮助我们更好地完善这套教材的建设。

# 序

随着地理信息系统(GIS)的产生和发展以及在各行各业的不断应用，GIS 的理论和技术得到了空前的发展。城市规划作为 GIS 的重要应用领域之一，为人们普遍关注。自 20 世纪 80 年代以来，我国很多地区都开展了城市规划信息系统相关项目的建设，一些高等院校也设立了相关的专业方向，因而也吸引了大量的计算机信息业人才从事 GIS 在城市规划中的应用研究。GIS 在这个领域应用的一个最重要的基础是数据库技术。我们究竟应该关心哪些数据以及如何处理这些数据，并不是所有的从业人员都明白和掌握了的，多数人，甚至包括高等院校的学生都对此缺乏真正的了解，而目前也没有专门的将计算机科学中的数据库技术与城市规划相结合的书籍供参考和使用。《城市规划数据库技术》这本书正是为弥补这一空白而编写的。

本书的两位编者长期从事城市规划及城市规划信息系统的研究和实践工作，积累了大量城市规划数据库开发的经验，所提出的一些观点和阐述的内容避免了以往很多数据库相关书籍重理论讲解而轻数据库实践和应用的不足，具有较强的针对性和实用性。本书可以帮助城市规划管理信息系统的开发人员少走弯路，且必将在一定程度上促进城市规划信息系统开发过程的标准化。

本书不但总结了编者多年实践的经验，同时也收录了近年来一些相关的理论和技术，如城市规划数据库的内容、空间数据的组织方法、空间数据索引和 UML 等，这都说明本书的编者既关心城市规划行业的应用问题，也重视数据库技术发展的动态，具有一定的前瞻性，这对于扩充读者的视野是非常有意义的。

随着我国政府对于建设“信息化社会”目标的制定和“数字城市”的深入发展，城市规划信息系统的发展进程是非常值得关注的，它在一定程度上关系着“信息化”社会目标的最终实现，而作为城市规划信息化的基础——数据库技术也必须引起关注。希望广大从事这项工作的管理人员和技术人员倍加努力，为中国社会的信息化建设作出贡献！

中国科学院院士
中国工程院院士
武汉大学　教授
李德仁

2011 年 7 月

# 前　言

伴随着地理信息系统在城市规划领域应用的不断深入，为了满足城市规划与设计专业和其他相关专业的学科发展及其对计算机应用的要求，并根据这些学科自身的特点和对计算机应用数据库的具体要求，我们编写了本教材。

全书共分7章，其主要内容包括：数据库基础知识、关系数据库设计方法、UML及其在数据库中的应用、标准化查询语言SQL、规划的空间数据的组织方法、城市规划信息系统的开发以及城市规划数据库的发展趋势。附录中举例说明了数据库设计的过程以及城市规划管理信息系统的主要内容，供读者参考。

本书是在武汉大学城市规划专业和原武汉测绘科技大学城市规划与设计专业及城镇建设专业本科生和研究生多年教学中使用的自编教材的基础上扩充而成的。编写过程中吸收了作者多年来的教学实践经验和科研成果，同时也借鉴了荷兰国际航空航天测量与地学学院相关课程和教材的内容。

参加本书编写的人员有张军(第1章、第2章、第3章、第4章、第5章、附录1)，周玉红(第6章、第7章、附录2)。书中插图由杨满伦、郭汝、王芳、张悦毅、陈庆利、周蕊绘制。张军负责全书的统稿定稿工作。

本书在编写过程中得到了中国科学院院士、中国工程院院士李德仁教授，武汉大学徐肇忠教授，武汉大学蓝运超教授的大力支持和指导，他们都对本书最终的定稿提出了宝贵意见，在此一并致以谢忱！

同时，也感谢武汉大学出版社、武汉大学教务部及武汉大学城市设计学院的领导和老师对本书出版给予的帮助。

由于受编写时间和作者水平的限制，书中难免存在缺点和错误，敬请读者批评指正。

编　者

2011年7月于武汉大学珞珈山

# 目　　录

# 第1章 概　　论

数据库技术产生于20世纪60年代中期，是数据管理的新技术。作为计算机科学的重要分支，随着计算机应用在各行各业的深入发展，数据库技术也得到了长足的发展，当然它也应用于城市规划领域，并形成工程数据库的一部分。本章介绍数据库的有关概念以及为什么要发展数据库技术。

## 1.1 基本概念

### 1.1.1 数据(data)

人类所处的世界是物质世界，同时也是信息世界。信息伴随着物质的存在而存在。信息是物质的反映，而表示信息最准确的是数据。因此，数据是物质世界中信息的表示形式。

说起数据，人们首先想到的是数字。数字表示信息，有时是自然的，有时是人为的。例如：一个城市人口数为50万，一块城市用地面积为5公顷，一座楼房有20层，等等。这些都是自然数字表示的数据。又如：楼房的外墙面是红色或绿色，其中的红色或绿色无法直接用数字表示，可定义1表示红色，2表示绿色。这里数字1或2则是人为数字表示的数据。另外，除了以上提到的数字外，日常生活中的文字、图形、声音、人事档案记录等也都是数据。

为了认识物质世界并交流信息，人们需要描述客观事物。数据实际上是描述事物的符号记录。在计算机中，为了存储和处理这些事物，就必须对这些事物让人感兴趣的或必要的特征用一组记录来进行描述。例如：管理人事档案时，人们可能感兴趣的是人的姓名、出生年月、性别、籍贯、工作时间、基本工资、职称等特征，那么可以描述如下：

(张泰，1965/5，男，山东青岛，1988/9，465，工程师)

又如：规划管理中的红线，其必要的特征有红线编号、所属单位、地块面积、审批日期、经办人等，那么可以描述如下：

(2001001，武汉市自来水公司，8000，2001/12/30，李华)

### 1.1.2 数据库(database，DB)

收集大量数据后，应将其保存起来以供进一步加工处理和提取有用信息。保存的方法有许多种：人工保存、存放在文件里、存放在数据库里，其中数据库是存放数据的最佳场所。

所谓数据库是指长期存储在计算机中、有组织、可共享的数据集合。数据库中的数据按一定的数据模型组织、描述和储存，具有较小的冗余，较高的数据独立性和易扩展性，并可为各种用户共享。

### 1.1.3 数据库管理系统(database management system，DBMS)

数据库管理系统DBMS是位于用户与操作系统之间的一层数据管理软件，同时它也是数据库系统的核心软件，是数据处理技术各种先进思想的集中体现，是一种综合、通用的大型系统软件。

数据库在建立、运行和维护时由DBMS统一管理、统一控制。DBMS使用户能方便地定义数据和操作数据，并能保证数据的安全性、完整性、多用户对数据的并发使用及发生故障后的系统恢复。

数据库技术自出现以来，DBMS从初级到高级，其功能越来越强大，技术与理论也越来越完善。根本的发展是数据独立性越来越高，用户接口趋向于简明、方便、直观，非过程化、智能化。尤其从层次模型、网状模型发展到关系模型以后，DBMS的目标更加明确。总之，DBMS包括的共同的最基本部分有：定义数据库结构的语言，即数据定义语言；操纵数据库语言，即数据操纵语言；数据库系统的各种应用程序，包括：装配程序、控制程序、维护程序、故障恢复程序和其他实用程序。

### 1.1.4 数据库系统

数据库系统一般由数据库、数据库管理系统(DBMS)及其开发工具、应用系统、数据库管理员和用户构成。当然，从其运行的环境来看，还应包括硬件资源。应当指出，数据库的建立、使用和维护等工作只靠一个DBMS是不够的，还需要专门的人员来完成，这些人员称为数据库管理员(database administrator，DBA)。

数据库系统可以用图1-1-1来表示。

下面对数据库系统组成部分的硬件、软件及数据库管理员分别加以介绍。

1. 硬件

这里的硬件指数据库的硬件要求，它包括CPU，内存，磁盘(光盘)，终端显示器、键盘、打印机等外围设备。

(1)CPU：决定计算机的运算速度。而数据库处理中数据检索的速度与计算机本身的运算速度密切相关，因而，CPU决定了数据库处理的速度。同时，数据库的检索速度也与I/O操作所占有的时间有关。

(2)内存：在数据库系统下，数据库管理系统、操作系统、应用程序、系统缓冲区、目标模式和子模式等，很多程序都要常驻内存，因而要求内存空间比较大。

(3)外存：存放数据库的仓库，它的大小至少应该能容纳下数据库中的数据，否则数据库系统将无法运行。外存分为两级，即联机和脱机。联机查询的数据必须存放在磁盘上；而用于维护、恢复的副本、日志等则一般脱机放在光盘上。因此，两种外存通常都需要配备，而且容量要足够大。

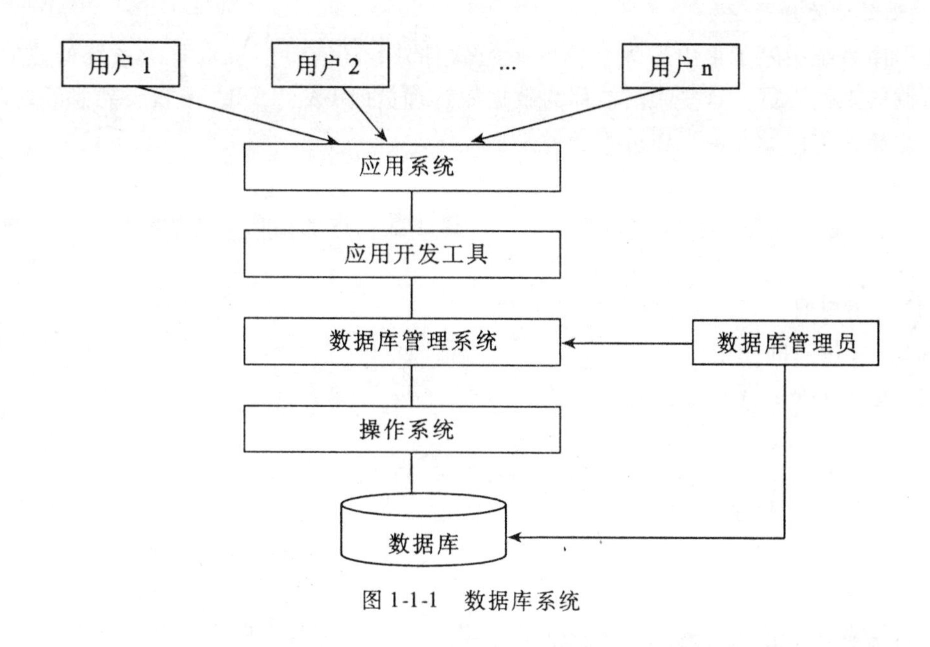


图 1-1-1 数据库系统

2. 软件

数据库系统的软件包括：操作系统、主语言(即高级语言)、DBMS、应用软件。

(1)操作系统(OS)

OS 是 DBMS 的主要支持软件，DBMS 对数据库的存取操作最终是由 OS 完成的，因此 OS 直接影响数据库的检索速度和数据库系统的功能。

(2)主语言和 DBMS

DBMS 只提供最基本的数据操作命令，而一些其他功能语句，如计算、判断、条件等语句则由 OS 支持下的高级语言提供。用户在编写应用程序时，若需要查找数据，就需调用 DBMS 的数据操作命令，进入 DBMS 的功能程序，完成后再返回。高级语言与 DBMS 的接口方式通常有两种：应用程序通过普通的过程调用来启动 DBMS 的命令执行程序；数据操作语言的命令作为主语言的扩展，用户将操作命令嵌入到主语言中去。

(3)应用软件

应用软件不属于 DBMS。DBMS 只能向用户提供最基本的数据存取功能，不能提供满足用户特定条件的检索和特殊查询功能，如果需要就必须使用高级语言和数据操作语言编写程序来完成。另外，对于用户的具体业务管理程序，如规划管理部门的红线管理程序、银行的出纳和记账程序等，也需要通过高级语言和数据操作语言编写程序来完成。这里所提到的编写的程序就是应用程序(软件)。

随着数据库技术的发展，应用程序出现两个趋势：一是用 DBMS 和高级语言将大量的重复的工作编制成通用程序，组成应用程序软件包，如报表生成程序、统计计算程序等；二是 DBMS 向着非过程化发展，即将一部分共性应用软件纳入自己的范畴，如求平均值、求和、求方差等功能。总之，数据库技术的发展，其目的总是为用户创造一个良好的应用环境。

3. 数据库管理员

数据库系统中除了集中管理数据的系统软件外，还有专门负责整个系统的建立、维护、协调的工作人员，这些人员被称为数据库管理员(DBA)。DBA 不仅要熟悉系统软件，还要熟悉相关部门的业务工作。其任务是：

(1)进行需求调查，决定数据库的信息内容；

(2)进行数据库的逻辑设计、物理设计，描述数据库的结构，即形成模式、子模式和物理模式；

(3)与用户取得联系，随时调整和修订系统；

(4)定义用户的使用权限；

(5)负责维护、恢复工作。

## 1.2 数据库的历史

### 1.2.1 数据库技术的发展阶段

数据库技术是应数据管理任务的需要而产生的。

数据管理是指如何对数据进行分类、组织、编码、存储、检索和维护，它是数据处理的中心问题。随着计算机硬件和软件的发展，数据管理经历了人工管理、文件系统和数据库系统三个阶段。

1. 人工管理阶段

20 世纪 50 年代中期以前，计算机主要用于科学计算。当时的硬件状况是：外存只有纸带、卡片、磁带，而没有直接存取的存储设备；软件方面没有操作系统，没有管理数据的软件；数据处理方式是批处理。

人工数据处理具有如下特点：

(1)数据不保存。由于当时计算机主要用于科学计算，一般不需要将数据长期保存，只是在计算某一课题时将数据输入，用完就撤走。不仅对用户数据如此处置，对系统软件有时也是这样。

(2)数据需要由应用程序自身管理。应用程序中不仅要规定数据的逻辑结构，而且要设计相应的物理结构，包括存储结构、存取方法、输入方式等。

(3)数据不共享。数据都是面向应用的，一组数据只能对应一个程序。当一些相同的数据要被几个应用程序同时使用时，必须各自重新定义。

(4)数据不具有独立性。数据的逻辑结构或物理结构发生变化时，必须对相应的应用程序作出必要的修改。

人工管理阶段应用程序与数据之间的对应关系可用图 1-2-1 表示。

2. 文件系统阶段

20 世纪 50 年代后期，随着计算机的发展，计算机不仅用于科学计算，而且大量用于管理。这时硬件有了磁盘、磁鼓等直接存取存储设备；软件方面，操作系统中已经有了专门的数据管理软件，一般称为文件系统；处理方式上不仅有了文件批处理，而且还能够联

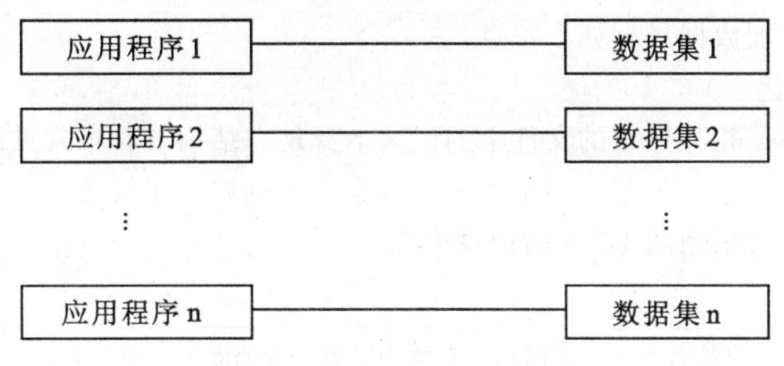


图 1-2-1 人工管理阶段应用程序与数据之间的关系

机实时处理。

文件系统管理数据具有以下特点：

(1)数据可以长期保存。由于计算机大量用于数据处理，数据需要长期保存在外存上，以便反复进行查询、修改、插入、删除等操作。

(2)有专门的文件系统管理数据，程序与数据之间由软件提供的存取方法进行转换，使得应用程序与数据间有一定的独立性。数据存储上的改变不一定反映在应用程序上。

(3)数据独立性低。文件系统中的文件是为某一特定应用服务的，数据逻辑结构对该应用是最优的，但是要增加数据将非常困难，系统不易扩张。同时，数据逻辑结构的改变也会引起应用程序的修改，因而虽然数据与程序之间有了独立性，但独立性还非常低。

(4)数据共享差。在文件系统中，一个文件基本上对应一个应用程序。当不同应用程序具有部分相同的数据时，必须建立各自的文件，数据冗余大，浪费存储空间。

文件系统阶段应用程序与数据之间的关系可用图 1-2-2 表示。

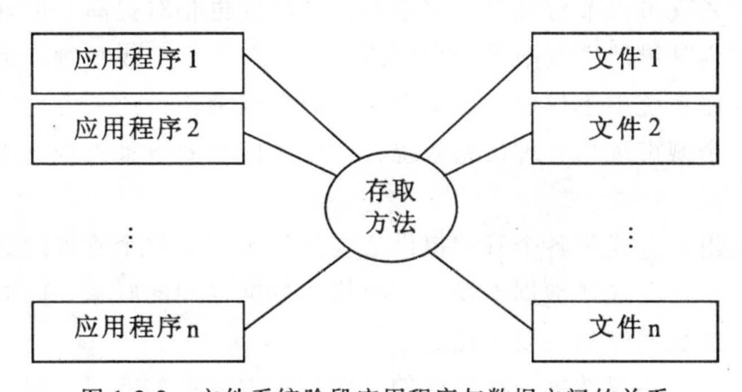


图 1-2-2 文件系统阶段应用程序与数据之间的关系

3. 数据库系统阶段

20 世纪 60 年代后，计算机在管理方面的应用越来越广泛，同时在多种应用、多语言互相访问时对数据共享的要求也越来越强烈。这时硬件已有大容量磁盘；编制和维护系统软件及应用程序所需的成本相对增加；在处理方式上，联机实时处理要求越来越多，并开始提出和考虑分布处理。为满足多用户、多应用共享数据的需求，使数据为尽可能多的用户服务，数据库技术及统一管理数据的专门软件系统——DBMS 开始出现。

数据库系统管理数据具有如下特点。

(1)数据结构化

在文件系统中，相互独立的文件中的记录本身是有结构的。最常见的一种文件形式同时也是最简单的文件形式是等长同格式的记录集合。例如：建筑工程申请中子表的一个记录文件，每个记录可采用图 1-2-3 的记录格式。

| 项目编号 | 建筑名称 | 建筑结构 | 高度 | 层数 | 占地面积 | 建筑面积 | 单位造价 |
|---|---|---|---|---|---|---|---|

图 1-2-3　建筑工程申请记录

对于任何建筑工程，以上 8 项中除了建筑名称外，都是必须的而且基本上是等长的，而建筑名称则随着信息量的变化而变化较大。如果采用等长的记录形式来存储这些数据，每个申请的建筑项目记录的长度必须等于信息量最多的记录长度，因而造成大量的存储空间被浪费。所以最好使用变长记录或主记录与详细记录相结合的形式建立文件。即只将建筑名称作为详细记录，其他项作为主记录，每个记录采用如图 1-2-4 所示的记录格式。

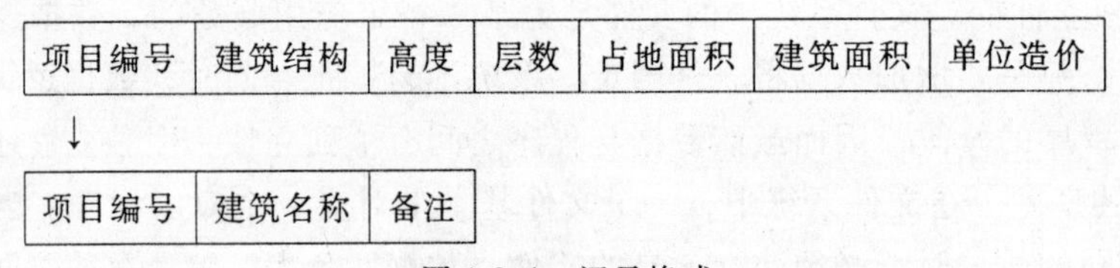


图 1-2-4　记录格式

通过这样的方式就可以节省许多存储空间，灵活性也相对提高。但是这样建立的文件仍然有局限性，因为其灵活性仅限于一个应用而言。对于一个规划管理部门而言，将涉及许多应用，在数据库系统中不仅要考虑某个应用的数据结构，还要考虑整个组织的数据结构。例如：对于一个城市规划管理信息系统，还要考虑规划审批管理、用地审批管理、竣工验收管理等。

以上这种数据组织方式为各个管理提供必要的记录，使整个管理的数据结构化，这就要求在描述数据时不仅要描述数据本身，还要描述数据之间的联系，因而数据库系统实现整体数据的结构化是数据库的主要特征之一。

在数据库系统中，不仅数据是结构化的，而且存取数据的方式也很灵活，可以存取数据库中的某一个数据项、一组数据项、一个记录或一组记录。而在文件系统中，数据的最小存储单位是记录，粒度不能细化到数据项。

(2)数据的共享性好，冗余度低

数据的共享程度直接影响数据的冗余度。数据的共享程度越高，数据的冗余度就越低；反之亦然。数据库系统从整体角度看待和描述数据，数据不再面向某个应用而是面向整个系统。图 1-2-5 中所示项目基本记录可以被多个应用共享使用。这样既可以大大减少数据冗余，节约存储空间，又能够避免数据之间的不相容性与不一致性。所谓数据的不一致性是指同一数据不同拷贝的值不同。采用人工管理或文件系统管理时，由于数据被重复存储，当修改不同的应用程序时就容易造成数据的不一致。

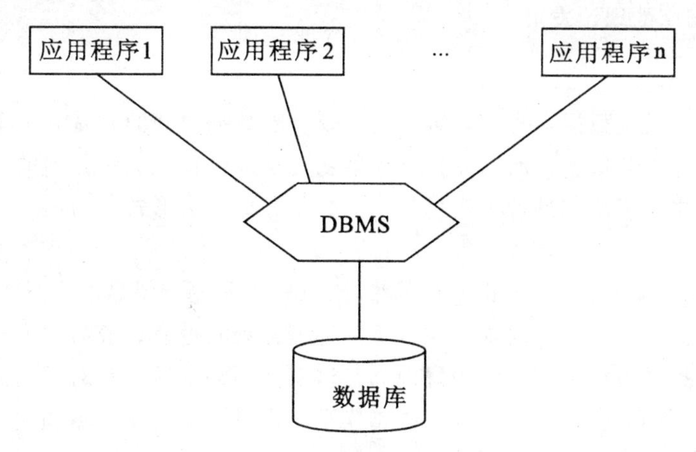


图 1-2-5　应用程序与数据库的对应关系

(3)数据库的独立性强

数据库系统提供了两方面的映像功能，从而使数据除了具有物理独立性之外，还具有逻辑独立性。

其中一个映像功能是数据的总体逻辑结构与某类应用所涉及的局部逻辑结构之间的映像，这种映像被称为逻辑变换。逻辑变换保证当数据总体逻辑结构改变时，通过对映像的相应改变可以保证数据的局部逻辑结构不变，由于应用程序是按照数据的局部逻辑结构编写的，因而无需改变应用程序。这就是数据与程序的逻辑独立性，简称数据的逻辑独立性。

另一个映像功能是数据的存储结构与逻辑结构之间的映像或转换功能，被称为物理变换。物理变换保证当数据存储结构改变时，通过对映像的相应改变可以保证数据的逻辑结构不变，从而应用程序也无需改变。这就是数据与程序的物理独立性，简称数据的物理独立性。

数据的独立性使得可以把数据的定义和描述从应用程序中分离开来。同时，数据的存取由 DBMS 管理，用户不需要考虑存取路径等细节，从而简化了应用程序的编制，有利于应用系统的维护与修改。

(4)数据由 DBMS 统一管理和控制

数据由 DBMS 统一管理，因此使用数据库时有很灵活的方式，可以获取整体数据的各种合理子集用于不同的应用系统。而且，当系统需求或功能发生改变时，只重新选取不同的数据子集或加上相应的一部分数据，便可以有更多的用途，满足系统的新要求。

除数据管理功能外，DBMS 还必须提供数据控制功能，如：数据的安全性(security)、数据的完整性(integrity)、并发控制(concurrency)、数据库恢复(recovery)等。

综上所述，数据库是存储计算机中有组织的、大量的、共享的数据集合。它可供多种用户共享，具有最小冗余度和较高的数据独立性。DBMS 在数据库的建立、运行和维护时对数据库进行统一控制，以保证数据的完整性、安全性，在多用户同时使用数据库时并发控制，并在发生故障后对系统进行恢复。

### 1.2.2 数据库的理论发展

1. 数据模型概念

数据库不仅要反映数据本身的内容，而且要反映数据之间的联系。由于计算机不可能直接处理现实世界中的事物，所以要将具体事物转换成计算机能够处理的数据。数据库中用数据模型来抽象、表示和处理现实世界中的数据和信息。形式化为：

DM={R，L}

其中，DM——数据模型；R——记录型的集合；L——不同记录型的联系。

数据模型应满足三方面的要求：比较真实地模拟现实世界；容易被人理解；便于在计算机上实现。数据库系统原则上应很好地满足这三方面的要求，针对不同的使用对象和应用目的，采用不同的数据模型。不同的数据模型则提供了模型化数据和信息的不同工具。

2. 数据模型的要素

一般地讲，任何数据模型都是一些能够精确描述系统的静态特性、动态特性和完整性约束条件的概念的集合。因而，数据模型常由数据结构、数据操作和数据的约束条件三个要素组成。

(1)数据结构

数据结构用于描述系统的静态特性。

数据结构是所研究的对象类型的集合。这些对象是数据库的组成部分，它们包括两类：与数据类型、内容、性质有关的对象；与数据之间联系有关的对象。

数据结构刻画数据模型的性质，因此在数据库系统中通常按照其数据结构的类型来命名数据模型。例如：层次结构、网状结构和关系结构的数据模型分别命名为层次模型、网状模型和关系模型。

(2)数据操作

数据操作用于描述系统的动态特性。

数据操作是指对数据库中各种对象(型)的实例(值)允许执行的操作的集合，包括操作及其操作规则。数据库主要有检索和更新(包括插入、删除、修改)两大类操作。数据模型必须定义这些操作的确切含义、操作符号、操作规则以及实现操作的语言。

(3)数据的约束条件

数据的约束条件是一组完整性规则的集合。完整性规则是给定的数据模型中数据及其联系所具有的制约和存储规则，用以限定符号数据模型的数据库状态以及状态的变化，以保证数据的正确、有效和相容。

数据模型应该反映和规定本数据模型定义的完整性约束条件。同时，数据模型还应该提供定义完整性约束条件的机制，以反映具体应用所涉及的数据必须遵守的特定语句约束条件。

3. 概念模型的基本概念及表示方法

根据模型应用的不同目的，将其划分为两类：概念模型，它是从用户的角度对数据建模；数据模型，它是按计算机系统的观点对数据建模。为了把现实世界中具体事物抽象为DBMS所支持的数据模型，人们常常先将现实世界抽象为信息世界，然后将信息世界转换为计算机世界。也就是说，首先把现实世界中的客观对象抽象为一种信息结构，这种信息结构不依赖于具体的计算机系统，而是概念性的模型，然后再将概念模型转换为计算机上DBMS支持的数据模型。从这个过程中可以看出，概念模型是现实世界到计算机世界的一个中间层次。

由于概念模型用于信息世界的建模，是现实世界到信息世界的抽象，是用户与数据库设计人员之间进行交流的语言，因此概念模型一方面应该具有较强的语义表达能力，能够方便直接地表达应用中的各种语义知识，另一方面它还应该简单、清晰、易于理解。

(1)基本概念

概念模型中涉及的概念包括现实世界与信息世界中的一些概念，而且它们存在一定的对应关系。

现实世界的概念有：

①实体(entity)。客观存在并且相互区别的物体叫做实体。实体既可以是具体的人、事、物，如一个职员、一个学生、一块地、一个街区等，也可以是抽象的概念或关系，如部门的一次订货、居民与街区的关系，等等。

②实体集(entity set)。性质相同的同类实体的集合叫做实体集。如全体职员就是一个实体集。

③属性(attribute)。实体所具有的某一特性叫做属性。一个实体可以由若干属性来刻画。例如，学生的姓名、性别、年龄、籍贯、成绩等；一块地的编号、面积、用地性质、权属单位等，这些都表示了实体的固有特征。

④实体标示符。现实世界中的任何两个实体各不相同，也就是说不可能有两个属性完全相同的实体，那么，将能够区分同类实体中的各个实体的属性集称为实体标示符。

⑤域(domain)。属性的取值范围称为该属性的域。例如，性别的域为(男，女)，学号为8位整数，地块面积的域为大于0的实数等。

⑥实体型。具有相同属性的实体必然具有共同的特征和性质。用实体名及其属性名的集合来抽象和表示的同类实体，称为实体型。例如，学生(姓名，性别，年龄，籍贯，成绩)就是一个实体型。

⑦联系(relationship)。现实世界中，事物内部以及事物之间存在着联系，这些联系在信息世界中反映为实体内部的联系和实体之间的联系。实体内部的联系通常是指组成实体的各属性之间的联系。两个实体型之间的联系将在第2章中进行详细讲解。

信息世界的概念则有：

①字段(field)。标记实体属性的符号集叫做数据项或字段。字段与现实世界中的属性相对应，字段的命名通常和属性的名称相同。

②记录(record)。字段的有序集合叫记录。记录对应现实世界中的实体，它是用来描述实体的，因而又可定义为描述一个实体集的所有符号集。例如，一个地块信息、一次借书登记等。

③文件(file)。同类记录的集合叫做文件。文件对应现实世界中的实体集，用来描述

实体集，因而又可定义为描述一个实体集的所有集合的符号集。例如，一个学校所有的学生信息表构成学生文件。

④关键字(key)。能唯一表示一个记录的字段集叫做关键字。关键字对应现实世界中的实体标示符，用它来描述实体标示符。例如，学生的学号、地块的编号等。

(2)表示方法

概念模型的表示方法很多，其中最常见的是实体-联系方法。该方法用 E-R 图来描述现实世界的概念模型。

E-R 图用来表示实体型、属性和联系的方法如下。

①实体型：用矩形表示，矩形框内写明实体名。

②属性：用椭圆形表示，并用无向边将其与实体联系起来。

③联系：用菱形表示，菱形框内写明联系名，并用无向边分别与有关实体连接起来，同时无向边旁标上联系的类型(1∶1，1∶N，M∶N)。

注意，联系本身也是一种实体型，也可以有属性。如果一个联系具有属性，那么这些属性也须用无向边与该联系相连。

图 1-2-6 用 E-R 图描述了实体之间的三种典型联系。

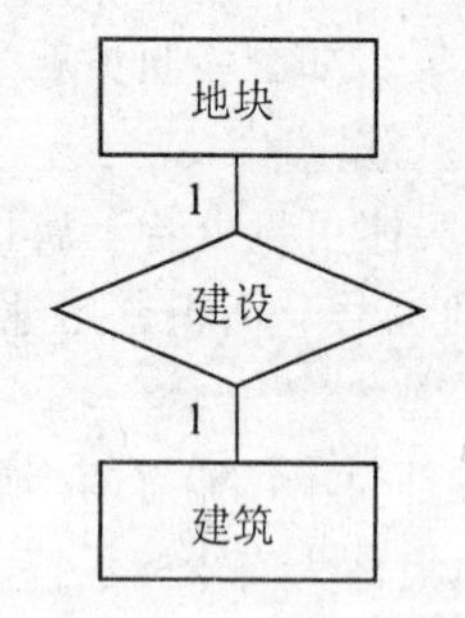


(a) 两个实体之间的1∶1 联系

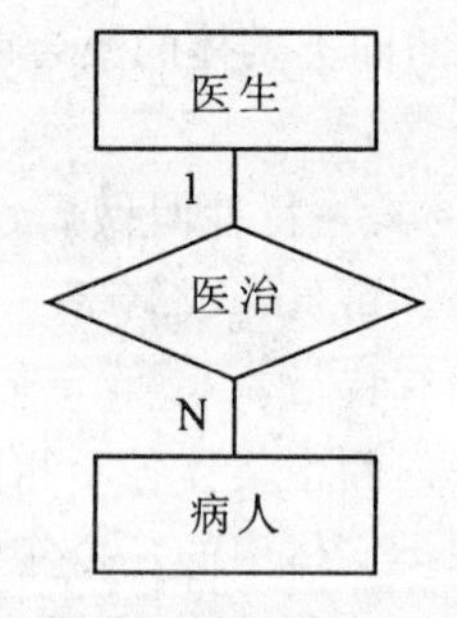


(b) 两个实体之间的1∶N 联系

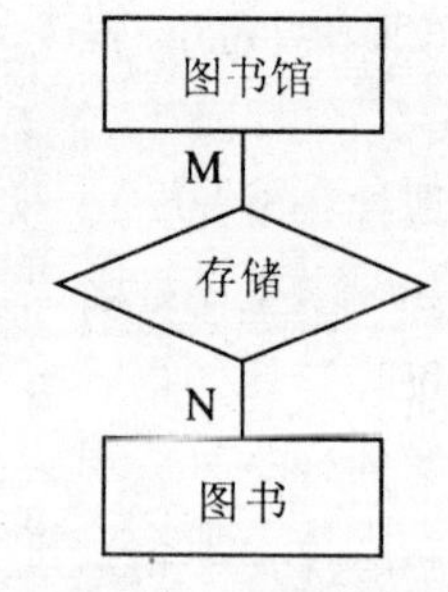


(c) 两个实体之间的M∶N 联系

图 1-2-6　各种联系的 E-R 图

以上的三个 E-R 图用非常简单的方法描述了现实世界的事件。如果用这种方法表示现实世界中的某一个具体的管理事件，就形成了这个事件的概念模型。下面以城市土地权属管理(部分)为例加以说明。

为清晰起见，图 1-2-7 中将复杂的管理事件用两个 E-R 图表示，分别为实体及其属性图和实体及其联系图。当然可以用一个复杂的 E-R 图来表示，即将图 1-2-7 中的图(a)和图(b)合并，也即将实体所有的属性都表示在图(a)中。

实体-联系方法是抽象和描述现实世界的有力工具。用 E-R 图表示的概念模型独立于具体的 DBMS 所支持的数据模型，它是各种数据模型的共同基础，因此概念模型更一般、更抽象、更接近现实世界。

4. 数据模型的类型

数据模型是数据库系统的核心和基础，不同的数据模型具有不同的数据结构形式，其

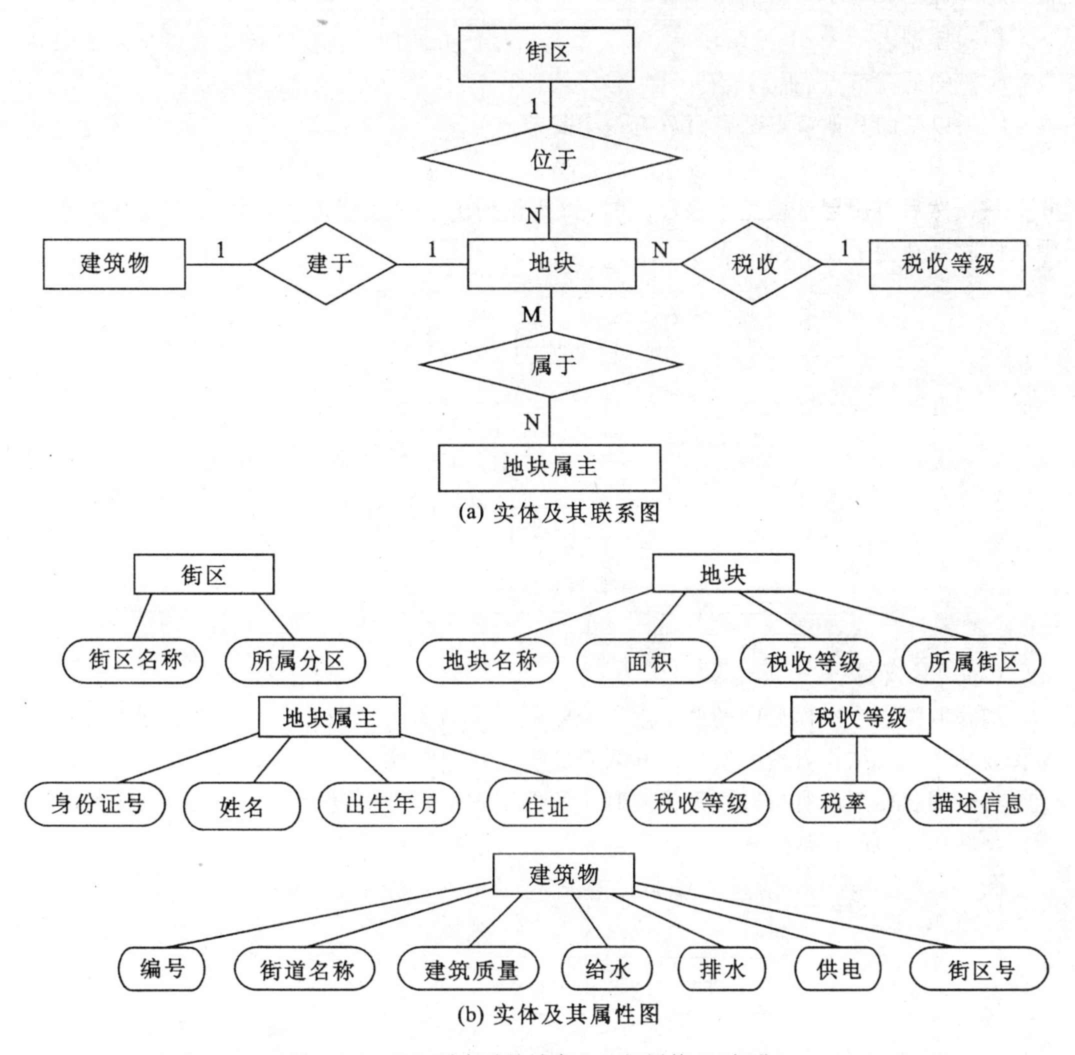


(a) 实体及其联系图

(b) 实体及其属性图

图 1-2-7　E-R 图表示的城市土地权属管理(部分)

发展经历了层次模型、网状模型、关系数据模型，正在走向面向对象的数据模型等非传统数据模型。其中，层次模型和网状模型统称为格式化模型(或非关系模型)，这种格式化模型的数据库系统基本上已经被关系模型的数据库系统取代，而面向对象的数据模型还不甚成熟，因而这里着重介绍关系模型，对其他三种模型只做简单说明。

(1)层次模型

用树形结构来表示实体之间联系的模型叫层次模型。在这种树形结构中，树是由节点和连线组成的。节点表示实体集，连线表示实体之间的联系。这种联系只能是 1∶M 关系。通常把表示 1 的实体放在上方，称为父节点，表示 M 的实体放在下方，成为子节点。树的最高位置上只有一个节点，称为根。根以外的其他节点都有一个父节点与它相连，同时有一个或多个子节点与它相连，没有子节点的节点称为叶，它处于树的末端。图 1-2-8

是学校管理信息系统模型的层次模型。

层次模型表示 1∶1 关系和 1∶M 关系是直接而方便的，但层次模型有以下两个限制：

①树的最高节点(根)只有一个；

②根以外的其他节点都有且只有一个父节点。

这样 M∶N 关系就不能直接用层次模型来表示，必须设法先将该关系分解为两个 1∶M 关系，然后再用层次模型来表示。图 1-2-8 仅列出了学校管理信息系统的部分模型，其中实体联系全为1∶1 或1∶M 关系。

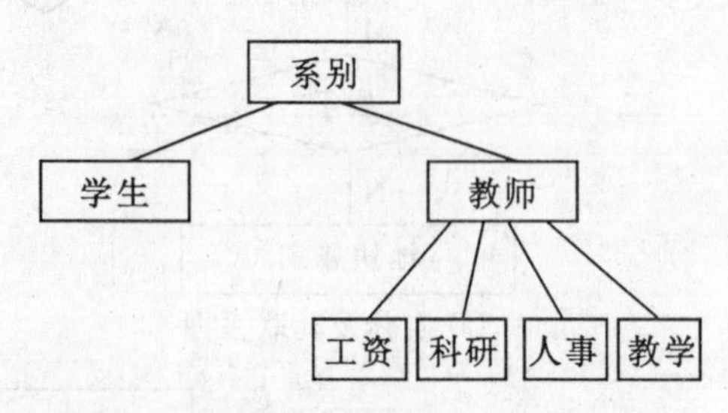


图 1-2-8　学校管理信息系统的层次模型

(2)网状模型

如果取消了层次模型中的两个限制，即每一个节点可以有多个父节点，便形成了网，又称为丛。用丛结构表示的实体及其联系的模型叫网状模型。

由于网状模型没有层次模型的限制，所以用它可以直接表示 M∶N 关系。显然，层次模型是网状模型的特殊形式，网状模型是层次模型的一般形式。

图 1-2-9 表示了网状模型的数据结构。

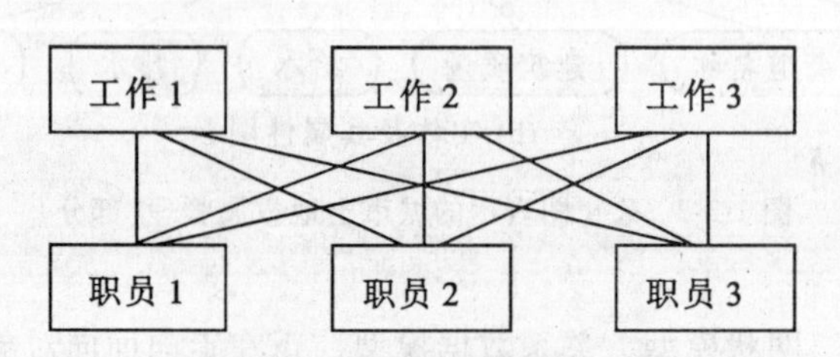


图 1-2-9　网状模型的数据结构

(3)关系数据模型

关系数据模型是目前非常重要的一种数据模型。它由美国 IBM 公司研究员 E. F. Codd 于 1970 年首次提出。20 世纪 80 年代以来，新推出的数据库管理系统(DBMS)几乎都支持关系模型。数据库系统领域当前的研究工作都是以关系数据模型为基础的。

①关系数据模型的数据结构。通常，一个关系模型的逻辑结构是一张二维表，它由行和列组成。

②关系数据模型的存储结构。关系数据模型中，实体及实体间的联系都用表来表示。在数据库的物理组织中，表以文件的形式存储，每一个表通常对应一种文件结构。

关系数据模型的优缺点：

优点：关系模型建立在严格的数学概念的基础上。其概念单一，无论实体还是实体之间的联系都用关系来表示，对数据的检索结果也是关系，所以其数据结构简单、清晰，用户易懂易用。另外，关系模型的存储路径对用户透明，从而具有更高的数据独立性，更好的安全保密性，同时也简化了程序员的工作和数据库开发的工作。

缺点：由于存取路径对用户透明，查询效率不如非关系数据模型。因此，为了提高性能，必须对用户的查询请求进行优化，从而增加了数据库管理系统的负担。

(4)面向对象模型

关系数据库管理系统是最流行的商用数据库管理系统，然而关系数据模型在效率、数据语义、模型扩充、程序扩充、程序交互和目标标识方面都还存在一些问题，特别是在处理空间数据库所涉及的复杂目标方面，显得难以适应。在关系数据模型中存在如下的问题：

①难以表达复杂的地理实体；

②难以实现快速查询和复杂的空间分析；

③难以实现真三维空间模型和时空模型；

④系统难以扩充。

面向对象数据模型既可以表达图形数据又可以有效地表达属性数据。

面向对象数据模型吸取了传统数据模型以及其他几种非传统数据模型(如E-R模型、语义模型)的优点，利用几种数据抽象技术(分类、概况、联合、聚集)及数据抽象工具继承和传播，采用对象联系图描述其模型的实现方法，使得复杂的客观事物变得清楚易懂，所以它能有效地既表达几何数据，又表达属性数据。

面向对象的数据库模型是集图形、图像、属性数据于一体的整体空间数据模型，这种数据能较好地处理复杂目标、地物分类以及信息继承问题。

### 1.2.3　数据库系统的结构

数据库系统的结构可以从多种不同的角度来考查。从数据库管理的角度看，数据库系统通常采用三级模式体系结构；从数据库最终用户看，数据库系统结构分为单用户结构、主从式结构、分布式结构和客户/服务器结构。

1. *数据库系统结构的三种模式*

从数据库系统的结构来看，数据库系统通常由三种信息模式构成，它们分别为外模式、概念模式、物理模式。

在以上的三种模式中，最重要的是概念模式，它综合了各用户的信息需求，提供了一个全局的、中性的、完整的而又无冗余的信息系统框架。同时，又可根据用户的需求设计出各种各样的文件结构，即外模式，或子模式。子模式是概念模式的一个逻辑子集。数据库系统管理的是数据，那么面向物理存储的信息模式就被称为内模式或物理模式。

以上三种数据模式既有联系又有差别。联系是指外模式的信息来自概念模式，而概念模式的信息又来自物理模式。差别是指外模式是面向具体用户，概念模式是面向整体，内模式面向存储。因而它们之间存在着两级变换，即外模式与概念模式之间以及概念模式与内模式之间的变换。这种关系可由图1-2-10表示。

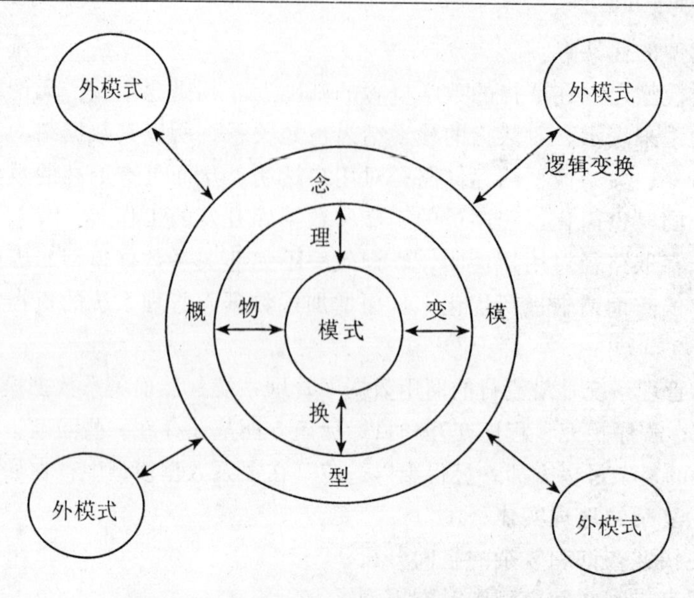


图 1-2-10　数据库系统的三级模式和两层变换

2. 数据库系统的体系结构

从数据库管理系统角度来看，数据库系统是一个三级模式结构，但数据库的这种模式结构对于最终用户和程序员是透明的，它们所看到的仅仅是数据库的外模式和应用程序。从最终用户角度来看，数据库系统分为单用户结构、主从式结构、分布式结构和客户/服务结构。

(1)单用户数据库系统

单用户数据库系统(图 1-2-11)是早期的最简单的数据库系统。在单用户系统中，整个数据库系统，包括应用程序、DBMS、数据都安装在一台计算机上，由一个用户独占，不同机器之间不能共享数据。

(2)主从式结构的数据库系统

主从式结构是指一个主机带多个终端的多用户系统。在这种结构中，数据库系统，包括应用程序、DBMS、数据，都集中存放在主机上，所有处理的任务都由主机来完成，各个用户通过主机的终端并发地存取数据库，共享数据资源，如图 1-2-12 所示。

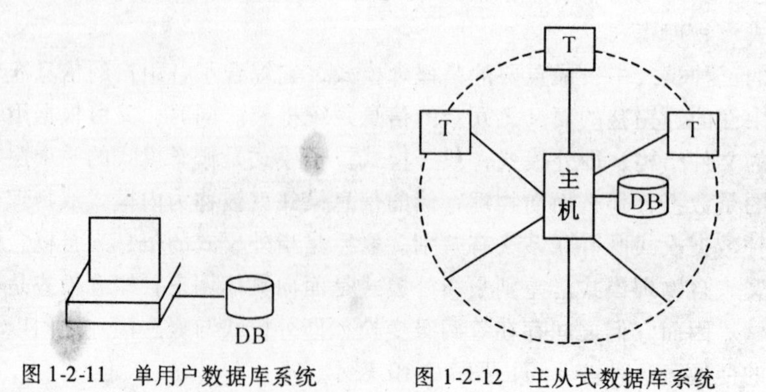


图 1-2-11　单用户数据库系统　　图 1-2-12　主从式数据库系统

(3)分布式的数据库系统

当数据的来源比较广时，可以分别建立几个数据库，合理分布在系统中，这样大部分数据可以就地存取，同时又可以共享一些其他数据库的数据，这显然要比建立一个集中式数据库合理。数据虽然在物理上是分布的，但系统应使用户不感到是分布的，这就有很多与集中式数据库不同的方面，因此就需要有一个管理软件，这个软件就是分布式数据库管理系统(distributed database management system，DDBMS)。一组有关的数据分布在计算机网中，由 DDBMS 统一管理的系统，称为分布式数据库系统(distributed database system，DDBS)。分布式数据库系统的结构见图 1-2-13。

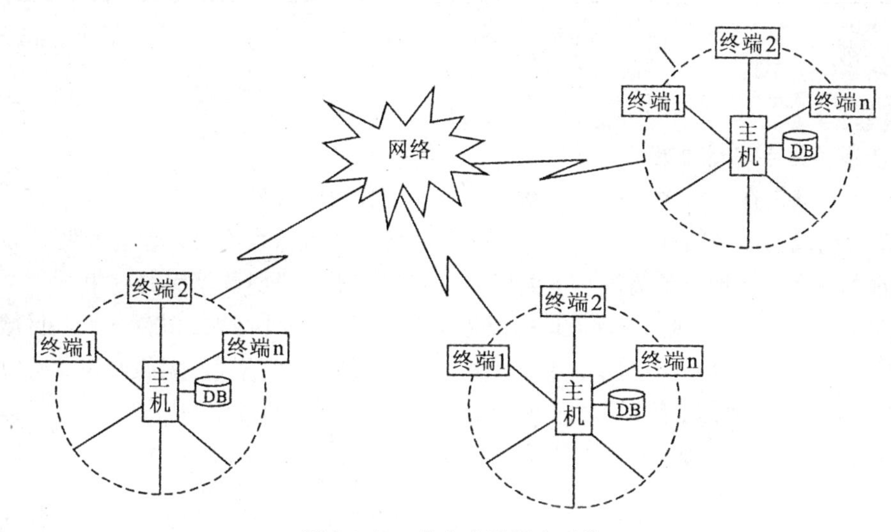


图 1-2-13　分布式数据库系统

## 1.3　数据库技术在城市规划中的应用

数据库技术在城市规划中的应用主要是随着 GIS(地理信息系统)的应用展开的，因为数据库是 GIS 的基础，没有数据，GIS 就成了空中楼阁，可看不可用。因此，数据库技术在规划中的应用主要集中在两大方面：辅助规划决策和建立信息系统。

### 1.3.1　在辅助规划决策方面的应用

城市规划的过程主要是一个思维的过程，即依据具体区域的特点，结合相关城市规划原则，将决策者、投资者以及规划师的思想统一的一个思维过程。这种思维在不同的规划阶段的方式有所不同，因此，基于数据库技术之上的 GIS 的应用方法也有所不同。

1. 在城市总体规划中的应用

在城市总体规划过程中要进行很多方面的分析，如城市土地利用评价、城市空间形态变化分析、城市用地的综合评价、区域基础设施布局分析等。下面以城市总体规划编制中的土地利用评价为例来说明数据库的应用。

土地利用评价的目的就是根据一定的条件确定城市用地对于城市建设的适宜度。这里条件选用了地基承载力、地下水埋深、地形坡度和洪水淹没情况等，因此，首先是将这些条件量化，如表 1-3-1 所示，然后将量化的结果存储在数据库中。这些数据是与空间地理位置相关的，最后在 GIS 中进行分析时，将对这些数据做适当的处理。

表 1-3-1　　　　　　　　　　　　城市用地评价条件

| | 地基承载力($kg/cm^2$) | 地下水埋深(m) | 地形坡度(%) | 洪水淹没情况 |
|---|---|---|---|---|
| 一类用地 | >1.5 | <2.0 | <15 | 百年一遇 |
| 二类用地 | 1.0~1.5 | <1.5 | <20 | 50 年一遇 |
| 三类用地 | <1.0 | <1.0 | ≥20 | 20 年一遇 |

注：表中，一类用地存为 1，二类用地存为 2，三类用地存为 3。

最终经过 GIS 的相关处理，得到土地利用评价图。

2. 在城镇体系规划中的应用

城镇体系就是在一定区域中，一系列大小不一、功能各异、职能上有所分工、相互依存的城镇所构成的体系结构。为了能够对一定区域的城镇体系给出合理的规划，必须研究区域内的人口分布、投资预测等。下面以人口分布分析来说明数据库的应用。

人口分布就是根据区域内不同人口的密度将其分成不同的小区域，这对于判断区域内的生产力状况是非常有意义的。而为了得到人口密度，就必须了解不同区划的面积及其中的人口数。而这些数据分别存储在数据库的不同表中。用 GIS 表示的最终结果如图 1-3-1 所示。

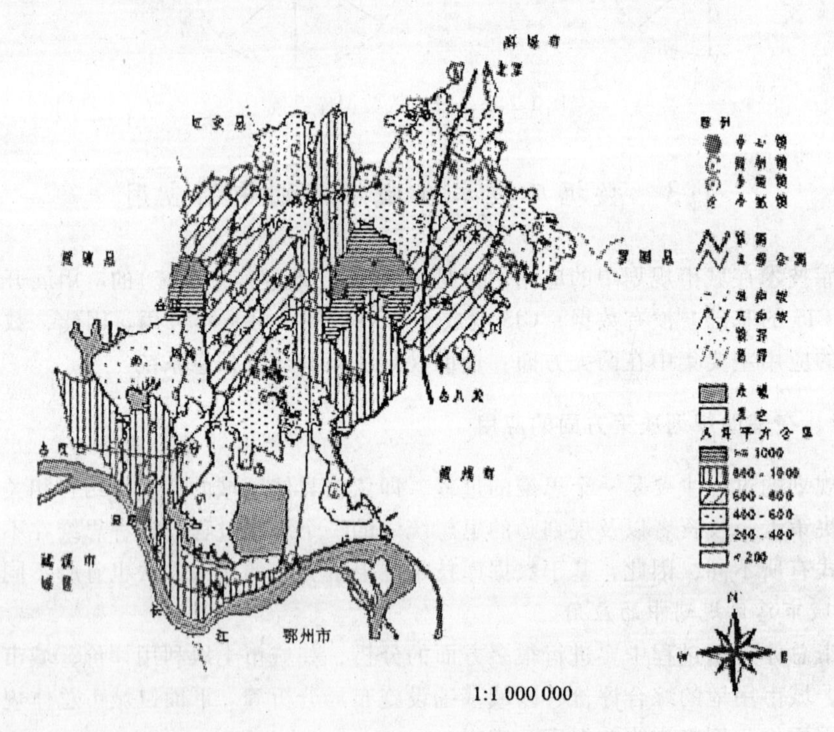


图 1-3-1　某市城镇及人口分布现状图

3. 在一些专项研究中的应用

在规划过程中，有时会对一些专项问题进行研究，从中得到一些能为规划思维过程提供依据的信息。这些专项问题有城市的交通、城市的环境、城市的就业，等等。下面以城市的生态敏感度分析来说明数据库的应用。

所谓城市生态敏感度是指城市中不同的生态要素对人类活动的承载能力，因此就必须考虑影响人类生存的各种生态因子。这里选用了自然生态中的水域、植被、气温三因子和社会生态中道路交通、城市建成区和人口迁居三因子。首先将这些因子的评价结果分为敏感、较敏感、较不敏感和不敏感 4 个等级，并将这种结果进行量化，如表 1-3-2 所示。

然后在相关的图上按照以上的评价结果针对不同的生态因子进行区划，每个区划的属性值即上表所表示的数值存储在数据库中，这些属性值随着不同区划的空间运算而随之参与计算，最终通过处理后得到生态敏感度分布图，如图 1-3-2 所示。

表 1-3-2　生态因子敏感度量化表

| | |
|---|---|
| 敏感 | 10000 |
| 较敏感 | 1000 |
| 较不敏感 | 100 |
| 不敏感 | 10 |

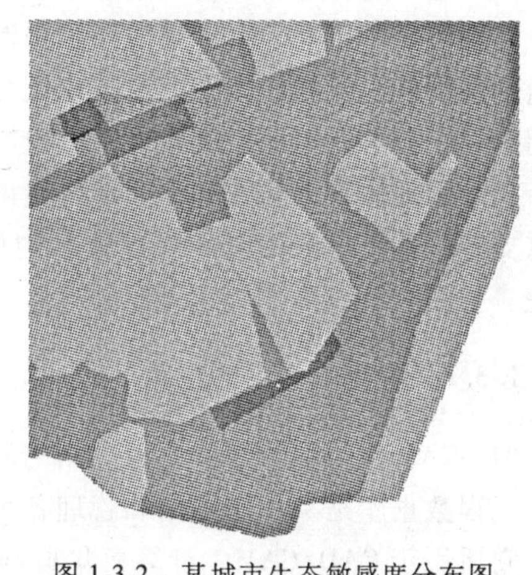

图 1-3-2　某城市生态敏感度分布图

### 1.3.2　在信息系统开发中的应用

信息系统开发要经过一个流程，这在一定程度上是有所变化的，但是无论哪一种方式，要解决的核心问题是数据库的设计。下面从两个方面的实例来说明数据库技术在信息系统建设中的应用。

1. 在旧城改造规划管理信息系统中的应用

在旧城改造规划管理信息系统中，对城市旧城区的人口、土地利用和建筑进行了管理，实现了对三方面信息的管理、统计、查询和相关的分析，这些都需要最基础的数据作为支撑，而这些数据基本上存储在数据库当中，因此这个系统中包含了一些基本的数据库。如人口信息表，包括人员编号、姓名、性别、年龄、户口所属行政区、工作状态等属性；建筑物信息表，包括建筑物编号、建筑时间、用地面积、基底面积、总建筑面积、建筑层数、建筑结构、所属单位等属性；用地现状信息表，包括地块编号、用地类型、性质、面积等属性；规划控制信息表，包括地块编号、用地类型、面积、建筑密度、容积率、建筑限高、批租状态等属性；派生表，包括用地现状的建筑密度、容积率等属性。

当然，在这个系统中也包括一些空间数据，如现状用地、规划用地、理念的建筑等，这些信息均用相关的空间数据库进行存储。

2. 在环境信息系统中的应用

环境信息系统要完成很多方面的管理工作，将各个不同环境部门的业务进行统一，可以归纳出以下常见的业务，如环境监测、排污收费管理、污染源治理、污染事故处理、环保设施管理、排污许可证管理、文档管理等。

为了实现以上管理业务，系统组织了一些空间和属性数据。其中空间数据库包括基础图形数据、有关污染源数据、环境监测图形数据等，属性数据包括监测数据、污染源数据、污染源治理数据、环保设施数据、污染源月排污量数据、污染事故数据、办公文档管理数据、排放标准数据、收费标准数据等。这些数据都存储在相关的数据库当中。

3. 在历史遗产保护信息系统中的应用

历史遗产保护规划作为城市总体规划中的一项专项规划，也必须为社会的经济发展服务。当城市发展还处于粗放型向外扩张发展阶段，历史遗产的保护模式常常是划定一个历史遗产保护区，限制在其间的城市建设与破坏，而未考虑到其他的有建设性的保护模式。利用数据库技术能够帮助人们对城市遗产的信息进行有效的管理，并弥补城市规划系统与城市遗产管理体系之间的差距，使得城市规划中的历史文化遗产保护专项规划得到更多的信息支持，也使得城市遗产管理体系的信息能够保持与城市发展同步更新、公开和存储管理。

### 1.3.3 在建筑学中的应用

AutoCAD 作为建筑学中广泛应用的软件，是工程数据库的类型之一。

工程数据库是一种能存储和管理各种工程图形，并能为工程设计提供各种服务的数据库。它适用于 CAD/CAM、计算机集成制造(CIM)等通常称为 CAX 的工程应用领域。传统的数据库只能处理简单的对象和规范化数据，而对具有复杂结构和内涵的工程对象以及工程领域中的大量“非经典”应用则无能为力。工程数据库正是针对传统数据库的这一缺点而提出的，它针对工程应用领域的需求，对工程对象进行处理，并提供相应的管理功能及良好的设计环境。

城市规划数据库是工程数据库的重要分支。在 CAD 系统中进行建筑设计，实质上就是一种工程数据库的运用，在这个系统中保存了有关建筑设计的各种数据：日期、设计者、用地数据、设计模型等，以便管理和检索，这是城市规划数据库方面的应用。

# 第2章 关系数据库基本原理

## 2.1 关 系 表

### 2.1.1 基本概念

在关系模型中，其概念模型应尽可能提出逻辑简洁的关系表。逻辑简洁的一条规范就是它必须由尽可能少的表格或关系构成。因此，用来描述关系模型的表格叫关系表。

1. *表格*

如表2-1-1所示就是表格的一个实例。此表格名称为批租地块，它由5列属性类型和5行组成。行列交汇处包含一个属性值。例如，“C02”就是属性类型“地块号”的一个属性值。

关系表为了达到逻辑简洁，必须满足：

①行的次序可以相互转换而不影响表格结构和内容；

②列的次序可以互换，但必须确保每一列都有一个不同的属性值；

③每行每列的交集只包含一个属性值，不允许多个属性值存在；

④两行的属性值不允许完全相同。

表2-1-1 记录值表和类型表的实例

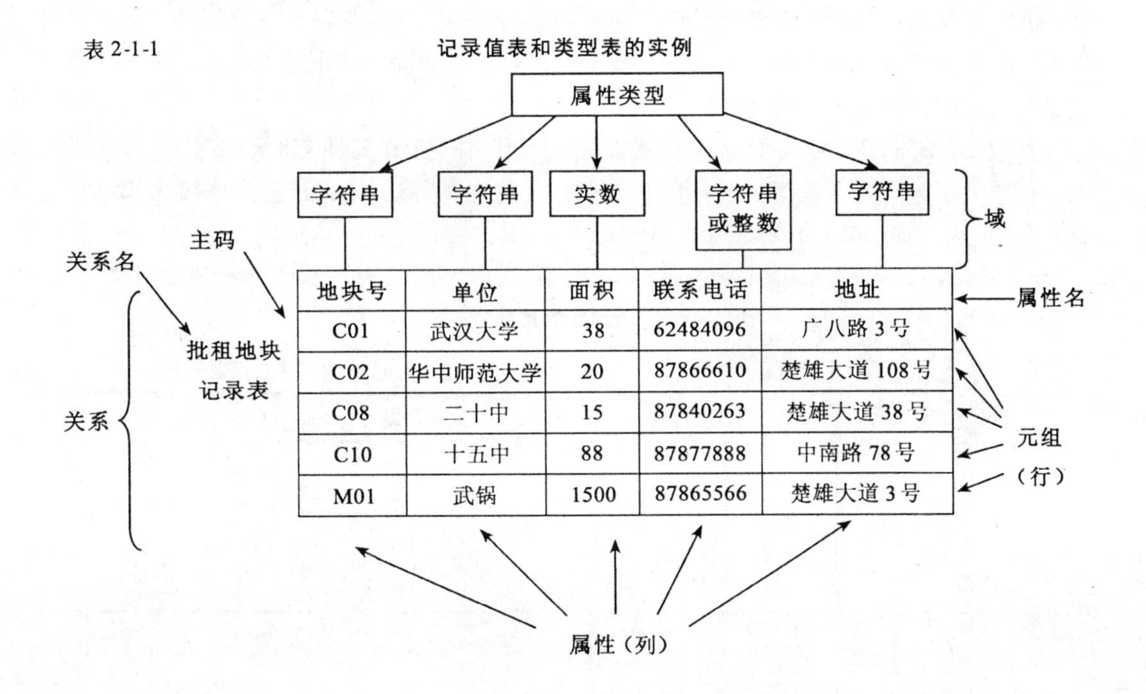


| 地块号 | 单位 | 面积 | 联系电话 | 地址 |
|---|---|---|---|---|
| C01 | 武汉大学 | 38 | 62484096 | 广八路3号 |
| C02 | 华中师范大学 | 20 | 87866610 | 楚雄大道108号 |
| C08 | 二十中 | 15 | 87840263 | 楚雄大道38号 |
| C10 | 十五中 | 88 | 87877888 | 中南路78号 |
| M01 | 武锅 | 1500 | 87865566 | 楚雄大道3号 |

下面对表中的一些概念进行简单的解释。

关系：对应通常说的表，如表 2-1-1 中的批租地块记录表；

元组：表中的每一行就是一个元组；

属性：表中的每一列就是一个属性，如表 2-1-1 中有 5 列，就有 5 个属性（地块号，单位，面积，联系电话，地址）；

主码：指表中的某一个属性组，它可以唯一确定一个元组，如表 2-1-1 中地块号，它给定每一个地块唯一编号，可以用来确定每一个元组，它就是本关系的主码；

域：属性的取值范围；

分量：元组中的一个属性值；

关系模式：对关系的描述，一般表示为：关系名（属性 1，属性 2，…，属性 n）。因而表 2-1-1 中的关系可以描述为：批租地块（地块号，单位，面积，联系电话，地址）。

需要说明的是，当值未知或不存在时，属性值可为空。例如，一块地的属主的电话未知，一栋建筑的高度不存在，都可用空值表示。

2. 规范化表

满足以上所述 4 条限制的表格称为规范化表格；违反了第三条限制会使表格产生冗余属性值，这种表格被称为非规范化表格。消除了冗余属性值的表格将被称为完全规范化表格，并成为描述概念模型的基础。

### 2.1.2 冗余数据和重复数据

数据库管理数据可以通过消除数据冗余减少不一致性。同时，消除冗余可以建立更简单的概念模型来更准确地反映真实世界。下面介绍辨别和消除冗余数据的方法。

1. 基本概念

冗余数据和重复数据经常会出现在用户的数据表中，必须仔细地进行区分。同一个属性出现的相同属性值被称为重复数据。如果一个数据被删除后并不丢失信息，那么此数据就是冗余数据。冗余是无必要的重复。

如表 2-1-2(a)所示的表格包含重复数据，因为“住宅”在属性“建筑性质”中出现了两次，但它并不包含冗余数据。若将行 B2 中的值“住宅”删除，则无法从表中描述 B2 的“建筑性质”属性，如表 2-1-2(b)所示。

表 2-1-2　无冗余的重复

(a)重复但无冗余

| 建筑编号 | 建筑性质 |
|---|---|
| B2 | 住宅 |
| B1 | 商业 |
| B3 | 工业 |
| B4 | 住宅 |

(b)消除重复后信息丢失

| 建筑编号 | 建筑性质 |
|---|---|
| B2 | — |
| B1 | 商业 |
| B3 | 工业 |
| B4 | 住宅 |

而在表2-1-3(a)中，表格包含了冗余的重复数据。该表描述哪些业主拥有了建筑物，以及这些建筑物性质的说明。注意建筑编号为B1的建筑性质“商业”是冗余的，因为当它被删除后并不丢失信息。在表2-1-3(b)中，第四行的“商业”被删除，但有关B1为“商业”的描述仍然可以推断出。

表2-1-3　　冗余的重复

(a)冗余的重复数据

| 业主编号 | 建筑编号 | 建筑性质 |
| --- | --- | --- |
| S2 | B1 | 商业 |
| S7 | B6 | 商业 |
| S2 | B4 | 住宅 |
| S5 | B1 | 商业 |

(b)消除冗余后并不丢失信息

| 业主编号 | 建筑编号 | 建筑性质 |
| --- | --- | --- |
| S2 | B1 | 商业 |
| S7 | B6 | 商业 |
| S2 | B4 | 住宅 |
| S5 | B1 | — |

表2-1-3(a)中并不存在其他的数据冗余。虽然S2和B1重复出现，但它们都不是冗余的数据。例如，如果删除第三行的S2，就不能判断出建筑物B4属于哪一个业主。

2. 消除冗余的方法

虽然表2-1-3(b)已明显消除了表2-1-3(a)中冗余的数据，但仍然不能称之为一个理想的数据表达方式。第四行的空格处需要推断出数值，这种方法与设计简单概念模型的目标不一致。

更理想的解决途径是将表一分为二，如表2-1-4所示。表2-1-4(a)指出业主和建筑物的关系，表2-1-4(b)包含各建筑物性质的说明。有两点需要引起注意：

①建筑编号是联系两个表格的属性；

②“B1，商业”一行在表(b)中只能出现一次，因为不允许相同的行出现。在删除重复的行之前必须确认没有丢失信息。

表2-1-4　　通过分解表消除数据冗余

(a)业主与建筑物的关系

| 业主编号 | 建筑编号 |
| --- | --- |
| S2 | B1 |
| S7 | B6 |
| S2 | B4 |
| S5 | B1 |

(b)建筑物与建筑性质的关系

| 建筑编号 | 建筑性质 |
| --- | --- |
| B1 | 商业 |
| B6 | 商业 |
| B4 | 住宅 |

这样，就很好地解决了原来数据中存在的冗余问题。当然，这种方法在应用时必须遵循一些规则。

3. 消除冗余的规范

前面的讨论意味着依靠检查记录值表格范例就可以判断出是否存在冗余的表结构。但是，当对表格中的属性值进行修改、插入和删除时，这种判断就可能是不正确的。

假设删除表2-1-3(a)中表的第四行(如表2-1-5所示)，此表与“没有任何业主拥有相同编号的建筑物”的规则相一致，因此它是理想的表结构。反之，如果不遵循这一规则，就需将其分解成如表2-1-4所示的模式，以消除数据冗余。

表2-1-5　　**业主-建筑表**

| 业主编号 | 建筑编号 | 建筑性质 |
|---|---|---|
| S2 | B1 | 商业 |
| S7 | B6 | 商业 |
| S2 | B4 | 住宅 |

表2-1-6中，在原业主-建筑表的基础上插入新行“S3，B4，工业”。在对表2-1-3的探讨中已经证明：每一个给出的建筑编号都正好对应一个相关的建筑性质属性值(可以为空值)，但也有可能一个建筑编号对应多个相关的建筑性质属性值，如表2-1-6所示，B4同时具有“住宅”和“工业”的性质。“B1，商业”在表2-1-6中重复出现，但并不存在数据冗余，因为如果将第一行的“商业”删除，则删除的值无法从其余数据中推导得到。

表2-1-6　　**插入记录后业主-建筑表**

| 业主编号 | 建筑编号 | 建筑性质 |
|---|---|---|
| S2 | B1 | 商业 |
| S7 | B6 | 商业 |
| S2 | B4 | 住宅 |
| S5 | B1 | 商业 |
| S3 | B4 | 工业 |

从以上讨论中可以看出，简单地浏览表格无法确定表中是否包含冗余数据，因此需要知道操纵数据的隐含规则。一般将应用于描述某事物信息的概念模型的规则称为规范。一些常用的规范举例如下：

①一个给定的建筑编号只有一个相关的建筑性质；

②一个给定的建筑性质可以对应多个建筑编号；

③一个给定的业主可以拥有多个建筑；

④一个给定的建筑编号可以对应多个业主编号。

数据管理员的一个重要职责就是总结出应用于概念模型的规范。只有了解这些规范，才可能设计出无冗余数据的概念模型。

### 2.1.3　重复组

一个规范化表格的主要特性就是，在一行中一个属性仅对应一个值。下面将解释规范化表格为什么要遵守此规则以及如何建立遵循此规则的表格。

1. 概念

假设一个业主可以拥有多个建筑物，有关属性为业主编号、业主姓名和建筑编号，若表格每一行都允许包含多个建筑编号，则可以使用如表 2-1-7(a)所示的表结构。在此，建筑编号就是一个重复组。由于重复组本身就是一个表格，因此这时表格的结构非常复杂。例如，表 2-1-7(a)的最末行包含一个业主编号(S9)，一个业主姓名(刘峰)，以及一个建筑编号属性表(B8，B2，B6)，可以将其做成一张表如表 2-1-7(b)。因此，表 2-1-7(a)是由一个表和一个嵌入子表组成的。

表 2-1-7 重复组的不同布局

(a)业主-建筑表

| 业主编号 | 业主姓名 | 建筑编号 |
|---|---|---|
| S5 | 李华 | B1 |
| S2 | 张娟 | B1，B4 |
| S7 | 武琴 | B6 |
| S9 | 刘峰 | B8,B2,B6 |

(b)业主-建筑表中的嵌入子表

| 业主编号 | 业主姓名 | 建筑编号 |
|---|---|---|
| S9 | 刘峰 | B8 |
| S9 | 刘峰 | B2 |
| S9 | 刘峰 | B6 |

(c)业主-建筑表

| 业主编号 | 业主姓名 | 建筑编号 |
|---|---|---|
| S5 | 李华 | B1 |
| S2 | 张娟 | B1 |
| | | B4 |
| S7 | 武琴 | B6 |
| S9 | 刘峰 | B8 |
| | | B2 |
| | | B6 |

使用嵌入表的结构存在很多弊端：

①表格是对称数据的非对称表述。数据的对称性是指一个业主可以拥有多个建筑，同时一个建筑可以被多个业主拥有。非对称性表述是指，在表格的任一行中，一个给定的业主可以与多个建筑关联，而一个给定的建筑编号却不一定能与多个业主关联。

②行可以按业主编号次序排列，也可以按业主姓名的次序排列，但不能按建筑编号的次序排列。

③由于每行建筑编号个数不同而导致行的长度不同，如果行强制使用固定的长度，则需要用空值补齐。

④在一行中不会有确定的建筑编号个数上限，而允许无限的行个数比允许无限的行长度要更简便。

其他表示重复组的方式如表 2-1-7(c)所示。这种垂直的布局避免了问题③和问题④，但破坏了“表格次序可以互换”的规则。

2. 消除重复组

消除重复组最简便方法就是使用重复组的垂直布局写出表记录值，然后根据需要复制非重复组的数据。将此过程应用到表 2-1-7(c)产生表 2-1-8。在第 3、6、7 行插入复制的数据。此表的类型是：业主-建筑(业主编号，业主姓名，建筑编号)。

表 2-1-8 消除重复组

| 业主编号 | 业主姓名 | 建筑编号 |
| --- | --- | --- |
| S5 | 李华 | B1 |
| S2 | 张娟 | B1 |
| S2 | 张娟 | B4 |
| S7 | 武琴 | B6 |
| S9 | 刘峰 | B8 |
| S9 | 刘峰 | B2 |
| S9 | 刘峰 | B6 |

另一个消除重复组的方法是将表一分为二，重复组在一个表格，其他属性在另一表格，这种方法会使以后的规范化过程更简捷。然而，仅将其分成两个表格是不够的，还应建立这两个表格之间的联系。如表 2-1-7(c)，从建筑编号处分割重复组，并建立相互的联系，其结果如表 2-1-9 所示。

表 2-1-9 分割表的结果

| 业主编号 | 业主姓名 |
| --- | --- |
| S5 | 李华 |
| S2 | 张娟 |
| S7 | 武琴 |
| S9 | 刘峰 |

| 业主编号 | 建筑编号 |
| --- | --- |
| S5 | B1 |
| S2 | B1 |
| S2 | B4 |
| S7 | B6 |
| S9 | B8 |
| S9 | B2 |
| S9 | B6 |

3. 分割属性

如表 2-1-10 所示的表结构通过分割的属性名称建筑编号 1、建筑编号 2、建筑编号 3 避免重复组。假设一行中的几个建筑编号无明显差别，而且它们仅代表一个业主拥有的不同建筑物，对比表 2-1-7 和表 2-1-8 中表示的表结构，那么这个表结构就过于繁琐。

表 2-1-10 分割建筑编号属性后的业主-建筑表

| 业主编号 | 业主姓名 | 建筑编号 1 | 建筑编号 2 | 建筑编号 3 |
| --- | --- | --- | --- | --- |
| S5 | 李华 | B1 | | |
| S2 | 张娟 | B1 | B4 | |
| S7 | 武琴 | B6 | | |
| S9 | 刘峰 | B8 | B2 | B6 |

然而，在有些情况下，这种表结构是非常理想的。假设建筑编号 1、建筑编号 2、建筑编号 3 之间存在这样一种关系：业主拥有建筑编号为 1 的股权最大，拥有建筑编号为 2

的股权其次，拥有建筑编号为 3 的股权最小，这样，不同属性名称之间存在明显差别，若在一行中交换属性值，会使数据不合理。当然也可以使用竖向对建筑编号进行排列，而各个建筑物之间的关系则用建筑编号顺序来确定，如表 2-1-11 所示。

表 2-1-11　业主-建筑表的另一种表示方法

| 业主编号 | 业主姓名 | 建筑编号 | 建筑编号顺序 |
| --- | --- | --- | --- |
| S5 | 李华 | B1 | 1 |
| S2 | 张娟 | B1 | 1 |
| S2 | 张娟 | B4 | 2 |
| S7 | 武琴 | B6 | 1 |
| S9 | 刘峰 | B8 | 1 |
| S9 | 刘峰 | B2 | 2 |
| S9 | 刘峰 | B6 | 3 |

### 2.1.4　决定因素和标识符

从上述内容可以看出，表格中存在的不规范问题都可以转换成冗余问题。为了实现表格的规范化，消除冗余是必须的。而"决定因素"和"标识符"是消除冗余的过程中非常重要的概念。

1. 决定因素

在任何给定的表格记录值中，当有相同属性 A 的值时，总和唯一确定的属性 B 的值相关联，那么属性 A 就是属性 B 的决定因素。在特殊情况下，不允许 A 重复出现在表格记录值中，这时 A 必然是 B 的决定因素。

如果 A 是 B 的决定因素，就说 A 决定 B，即 B 取决于 A。但属性 B 的值可能会是相同的，也可能为空值。也就是说若 $a_1$ 和 $a_2$ 是 A 的非重复值，它们可能与相同或不同的属性 B 的值关联。

也可以说，当 A 的每一个值都正好有一个 B 的关联值(可能为空)时，A 是 B 的决定因素。虽然这种说法不精确，但它有利于更简洁地表达属性之间的关系。上述的这种决定关系可以用图 2-1-1 表示。

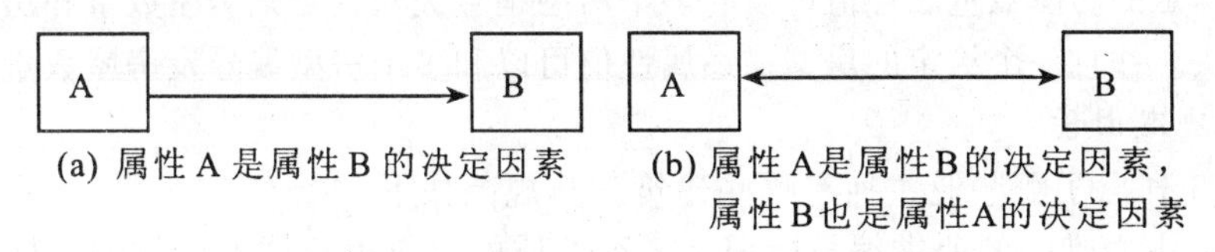


图 2-1-1　决定因素关系图

如果每个可能的房型编号属性值都正好关联一个房型描述属性值(如表 2-1-12 中房型编号 P2 只有一个说明"三室一厅")，那么就说房型编号是房型描述的决定因素。同理，如果每个可能的房型编号属性值都正好关联一个房屋描述属性值，那么就说房型编号是房屋描述的决定因素。

从表 2-1-12 很容易看出，房型描述不是房型编号的决定因素，因为属性“三室一厅”与多个房型编号关联，如 P2 和 P4。同理，房型描述也不是房屋数量的决定因素。

那么房屋数量是房型编号的决定因素吗？如果表格中所有的房屋数量都分别与一个房型编号关联，这种可能性就存在。然而，这将意味着没有两个房型有相同的存量，这与现实情况不符。这说明了不能仅依靠表格记录值辨别决定因素，还要参照隐含规范。

表 2-1-12　　房屋销售表

| 房型编号 | 房型描述 | 房屋数量 |
|---|---|---|
| P2 | 三室一厅 | 100 |
| P1 | 两室一厅 | 200 |
| P3 | 一室一厅 | 50 |
| P4 | 三室一厅 | 40 |

2. 决定因素关系图

表示决定因素以及它们所决定的属性的最简单方法就是决定因素关系图。图 2-1-1(a)表示 A 是 B 的一个决定因素。此外，若 B 也是 A 的决定因素，它们的关系表如图 2-1-1(b)所示。

如果在上述的房屋销售表(表 2-1-12)中，房型编号是房型描述和房屋数量的决定因素，并且没有其他的决定因素，则其决定因素关系图如图 2-1-2 所示。

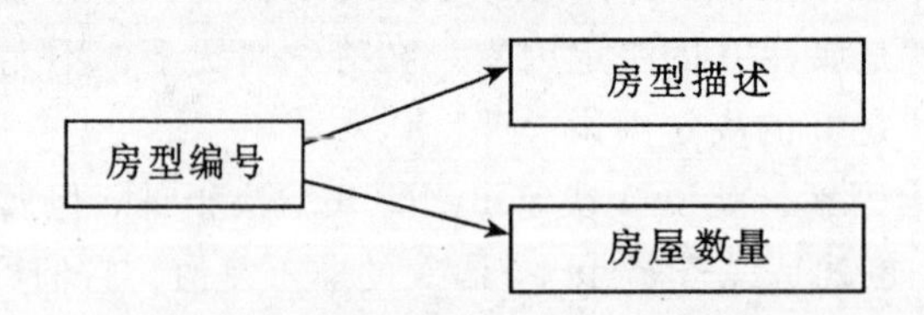


图 2-1-2　房屋销售表中的决定因素关系图

决定因素关系图提供了一种表达规范的有效方法，它不受语言叙述模糊性的限制。如图 2-1-2 所示，可以很清晰地看出，每个房型编号属性值都只与一个房型描述和一个房屋数量对应。一个给定的房屋数量属性值可以和多个房型编号关联，否则房屋数量和房型编号之间就应为双箭头。并且一个给定的房型描述属性值可以和多个房型编号及房屋数量关联。

3. 复合决定因素

表 2-1-13 列出了哪些业主拥有哪些建筑。其规范如下：

①一个业主由唯一的业主编号标识，一种性质的建筑由唯一的建筑编号标识；

②每一个业主只有一个业主姓名，但不同的业主可能有相同的业主姓名；

③一个业主可能拥有面积不同且性质不同的建筑物；

④性质相同但大小不同的建筑可能由不同的业主拥有；

⑤一个业主只能拥有一定面积、一定性质的建筑物。

表 2-1-13　　业主-建筑表

| 业主编号 | 业主姓名 | 建筑编号 | 建筑物面积 |
|---|---|---|---|
| S2 | 赵琼 | P1 | 1000 |
| S7 | 刘剑峰 | P6 | 2500 |
| S2 | 李华 | P4 | 4000 |
| S5 | 李华 | P1 | 2000 |

可以通过画决定因素关系图来识别决定因素。这里，建筑物面积的属性值由复合属性{业主编号，建筑编号}决定。业主编号本身无法决定建筑面积的属性值(例如，业主 S2 拥有 1000 和 4000 两种面积的建筑)。然而属性集{业主编号，建筑编号}却可以决定建筑面积的属性值。业主-建筑表的决定因素关系图如图 2-1-3 所示。

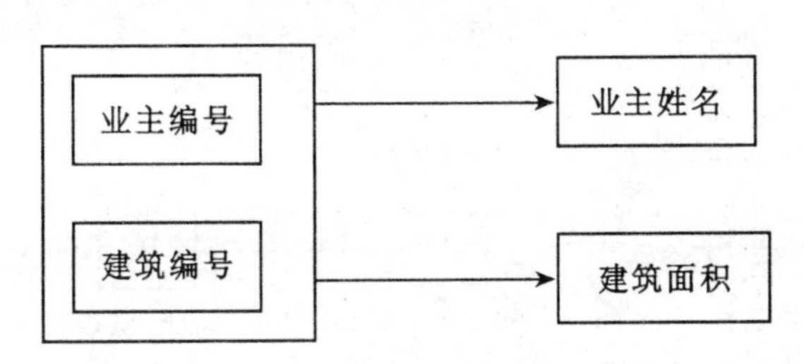


图 2-1-3　业主-建筑表的决定因素关系图

4. 冗余属性

那么，在表 2-1-12 中，是不是也可由复合属性{房型编号，房型描述}来决定“房屋数量”呢？在这个例子中，仅房型编号一个属性值就能决定“房屋数量”，那么有关房型描述的信息就是多余的。称房型描述属性为冗余属性。

5. 传递决定因素

假如属性 A 是属性 B 的决定因素，属性 B 是属性 C 的决定因素，那么属性 A 一定是属性 C 的决定因素。也就是说，属性 A 传递决定属性 C；相反，也可以说属性 C 传递依赖于属性 A，其对应的决定因素关系图如图 2-1-4(b)所示。一般情况下，图 2-1-4(a)的表示方法更合理，因为它有利于在规范化过程中减少错误。

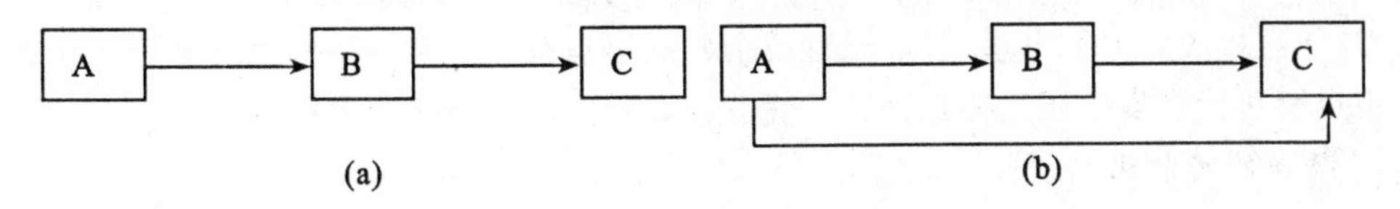


图 2-1-4　属性 C 传递依赖于属性 A

6. 实体标识符

表的规范中“一个表格中不存在属性值完全相同的两行”的意思是说可以通过某一行的所有属性值来标识特定的行。然而，有的属性值对于行的识别并无任何意义。例如，某表格类型的记录值为：红线表(红线编号，红线名称，红线性质)，它的任意两行都不包含相同的红线编号属性值，因此红线编号本身就可以用来标识行。在此例中，红线编号就是表格的一个行标识符。虽然复合属性{红线编号，红线名称}也可以用来区分行，但它不能作为一个标识符，因为它包含多余的属性。此外，标识符的组成不能为空值。

因此，标识符被用来标识行的属性或复合属性集，它在表格记录值中无重复出现的属性值，且标识符集合中不包含多余的属性。同时，标识符的组成属性(或单一属性)不能为空值。

通过决定因素关系图可以很容易找出标识符。在图2-1-5(a)中可以很容易找出标识符是属性D。由表可知，给出D的属性值，可以通过对表中数据的检查决定唯一的相关E和F的属性值。因此，D的属性值完全可以标识表格中的一行。此外，由于D不包含多余的属性，所以D一定是一个标识符。注意，E和F都不是标识符，如果是的话，E的值肯定可以标识一行，也就能决定唯一的D值，因此E与D之间应用双箭头。

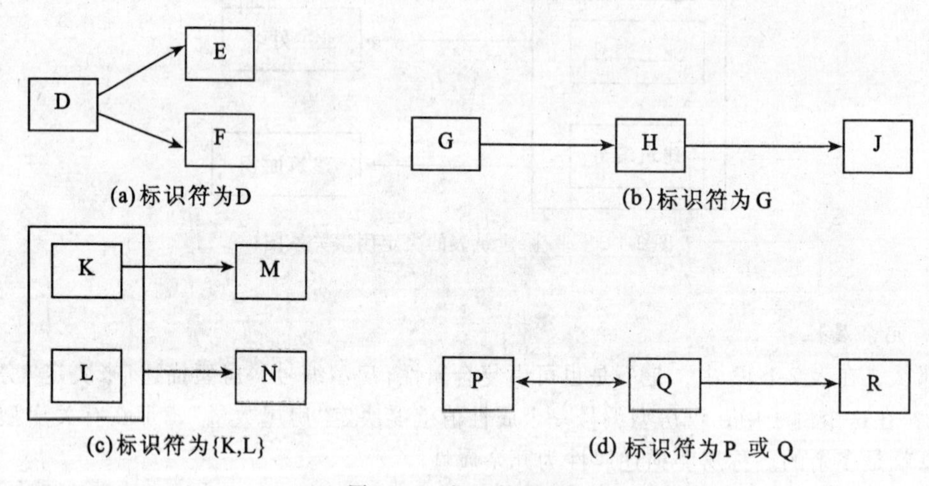


图2-1-5　标识符的实例

在图2-1-5(b)中，G的属性值完全决定H，H决定J；H不决定G，J不决定任何属性。因此，G是标识符。

在图2-1-5(c)中，标识符是属性集{K，L}。K决定M，但它本身无法决定N。

在图2-1-5(d)中，有两个标识符。一个标识符是P(P直接决定Q和R)。另一个标识符是Q(Q直接决定P和R)，可以说有两个候选标识符。通常，一个表只有一个候选标识符，但也有可能有多个候选标识符，一般只选择其中的一个作为表的标识符。

7. 潜在的冗余属性

在确立了决定因素关系图的规范之后，就更容易发现并消除表结构中的冗余数据。

图2-1-6描述了这样一种关系：每一个土地编号属性都只和一个土地等级属性关联，但是一个土地等级属性可以和多个地块编号属性关联。在实际情况中，可以有很多地块属于同一个土地等级，但一个地块只能属于一个土地等级。分析决定因素关系图可知，地块编号是土地等级的决定因素，也是一个标识符；土地等级是税率的一个决定因素，但它不是候选标识符。由于每一个重复的土地等级属性值都与相同的税率属性值对应，因此表格

可能包含冗余属性税率。另一方面，因为地块编号是标识符，其属性值不能重复，因此土地等级不可能有冗余。但是，由于土地等级是一个决定因素而不是候选标识符，因此表中存在潜在的冗余。

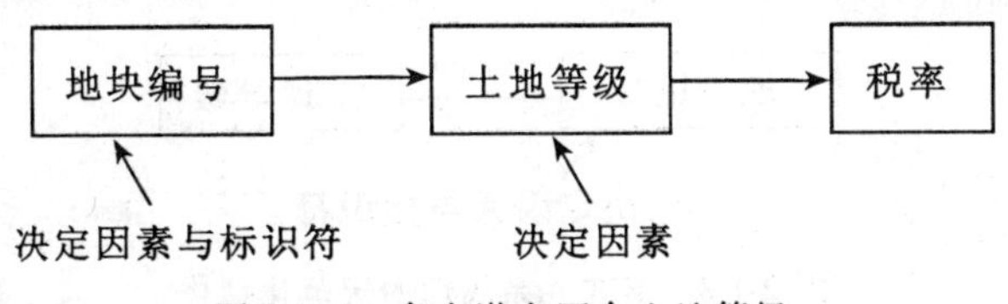


图 2-1-6　存在潜在冗余土地等级

如图 2-1-7 所示，建筑编号可能有多个重复属性值，否则它将成为标识符。由于建筑编号是建筑性质的决定因素，可知每一个重复发生的建筑编号属性值都与相同的建筑性质属性值对应，因此表格中包含冗余的建筑性质。同样，建筑编号是一个决定因素但并非候选标识符，图中的标识符是复合属性{房产公司，建筑编号}，所以表中存在潜在的冗余。

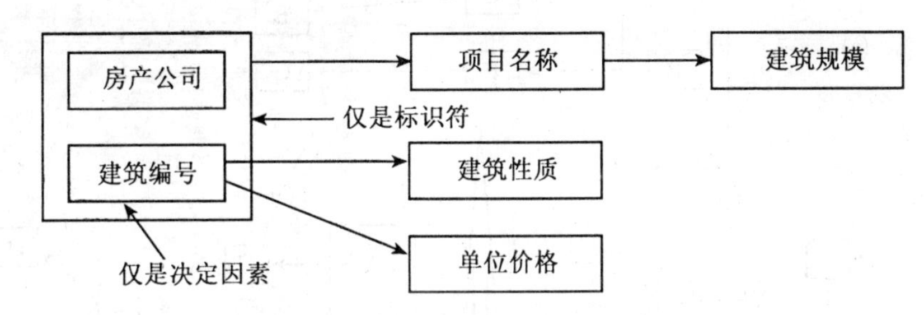


图 2-1-7　存在潜在冗余的建筑性质

上述范例说明了判定表格不存在冗余数据的一条简单原则(Boyce-Codd 规范)：每一个决定因素都必须是候选标识符。

遵循此规范的表格称为 Boyce-Codd 范式(BCNF)。本章将讨论遵循此规范的范式表结构和其他非范式表结构。

8. *表格的规范化*

将非候选标识符的决定因素称为非标识性决定因素。为把非范式表结构转换成范式表结构，需创建新表，使得每一个原表中的非标识性决定因素转变成新表中的候选标识符。每一个新表同样包含直接依赖于新候选标识符的属性。原表中的候选标识符和它的直接依赖属性将转变成新表中的标识符和它的直接依赖属性。

如图 2-1-6，土地等级是一个非标识性决定因素，创建一新表使得土地等级成为新表中的候选标识符，并包含直接依赖于土地等级的属性税率。此时原表中的标识符为地块编号，它的直接依赖属性是土地等级，结果如图 2-1-8 所示。此时，土地等级成为表与表之间的连接，每一个新表中决定因素都是候选标识符，每一个新表都已规范化。

下面举一个更复杂的例子。图 2-1-9 表示了实现规范化的两种不同方法，它们分别在每一阶段选取一个非标识性决定因素。

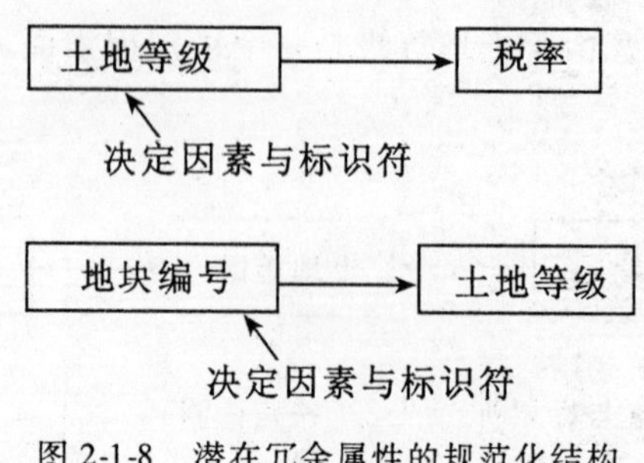


图 2-1-8　潜在冗余属性的规范化结构

图 2-1-9(a)初始状况：不规范的表(A，B，C，D，E，F，G)。
图 2-1-9(b)结果：规范的表 1(A，B，F)；表 2(A，C)；表 3(C，D，E)；表 4(F，G)。

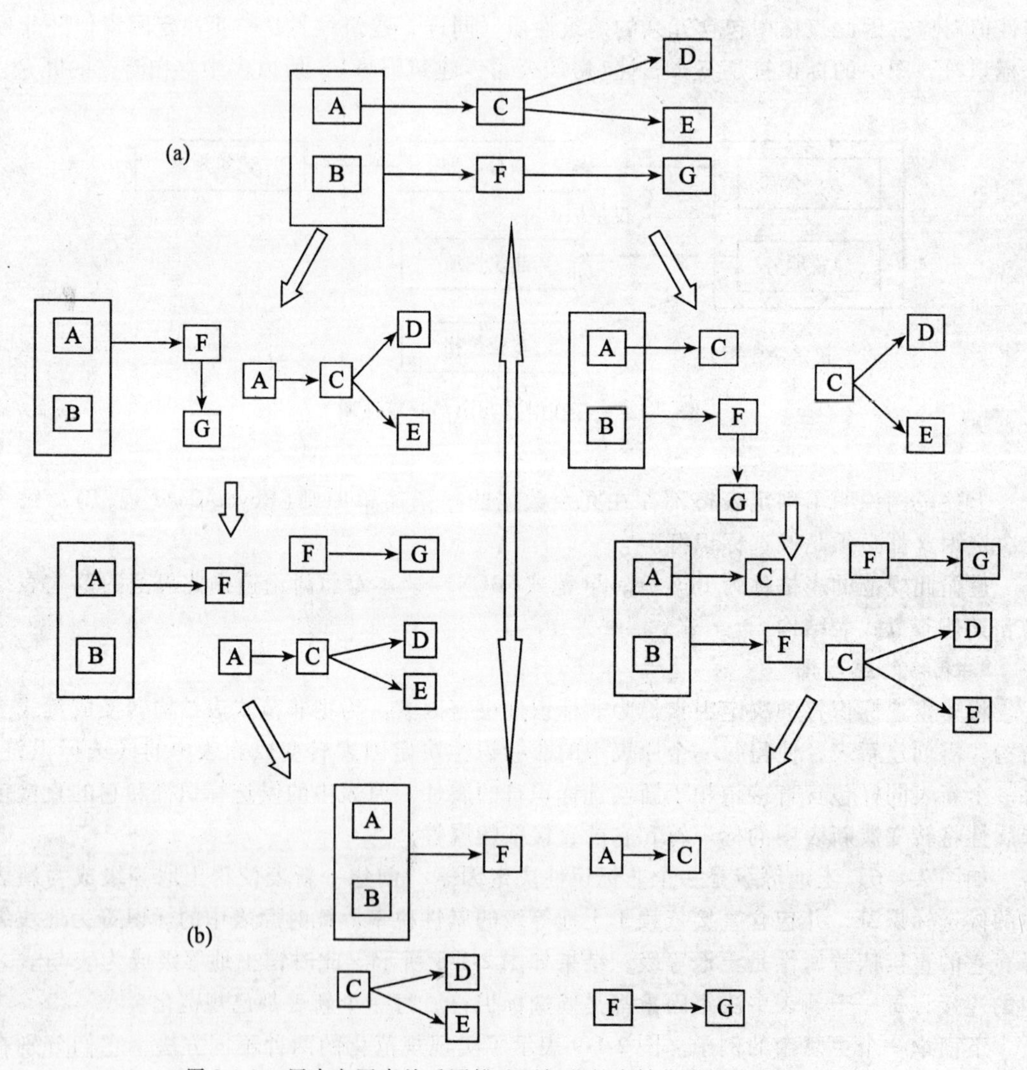


图 2-1-9　用决定因素关系图描述不规范的表转化成规范表的过程

## 2.2　完全规范化表

完全规范化表指结构化表的集合，这类表不包含冗余数据。在许多表中，当每一个决定量是一行中的候选关键字时，该表已经是完全规范化的，但在很多情况下规范化表还有待进一步改进。

### 2.2.1　隐性传递决定因素

图 2-2-1 所示是城市中道路的一部分示意图，为了表达各路段和道路之间的关系，用表(路段编号，道路编号，路段名称)描述。研究相关属性的决定关系，并使用不同的关系表表达，如图 2-2-2 所示。图 2-2-2(b)中表达方式 A 是合理的，而 B 却存在一些缺陷。

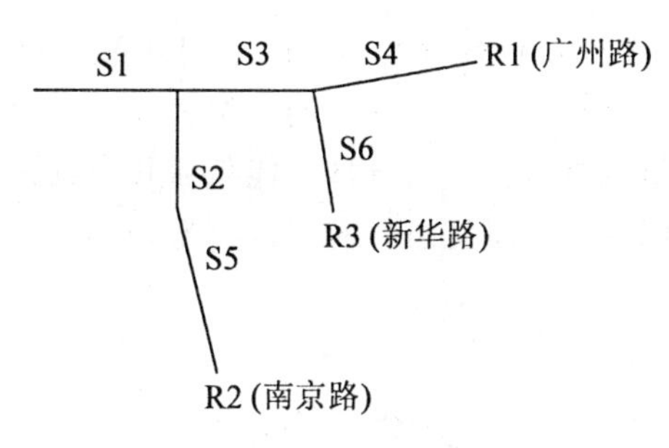


图 2-2-1　城市道路和路段示意图

路段编号 ⟶ 道路编号 ⟶ 路段名称

(a) 不规范的表决定因素关系图

A：
道路-路段(路段编号，道路编号)
路段-1(道路编号，路段名称)

B：
道路-路段(路段编号，道路编号)
路段-2(路段编号，路段名称)

(b)范式表结构

道路-路段

| 路段编号 | 道路编号 |
| --- | --- |
| S1 | R1 |
| S2 | R2 |
| S3 | R1 |
| S4 | R1 |
| S5 | R2 |
| S6 | R3 |

路段-1

| 道路编号 | 路段名称 |
| --- | --- |
| R1 | 广州路 |
| R2 | 南京路 |
| R3 | 新华路 |

路段-2

| 路段编号 | 路段名称 |
| --- | --- |
| S1 | 广州路 |
| S2 | 南京路 |
| S3 | 广州路 |
| S4 | 广州路 |
| S5 | 南京路 |
| S6 | 新华路 |

(c)典型的范式表实例

图 2-2-2　不规范的表的规范化表示顺序

首先，表达方式 A 中的属性组逻辑性更强。它的一个表表示道路和路段之间的联系，而另一个表只包括道路的属性。在 B 中则两个表都是道路和路段间的联系。

第二，表达方式 B 包含冗余数据。假如删掉表路段-2 的第一行中“广州路”，然后看看删去的值是否可被推断出来。首先在表道路-路段中，通过路段编号 S1 找到对应的道路编号 R1，然后再通过编号 S1 对应的道路编号 R1 搜寻具有同样道路编号的路段编号(S3，S4)，最终，用所得的路段编号(S1，S3，S4)中的任何一个在表路段-2 中找到对应的道路名称。而表达方式 A 完全消除了冗余数据，因此是完全规范化的。

表达方式 B 中的问题来源于表路段-2 中的决定量为路段编号，其实有一个传递决定属性——路段编号。相反，A 中的每一个决定量都是直接决定关系，这时称路段-2 表中的路段编号为隐性传递决定因素。

### 2.2.2 多值依赖关系

如图 2-2-3 所示，假定要标识行政分区和景区类型，每个分区有唯一的编号，每个风景区有唯一的景区编号，每种景区类型有唯一的类型名称。一个景区有时会分属好几个分区，也可能会包含好几种景区类型。一个分区可能包含几个景区，多个景区也可能都属于同一种景区类型。除了分区编号、景区编号和景区类型外，还有分区名称、景区名称等其他的属性。

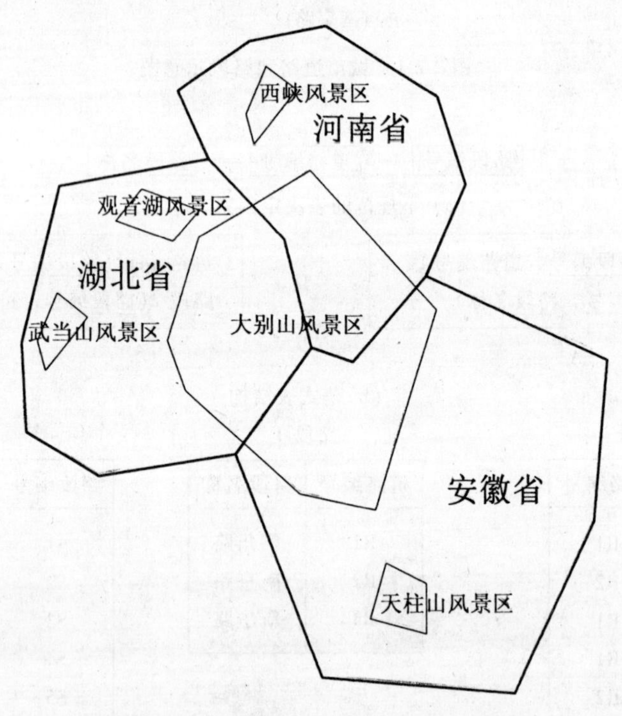


图 2-2-3　行政分区与景区关系示意图

图 2-2-4(a)给出了决定因素关系。图 2-2-4(b)则给出对应的一系列范式表。典型的

表实例则在图 2-2-4(c)中给出。

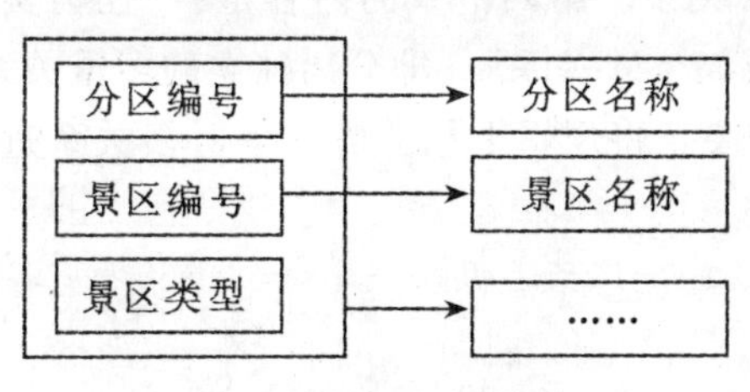


| 分区编号 | 景区编号 | 景区类型 |
| --- | --- | --- |
| D2 | S15 | 自然风景 |
| D2 | S15 | 文物古迹 |
| D5 | S15 | 自然风景 |
| D5 | S15 | 文物古迹 |
| D2 | S18 | 文物古迹 |

(a)决定因素关系图　　(b)第二范式表

分区(分区编号，分区名称)

风景区(景区编号，景区名称，环境容量，门票价格，等级)

分区-景区-类型(分区编号，景区编号，景区类型，…)

(c)分区-景区-类型表

图 2-2-4　复合决定因素实例

首先要确定分区-风景区-风景类型的关键字是复合属性{分区编号，景区编号，景区类型}。可以看出，复合属性中任何单个属性都不能决定余下的两个属性，也不能被余下两个属性构成的复合属性决定。属性间的这种关系被称为多值依赖关系。

在图 2-2-4 所示的实例中，自然风景和文物古迹这两个风景类型将是一个关键点。如果每个分区总是与分区内景区所属的类型相联系，那么属性景区类型就可能会有冗余。如果删除表中第一、二行的景区类型(自然风景和文物古迹)，那么有可能从第三、四行的值推断出缺掉的值。因此，分区-景区-类型表不是完全规范的表。如果把该表分成两个表，即分区-景区表和景区-类型表，则可成为完全规范化的表，如图 2-2-5。

分区-景区表

| 分区编号 | 景区编号 |
| --- | --- |
| D2 | S15 |
| D5 | S15 |
| D2 | S18 |

景区-类型表

| 景区编号 | 景区类型 |
| --- | --- |
| S15 | 自然风景 |
| S15 | 文物古迹 |
| S18 | 文物古迹 |

图 2-2-5　完全规范化表

图 2-2-4(c)中，因为同一景区类型与同一分区的每一个风景区都联系在一起，所以分区编号可以说是景区编号和景区类型的多值决定因素，最后导致的分区-景区-类型表不是规范表。

### 2.2.3　五种常规范式

数据库的规范化就是指使用范式规则对数据库进行规范。从第一范式(1NF)一直到第五范式(5NF)，依次增强。前面三个范式具有顺序关系，即后一个范式是建立在前面范式的基础之上的。第一范式的内容是："将相互具有一定关系的属性组成具有唯一标识符的实体”，即消除重复组。第二范式的内容是：“如果一个属性只是部分依赖于多值键，那么将放到其他实体中”，即消除冗余数据。第三范式的内容是：“如果属性不依赖于标识符，则将它移到其他实体中”，即消除非主键依存关系。第四范式的内容是：“任何实体不能含有逻辑上无关的两个或两个以上的1：M或M：M关系”，即分离独立的多重关系。第五范式的内容是：“为了满足信息实际约束的需要，将逻辑上相关联的多对多关系进行分解”，即分离语义关联的多重关系。

也可以如下简单理解这5种范式：

①通过重复数据得到关系表称为第一范式；

②由删除并不依赖标识符的非标识符属性得到的关系表称为第二范式；

③去掉非标识符属性间的依赖关系得到的关系表称为第三范式(传递决定)；

④处理多值决定关系的关系表称为第四范式；

⑤处理特殊情况的关系表称为第五范式(如没有现实意义的联合决定关系)。

## 2.3 实体关系模型

E-R图为实体-联系图，提供了表示实体型、属性和联系的方法，用来描述现实世界的概念模型。

构成E-R图的基本要素是实体、属性和联系，其表示方法为：

• 实体(entity)：用矩形表示，矩形框内写明实体名；比如城市中的地块、街区都是实体。

• 属性(attribute)：用椭圆形表示，并用无向边将其与相应的实体连接起来；比如地块的编号、面积、性质都是属性。

• 联系(relationship)：用菱形表示，菱形框内写明联系名，并用无向边分别与有关实体连接起来，同时在无向边旁标上联系的类型(1：1，1：N或M：N)来表示存在的三种关系(一对一，一对多，多对多)。比如建筑建在地块上，建筑与地块就存在“建设”关系。

### 2.3.1 数据建模

数据建模(data modeling)可以定义为对业务数据对象进行分析并确定这些数据对象之间关系的过程。

1. 自下而上数据建模

数据建模需遵循以下过程：

①选择与研究范围内实体有关的属性；

②将这些属性联成范式表。

因为以上的过程是从属性的最低层开始的，故这种方法被称为自下而上建模过程。

虽然自下而上建模过程在相对简单的情况下运行正常，但由于在现实环境中需要考虑很多属性或相同属性间存在的关系，往往会遇到很多问题。概念模型包含了几百种甚至上千种属性，因此难以正确地找出所有的函数依赖关系，在这种情况下，数据分析对简化设计步骤是非常重要的。在数据分析的初级阶段，管理员通常不会关心数据模型包含的所有数据。他们清楚有哪些属性，却并不一定知道这些属性的详细信息。

下面举例说明相同属性间出现多种关系的情况。假设在设计院中，一位员工每次只能被分配一项任务，但是相同的任务可以分配给多个员工，一名员工可以负责多个任务，但每个项目只有一个项目负责人。相关属性是：员工号、员工姓名、项目名称、项目预算。在图 2-3-1(a)中，员工号和项目名称间有两个箭头，因为它们间存在两种完全不同的关系，即“员工负责项目”和“项目分配给员工”。最初可能会认为，由于员工决定了项目名称且反之亦然，那么两个单箭头可以被一个双向箭头取代，如图 2-3-1(b)所示。然而，事实上“项目名称总是决定员工号”只对关系“员工负责项目”有效，而对“项目分配给员工”关系无效。

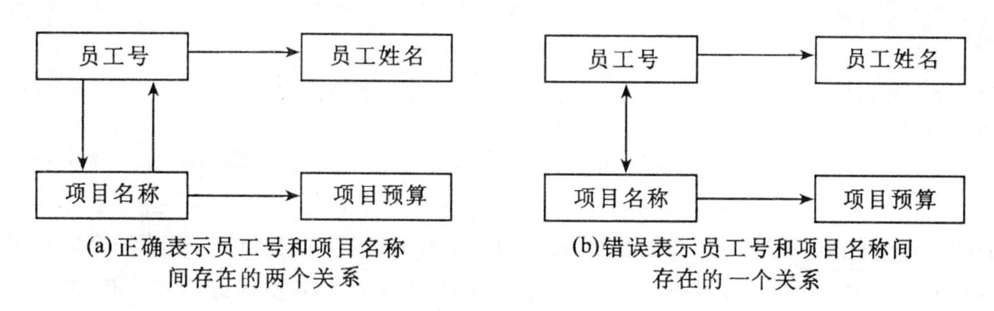


图 2-3-1　员工号和项目名称间关系的不同表示

2. 实体关系建模

以上问题可以采取自上而下的建模方法来解决。自上而下的建模方法的具体过程是：

①选择实体以及与研究范围相关的实体之间的关系，如顾客购买房屋，房地产商提供房屋；

②将属性分配给实体和关系，形成一系列的范式表。

3. 实体类型与记录值

假设地块与建筑物的关系如图 2-3-2 所示。此例中有两个实体类型(地块，建筑物)，有两个地块实体记录值(D1，D2)，有 5 个建筑物实体记录值(B2，B7，B4，B8，B6)。有一个关系类型(包含)，有 5 个包含关系记录值。

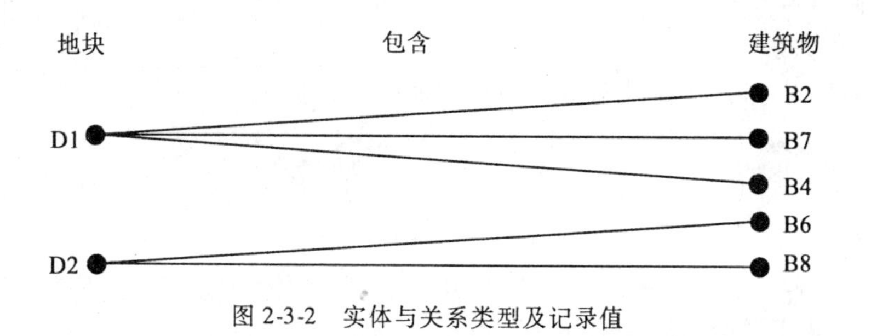


图 2-3-2　实体与关系类型及记录值

术语“实体”和“关系”可以指类型或者记录值或同时指代两者，随具体内容而定。

4. 实体-关系图

实体-关系图(E-R 图)用来表示数据库模型系统的结构。

图 2-3-2 是实体、关系、记录值实例，此图表明了单个实体以及它们之间的关系。以后，非标识属性如地块面积和建筑性质等都将在此图中省略。为方便起见，通常使用实体-关系类型图(实体-关系图)来表示实体及实体间的关系。可用图 2-3-3 表示图 2-3-2 中的实体、关系、记录。

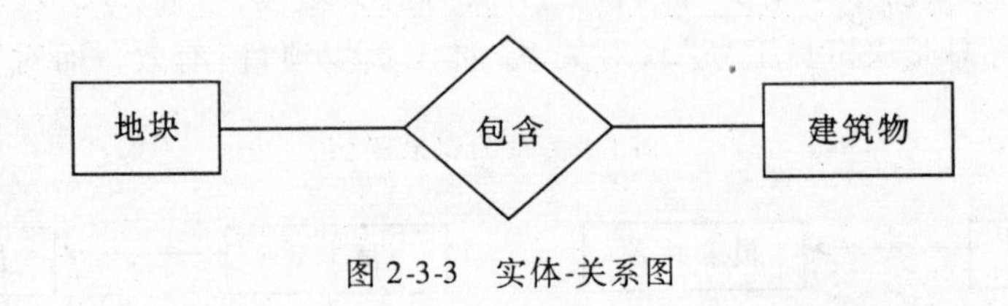


图 2-3-3　实体-关系图

实体-关系类型图的表示方法在第 1 章中已经讲述过，通常用矩形代表实体类型，用菱形代表关系类型，连接直线表示实体与哪些关系有联系，每一个实体类型和关系类型都有名称。需要注意的是实体-关系的命名，实体-关系名称需要表示两个实体两个方向的合理性，而有的时候这种合理性很难保证，这时实体-关系的命名就显得非常重要。

### 2.3.2　关系的特性

1. 关系类型

关系类型是关系的重要特性，这种特性通常用关系的层级表示。假设地块和建筑存在包含关系；地块用地块编号识别，建筑用建筑编号识别。关系的类型有三种可能性，每种都有相应的规则。

(1)1∶1 关系

1∶1 关系的规则："一个建筑最多属于一个地块"；"一个地块最多有一个建筑"。此规则将拥有关系定义为 1∶1 关系(即 1 对 1 关系)。典型的记录值如图 2-3-4(a)所示。注意，1∶1 关系包含 1∶0 和 0∶1 的记录值，即，不必每一栋建筑都属于所给地块，所给地块也不必都有建筑。当地块和建筑都不能独立存在时仍属于 1∶1 关系。其规则为："一栋建筑必须属于一个地块"；"一个地块必须有一栋建筑"。

(2)1∶M 关系

1∶M 的规则："一个地块可以有多栋建筑"；"一栋建筑最多属于一个地块"。此规则将拥有关系定义为 1∶M 关系。典型的记录值如图 2-3-4(b)所示。注意，1∶M 关系包含 1∶1，1∶0 和 0∶1 的记录值，但也有严格约束的 1∶M 关系存在，其规则为："一个地块必须有多栋建筑"；"一栋建筑只能属于一个地块"。

1∶M 关系的方向非常重要。在此例中，1∶M 关系的方向是一栋建筑到多个地块。相反的关系将需要有不同的规则进行描述。

(3)M∶N 关系

M∶N 关系规则为："一栋建筑可以属于多个地块"；"一个地块可以有多栋建筑"。

此规则将拥有关系定义为 M：N。典型的记录值如图 2-3-4(c)所示。注意，M：N 关系包含 1：M(任何方向)，1：1，1：0 和 0：1 的记录值，但也有严格约束的 M：N 关系存在。

图 2-3-5 通过实体关系模型显示了关系的类型。命名的习惯是按照 1：M 的方向。

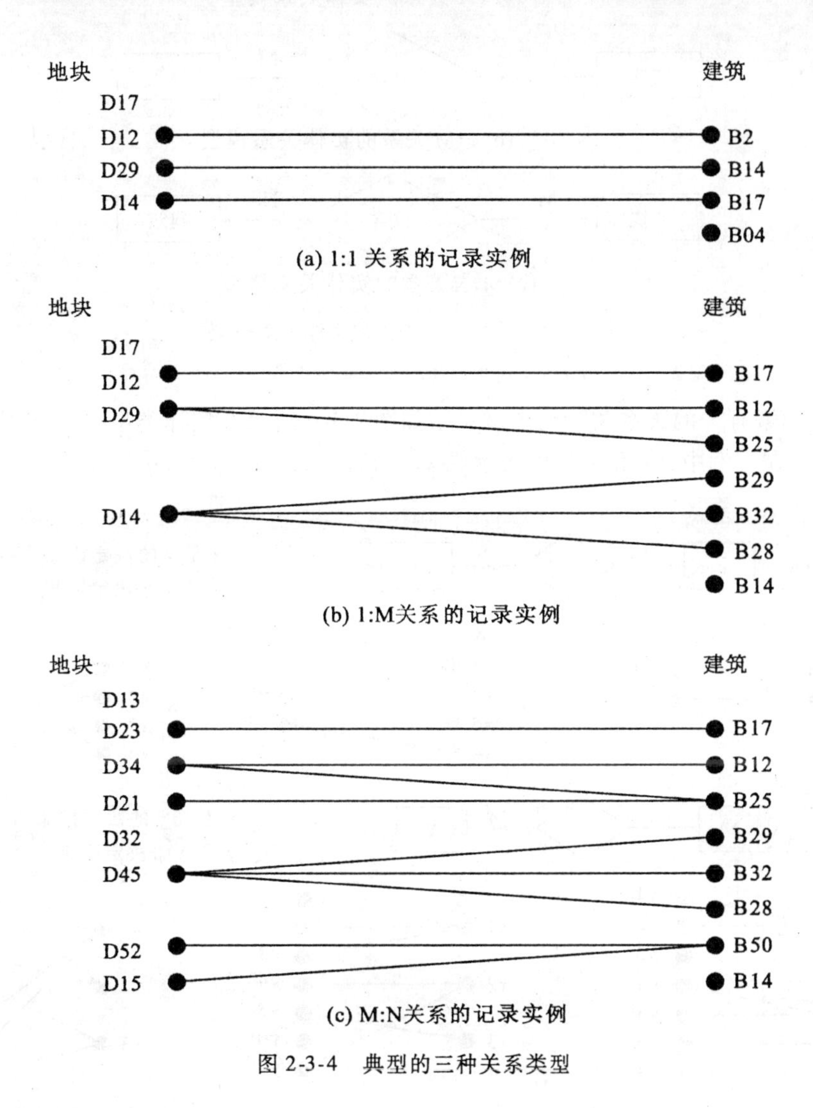


图 2-3-4　典型的三种关系类型

2. 决定限定

定义关系类型的更简便方法就是通过相关的实体类型标识符决定关系并对关系进行限定。

对于图 2-3-5(a)的 1：1 关系：地块编号是建筑编号的决定因素；建筑编号也是地块编号的决定因素。

对于图 2-3-5(b)的 1：M 关系：地块编号不是建筑编号的决定因素；建筑编号是地块编号的决定因素。

对于图 2-3-5(c)的 M：N 关系：地块编号不是建筑编号的决定因素；建筑编号也不是地块编号的决定因素。

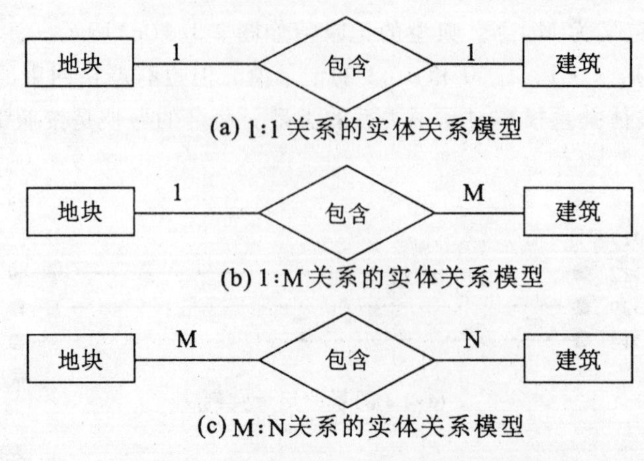


图 2-3-5　不同关系类型的实体关系模型

与决定因素有关的关系类型的定义总结如图 2-3-6 所示。实体类型 X 和 Y 的标识符分别是 x 和 y。在实例中，x 和 y 的值表示成 x1，x2，…，y1，y2，…。

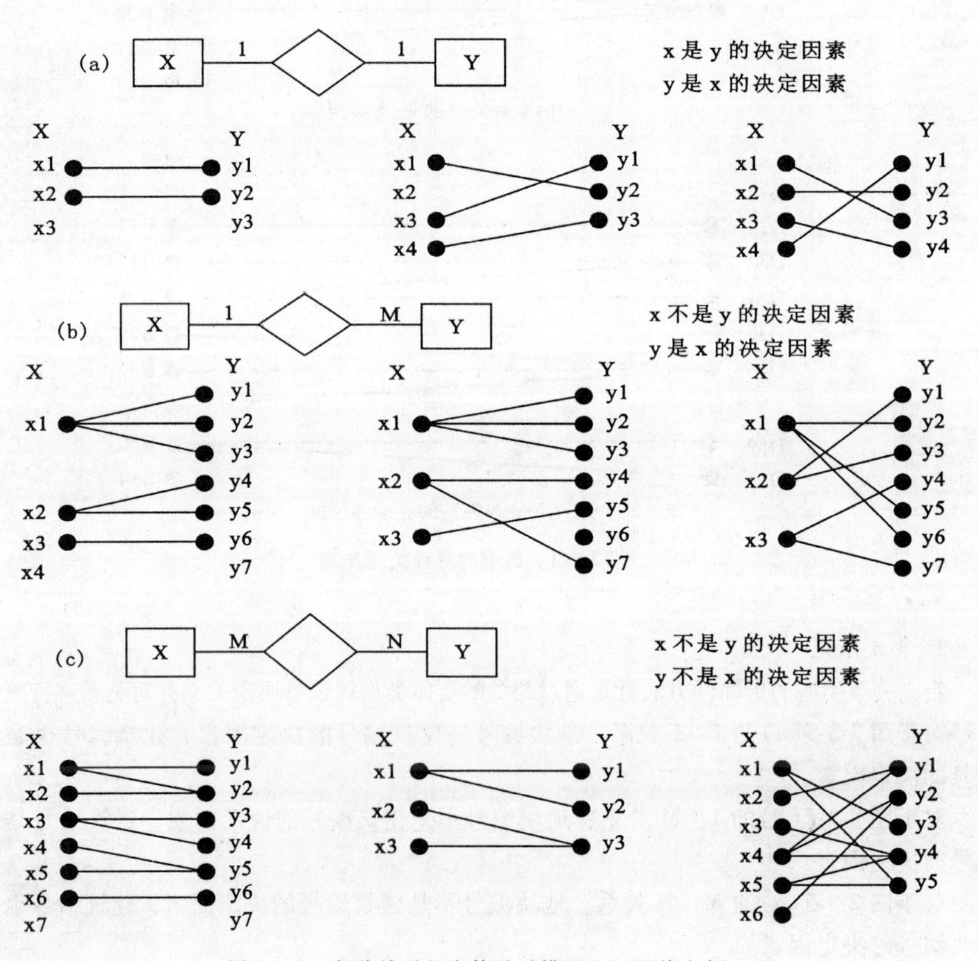


图 2-3-6　各种关系的实体关系模型和记录值实例

3. 决定限定的类别

在前面的内容中，举例说明了实体类型独立存在的两种不同情况。下面将用术语“完全限定”与“非完全限定”来区别这些情况。

假设规划局某部门的员工与部门间的雇用关系规则为：①“每一个员工都必须被一个部门雇用”；②“存在没有员工的部门”。

第②条规则允许尚未雇用任何员工的新部门的信息存在，就是说部门在雇用关系中是非强制性的，可以不在雇用关系实例中存在；相反，员工在雇用关系中是强制性的，也就是说员工记录值必须出现在雇用关系记录值中。

对于两个实体类型之间的关系，有 4 种不同的连接方法，如图 2-3-7 所示。该图中表示的符号同样可以应用于表现实体类型表的成员类别。在实体符号中，点在长条内部表示实体的成员类别是完全限定的；反之，点在长条外部表示实体的成员类别是非完全限定的。有关实体成员类别的信息相当重要，它将影响数据模型及模式的设计。

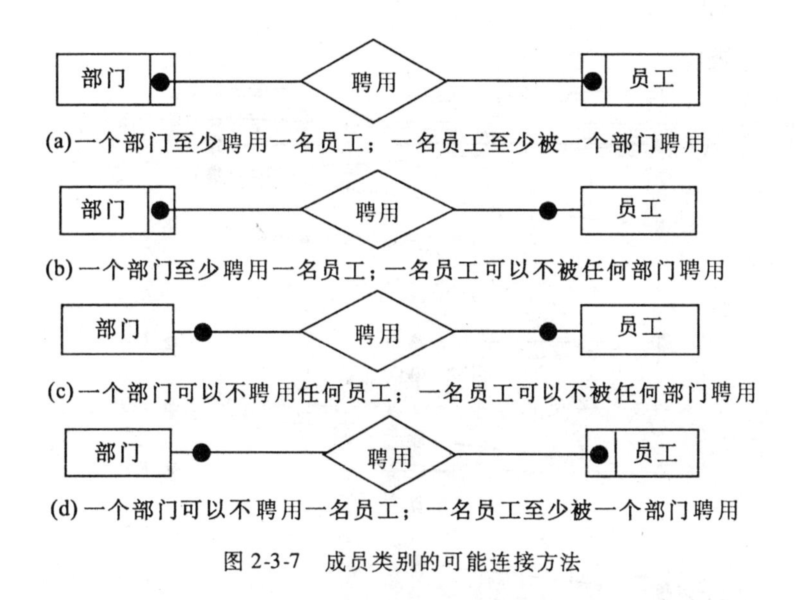


图 2-3-7 成员类别的可能连接方法

4. 多对多关系的分解

两个实体类型间的任何 M：N 关系都可以被分解成多个 1：M 关系。

如果分解的过程如图 2-3-8 所示，则这种结果是错误的。事实上，图 2-3-8(a)中的 M：N 关系意味着项目和员工之间不存在任何方向的函数依赖关系。而在图 2-3-8(b)中，P-E 关系意味着项目对于员工有函数依赖性，同样，E-P 关系意味着员工对于项目有函数依赖性。显然，图 2-3-8(a)与图 2-3-8(b)并不等价。

图 2-3-9 表示了对 M：N 关系如何正确分解。首先看图 2-3-9(a)，每一个关系记录值都对应于从员工到项目的任务分配。通过将任务分配(assignment)也作为实体记录值，产生图 2-3-9(b)的结果。很容易看出，项目和任务分配之间是 1：M 关系。将这种实体关系记录值转化成关系类型，产生图 2-3-9(c)所表示的内容。

一个关系可以被视作实体，尽管这种实体可能在整个研究范围内不被认为是实体。对

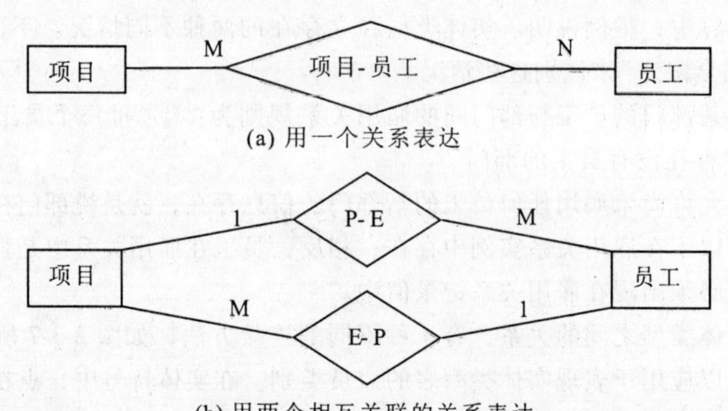


图 2-3-8　项目和员工之间的关系表达

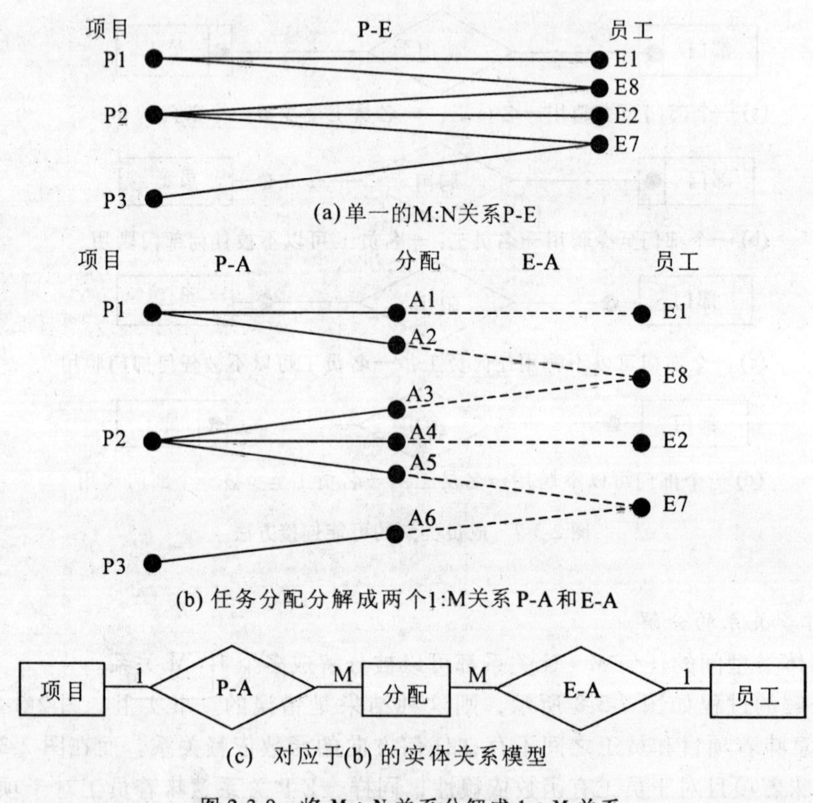


图 2-3-9　将 M：N 关系分解成 1：M 关系

用于连接的新实体的名称，可以用所连接的实体简称并且中间用“-”连接组成。如图2-3-9中，用 P-E 表示项目和员工之间的连接关系。

5. 连接陷阱

数据库设计者和概念模型使用者需要着重注意一些连接陷阱。问题的产生是由于对某些关系的错误理解而引起的。"连接陷阱"可用于描述任何释义上的错误，任何概念模型都包含潜在的连接陷阱。虽然有的连接陷阱对于研究的范围来说无关紧要，但有时必须通过重新构建概念模型才能避免其发生。总之，它的存在必须引起注意，要么被消除，要么有安全保障。下面将讨论这个问题。

(1)关系的曲解

如图 2-3-10 中的关系辅导可以理解成学科辅导或者是个人辅导或两种关系都存在。

图 2-3-10　该如何理解关系辅导

这种释义上的曲解可能会引起数据库无法存储一些信息(如无法区分是学科辅导还是个人辅导)，或者可能会认为从数据库检索到的信息是不正确的，如：可能将一系列的辅导关系混淆。

(2)扇形陷阱

当同一实体具有两个或两个以上的关系记录值以 1 : M 存在时，就会出现扇形关系。许多隐含的扇形陷阱都存在于由一个实体所产生的不同扇形关系结构中，例如 1 : M 和 M : 1的关系结构更容易发现连接陷阱。

对图 2-3-11(a)所示的情况，有可能会认为，通过规划局连接办公室和员工就意味着可以推导出哪些员工属于哪些办公室。但如图 2-3-11(b)所示，无法知道员工 1，2，3 属于哪个办公室。同时，员工 4 可以属于办公室 3 也可以属于办公室 4，员工 5 亦然。也可以假想一些员工，如清洁工，属于规划局而不属于任何办公室。

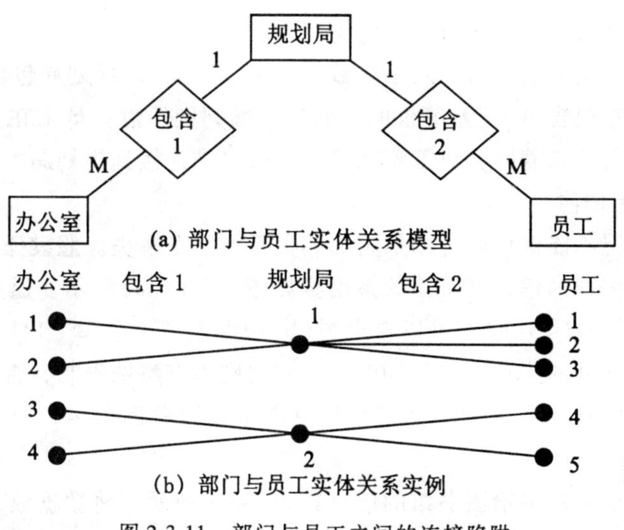


图 2-3-11　部门与员工之间的连接陷阱

为了解决规划局、办公室、员工之间问题的另一种实体关系结构，一种能更好反映它们之间自然层级关系的结构，如图 2-3-12 所示。这种结构消除了员工属于哪个办公室的模糊性，并且，不用再怀疑员工到底是否属于办公室，因此消除了员工属于规划局而不属于办公室的问题。这样也就消除了规划局与员工关系中的扇形陷阱问题。

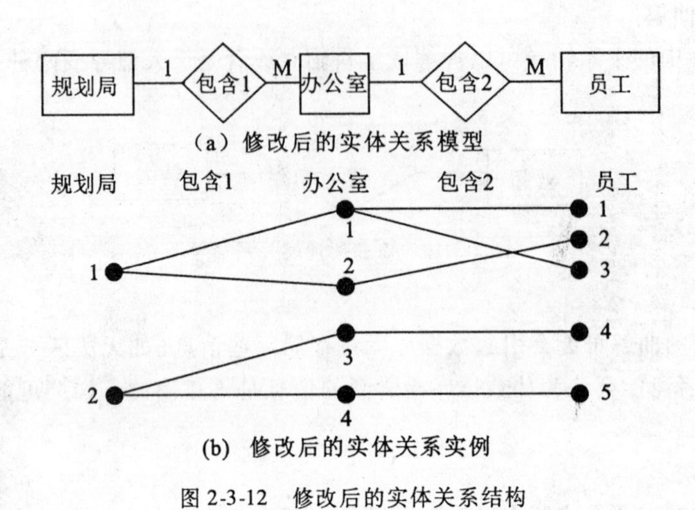


图 2-3-12 修改后的实体关系结构

(3) 断层陷阱

断层陷阱的产生是由于实体关系模型表明了实体类型间存在某种关系，但是在一些实体记录值中并不真正存在这种联系。假设一些专家受聘到规划局做顾问，但并没有确切地分到哪个办公室，这时图 2-3-12 的结构就不合适，因为它不允许顾问与规划局存在直接联系，而是通过办公室连接。一种解决方法是设计一个虚拟的办公室容纳顾问。然而，如果概念模式要真实地反映实际情况，就不允许虚拟办公室的存在。因此，另一种解决方法是在规划局与员工之间直接添加第三种聘用关系。

这时又会出现释义上的曲解。对于多数员工来说，关系“规划局包含员工”和“规划局包含办公室，办公室包含员工”是等价的，而对于顾问则不然。员工在关系包含 1 中的非完全限定性成员身份意味着一些员工不能通过办公室来连接到规划局。

(4) 隐含的扇形陷阱

上面说到的情况不能仅仅通过添加附加的关系类型来解决。假设任何图书供应商可以提供任何图书给任何图书馆，其实体关系模型如图 2-3-13(a) 所示。通过将 M : N 关系分解成 1 : M 关系见图 2-3-13(b)，可以看出图(b)中隐藏了一个 M : 1/1 : M 结构，是一个扇形陷阱，应引起格外的注意。在此例中，除非规则中有特殊限制，否则一个非常明显的连接陷阱是无法明确指出哪些图书供应商提供图书给哪些图书馆，而且这还不是唯一的陷阱。

如果图书供应商供图书给图书馆的信息如表 2-3-1 所示，将数据放入记录值图中形成图 2-3-13(c)，由此仅仅可以获取的关系类型是 S-B(供应商-图书)和 B-L(图书-图书馆)，因此在图 2-3-13(c)上所表达的数据如表 2-3-2 所示。可以看到，不可能从图 2-3-13(c)中判断出哪些供应商供图书给哪些图书馆。尽管从表 2-3-1、表 2-3-2 中得出的结论是 S1 不供货给 L2，但图 2-3-13(c)中却表示供应商 S1 提供 B1 给 L2。

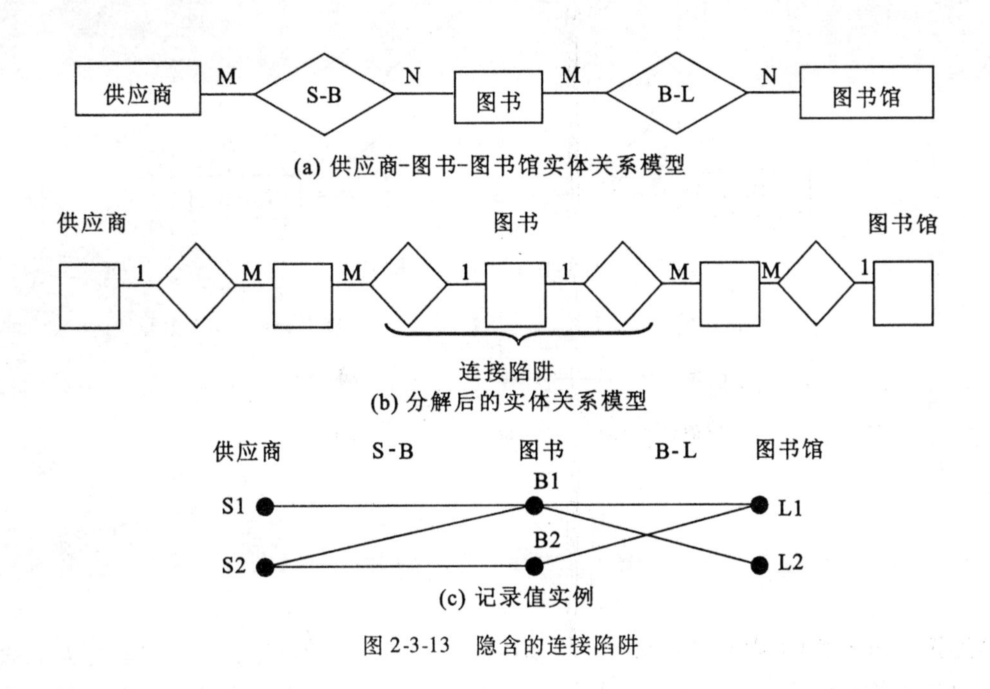


(a) 供应商-图书-图书馆实体关系模型

(b) 分解后的实体关系模型

(c) 记录值实例

图 2-3-13　隐含的连接陷阱

表 2-3-1

| | |
|---|---|
| S1 | 供 B 给 L1 |
| S2 | 供 B1 给 L2 |
| S2 | 供 B2 给 L1 |

表 2-3-2

| | |
|---|---|
| S1 | 供应 B1 |
| S2 | 供应 B1 |
| S2 | 供应 B2 |
| B1 | 被供给 L1 |
| B1 | 被供给 L2 |
| B2 | 被供给 L1 |

与图 2-3-12 一样，可以通过增加供应商和图书馆之间新的关系来解决连接陷阱的问题。如图 2-3-14(b)所示，可以看到供应商 S1 供应 B1 但不供应 B2。然而，这时仍存在更深一层的连接陷阱。即使可以判断哪些供应商提供哪些图书，哪些图书供应给哪些图书馆，哪些供应商为哪些图书馆供书，但无法确认哪些供应商提供哪些书给哪些图书馆。如图 2-3-14(b)所示，不仅与表 2-3-1 的数据一致，同时也符合供应商 S2 提供图书 B1 给图书馆 L1。以上问题的根本在于 M∶1/1∶M 的双扇形结构的存在。可以使用多对多关系的分解方法将图 2-3-14(a)中的关系进行分解，结果中将出现 M∶1/1∶M 的结构，也就是说只有用这种隐含的扇形结构才能通过图书建立供应商和图书馆之间的联系，对于图书-图书馆-供应商和图书馆-供应商-图书关系亦是如此。

避免连接陷阱的实体关系结构可参见表 2-3-1 和表 2-3-2。在表 2-3-2 中用数据将实体

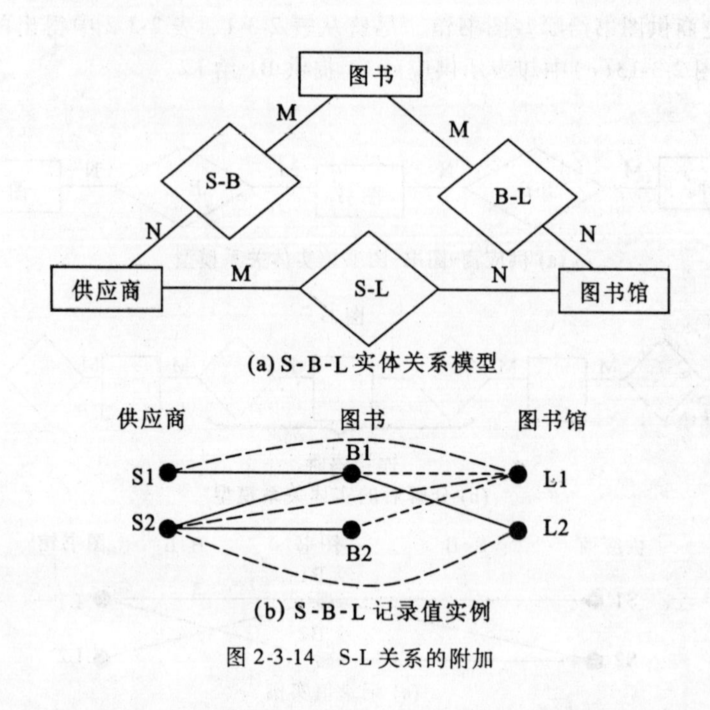


(a) S-B-L 实体关系模型

(b) S-B-L 记录值实例

图 2-3-14　S-L 关系的附加

两两连接，而表 2-3-1 则同时表现了三个实体间的关系。由此可见，解决问题的方法就是用一个简单关系类型将三个实体连接起来，从而表达三个实体间的复杂关系类型，如图 2-3-15 所示。

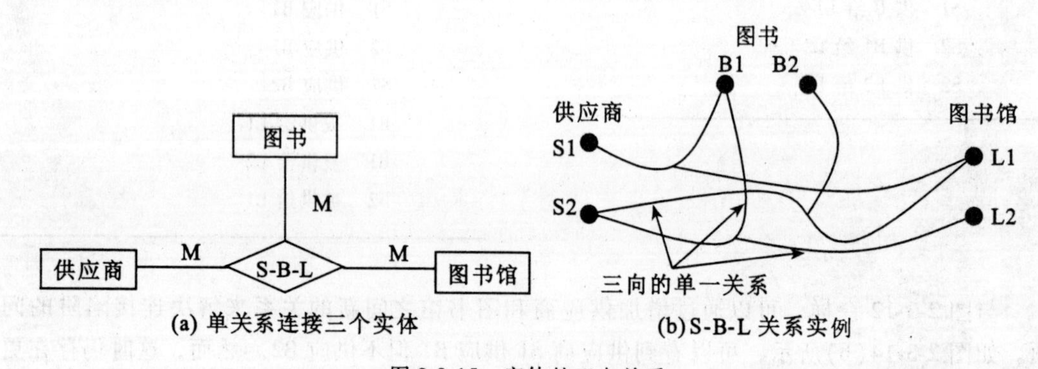


(a) 单关系连接三个实体　　(b) S-B-L 关系实例

图 2-3-15　实体的三向关系

总之，同一关系中可以允许任何数量的实体类型参与，但是实际上很难找出包含三四种实体类型的关系。大多数情况下，两种实体类型就足够了，因此，注意不要使概念模型因包含累赘的关系而复杂化。

6. 复合关系的分解

二元关系和复合关系用于区分包含两种实体的关系和包含两种以上实体的关系。任何复合关系都可以分解成若干二元关系。分解后复合关系并未消除，而是以不同的形式存在，因而仍需要设法避免使用不必要的复合关系。

分解复合关系的实例可参见图 2-3-16。关系类型供应商-图书-图书馆(S-B-L)在图 2-3-16(a)中转变成实体类型合同。S-B-L 的标识符{供应商编号，图书编号，图书馆编号}是合同的候选标识符，也可创建新的标识符，如合同编号。就记录值实例而言，图 2-3-15(b)中的每一个关系记录值都变成图 2-3-16(b)中的合同实体记录值，即图 2-3-16(b)中的每一个黑点都代表一个合同实体。

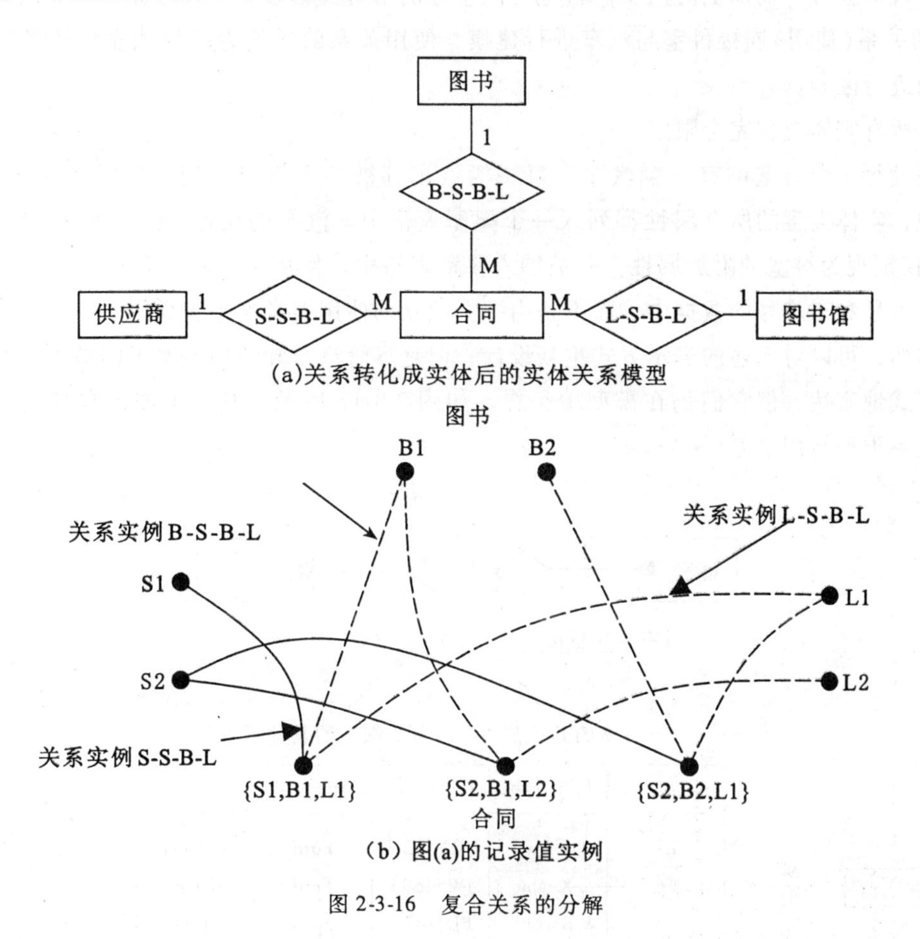


(a)关系转化成实体后的实体关系模型

(b)图(a)的记录值实例

图 2-3-16　复合关系的分解

### 2.3.3　实体关系模型的框架

尽管实体关系图描述了概念模型的一些重要特征，但它并没有表明与实体和关系类型所关联的属性，而这一信息可以通过完全规范化表表现出来。原则上，可以给每个实体和关系类型定义一个表格，但因此会产生很多的表格。

决定实际需要哪些表格类型是第一步，这有助于建立一个标准，并以此决定最能表达这些表格类型的各种不同关系。最初的目的是要定义一个简单的、高层的、操作独立的模型，并具有修改的可能性，这个阶段的模型还可以再改变。

为了简洁起见，术语实体关系简称为 E-R。E-R 类型及其关联的范式表类型合称为 E-R模型。开始时，应先构建一个 E-R 模型框架，即只包含标识符的 E-R 模型。

1. 关系的表达

(1)1∶1 关系

假设某规划局的汽车按照 1∶1 分配给各科室使用，科室之间不可共用汽车，也不能让一个科室拥有一辆以上的汽车。科室与汽车分别用科室编号和车牌号标识。此例可按照 1∶1 的关系(使用)连接科室与汽车进行建模，使用关系的表达方式仅依靠实体类型的成员类别进行区分。

• 所有实体类型完全限定

假设每一个科室都有一辆汽车，每一辆汽车都被一个科室使用，如图 2-3-17 所示。此例中，实体类型的所有属性都列入一个类型表格中。汽车的属性(如车牌号、制造商、型号)仅被视为科室的附加属性，并被纳入科室表格中。使用关系隐含存在于同一个表中的科室编号和车牌号的数据中，而不是由一个独立的使用表类型来表现。

当然，可以对上述的表示方式重新设计，但是尽管汽车和使用关系不能被独立的类型表格显式地表达，但它们仍在模型中存在。如图 2-3-17 所示，其中不能被自身关系表表述的关系类型将用星号(＊)标记。

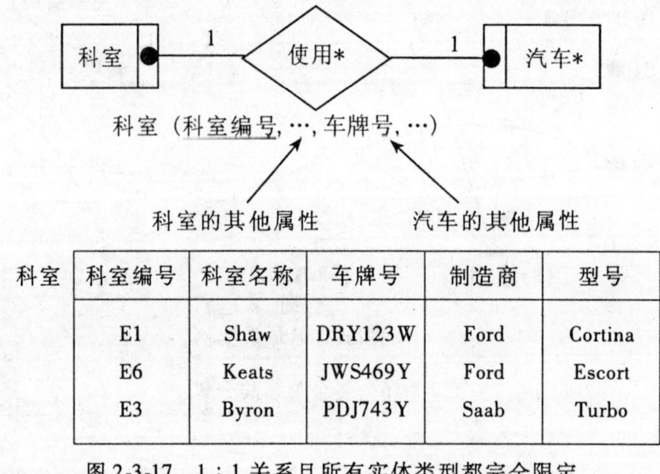


| 科室编号 | 科室名称 | 车牌号 | 制造商 | 型号 |
| --- | --- | --- | --- | --- |
| E1 | Shaw | DRY123W | Ford | Cortina |
| E6 | Keats | JWS469Y | Ford | Escort |
| E3 | Byron | PDJ743Y | Saab | Turbo |

图 2-3-17　1∶1 关系且所有实体类型都完全限定

• 只有一个实体类型完全限定

假设每一辆汽车都被某一个科室使用，但并不是每一个科室都有汽车，如图 2-3-18(a)所示。实际上科室对于使用关系有非完全限定性成员关系。这意味着汽车的属性不是所有科室的属性，而是一部分科室的属性。从这点来看，概念上更容易定义科室和汽车为独立类型表格。假如在一个实体类型表格中包括所有的科室及汽车属性，必然会带来一定缺陷，即表格中的行可能具有汽车属性的空值，如图 2-3-18(b)所示。

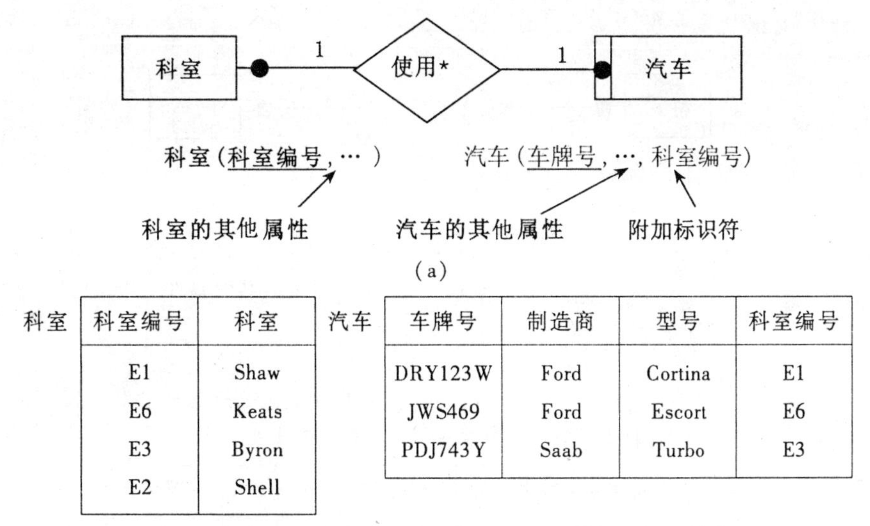


科室

| 科室编号 | 科室 |
|---|---|
| E1 | Shaw |
| E6 | Keats |
| E3 | Byron |
| E2 | Shell |

汽车

| 车牌号 | 制造商 | 型号 | 科室编号 |
|---|---|---|---|
| DRY123W | Ford | Cortina | E1 |
| JWS469 | Ford | Escort | E6 |
| PDJ743Y | Saab | Turbo | E3 |

(b)科室和汽车用独立表格表示，使用关系由附加的标识符表示

图 2-3-18　1 : 1 关系且只有一个实体类型必须完全限定

那么，是不是必须为使用关系定义一个独立表格类型呢？事实上，对于图 2-3-18(a)来说并无此必要。注意，标识符科室编号形成了科室记录值和汽车记录值的合理连接，因此不存在汽车的空值，每一辆汽车都被科室员工使用了。由于没有使用关系的类型表格，因此在 E-R 类型表中使用关系以星号表示。

在现在设计阶段，关系总是通过附加的标识符表示，从而使表格保持规范化(无重复组)并且附加的标识符不可能为空值，此时不可能使用独立的关系表格来取代。以后将进一步讨论这个规则的运用。

• 所有实体类型都是非完全限定

假设科室不一定使用汽车，而汽车也不一定被科室使用，如图 2-3-19 所示，则使用关系不能通过附加科室编号给汽车，也不能通过附加车牌号给科室，因为任何一种途径都会产生空值。解决的办法是为使用关系建立独立的表格。正如实体类型表格总是包含实体的标识符，关系类型表格也包含关系的标识符，即{科室编号，车牌号}。

• 小结

最初的高级设计的基本思想是使类型表格的数目最小，并服从这样的规则：表格必须规范化，附加的标识符不能为空值。在后一阶段，此规则可适当放宽，它在初级设计阶段的运用意味着设计之初无需考虑非常细节的问题。比如，一个关系中包含了什么样的记录值实例。

对于 1 : 1 关系，构建属性表的规则如下：

• 如果所有实体类型是完全限定的，将所有属性放入一个表格类型中；
• 如果只有一个实体类型是完全限定的，定义两个类型表格，将非完全限定性实体的标识符附加到完全限定性实体的类型表格中；
• 如果所有实体类型都是非完全限定的，那么要给两个实体和它们的关系定义三个表格类型。

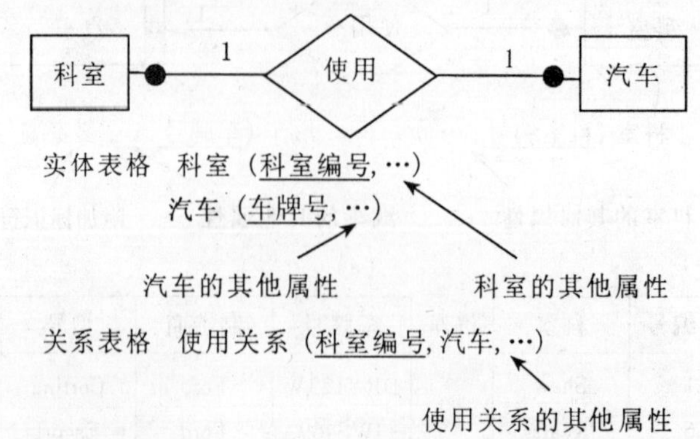


科室(科室编号，科室名称，车牌号，制造商，型号)

| 科室 | 科室编号 | 科室名称 | 车牌号 | 制造商 | 型号 |
|---|---|---|---|---|---|
| | E1 | Shaw | DRY123W | Ford | Cortina |
| | E6 | Keats | — | — | — |
| | E3 | Byron | JWS469Y | Ford | Escort |
| | E2 | Shelley | — | — | — |
| | E3 | Byron | PDJ743Y | Saab | Turbo |

图 2-3-19 1：1 关系且所有实体类型是非完全限定的

(2)1：M 关系

现以病人与病房的关系为例来说明 1：M 关系。因为一个病房可以容纳多名病人，但一名病人只能分配到一个病房，病房和病人之间的关系包含的类型是 1：M。假如病房和病人的标识符分别是病房号和病人编号，病房是否完全限定性对于当前的讨论不重要，但病人的成员是否完全限定性却是至关重要的。

• “M”实体是完全限定的

假设每一名病人都必须住进病房，表示包含关系的最简单方法是将病房号附加到病人的表格中。因为每一个病人都明确地住进一间病房，所以每一个病人实体记录值都确定地包含一个病房号的非空值。这种情况下共需要两个表格，即病房表和病人表。如图 2-3-20 所示。

在这种情况下，是将“1”实体类型的标识符附加到“M”实体类型的表格中，若将“M”实体类型的标识符附加到“1”实体类型的表格中，则结果会不尽合理。例如，将病人编号附加到病房中，每一个由病房号标识的病房实体记录值就会包含病人编号的重复组。尽管可以通过分解表格消除重复组，但这样无疑会产生冗余的表格。

• “M”实体是非完全限定的

假设一些病人不住进病房，即同时存在住院病人和非住院病人，在这种情形下，若将病房号附加到病人类型表格中就会使每一个非住院病人的病房号为空值。解决方法是为包含关系定义一个独立的表格，该关系表格仅包含关系的标识符，而对于住院病人，在关系表格中有专门的行来描述，对于非住院病人的数据则不被包括进来，如图 2-3-21 所示。

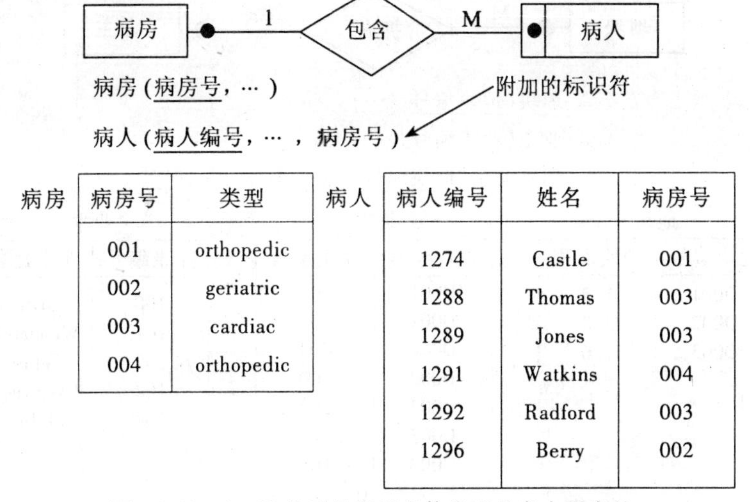


病房

| 病房号 | 类型 |
| --- | --- |
| 001 | orthopedic |
| 002 | geriatric |
| 003 | cardiac |
| 004 | orthopedic |

病人

| 病人编号 | 姓名 | 病房号 |
| --- | --- | --- |
| 1274 | Castle | 001 |
| 1288 | Thomas | 003 |
| 1289 | Jones | 003 |
| 1291 | Watkins | 004 |
| 1292 | Radford | 003 |
| 1296 | Berry | 002 |

图 2-3-20　1：M 关系且“M”实体类型是完全限定的

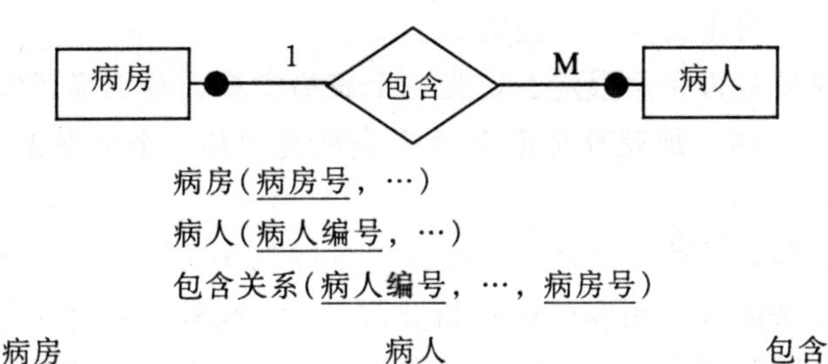


病房

| 病房号 | 类型 |
| --- | --- |
| 001 | orthopedic |
| 002 | geriatric |
| 003 | cardiac |
| 004 | orthopedic |

病人

| 病人编号 | 姓名 |
| --- | --- |
| 1274 | Castle |
| 1275 | Conway |
| 1283 | Hughes |
| 1288 | Thomas |
| 1289 | Jones |
| 1290 | Thomas |
| 1291 | Watkins |
| 1292 | Radford |
| 1295 | Mills |
| 1296 | Berry |

包含

| 病房号 | 病人编号 |
| --- | --- |
| 001 | 1274 |
| 003 | 1288 |
| 003 | 1289 |
| 004 | 1291 |
| 003 | 1292 |
| 002 | 1296 |

图 2-3-21　1：M 关系且“M”实体是非完全限定的

(3)M：N 关系

如图 2-3-22 所示是地块和业主之间的 M：N 关系。假设地块的标识符是地块编号，业主的标识符是业主编号。将业主编号附加到地块的类型表格中会产生业主属性值的重复组，因此需要通过独立的类型表格来表述拥有关系。

地块(地块编号, …)

业主(业主编号, …)

拥有关系(地块编号, 业主编号, …)

地块

| 地块编号 | 地块面积 |
|---|---|
| D001 | 1.3 |
| D002 | 2.8 |
| D003 | 1.6 |

拥有

| 地块编号 | 业主编号 |
|---|---|
| D001 | 101 |
| D001 | 102 |
| D001 | 104 |
| D002 | 100 |
| D002 | 102 |
| D003 | 103 |
| D003 | 104 |

业主

| 业主编号 | 业主姓名 |
|---|---|
| 100 | Mills |
| 101 | Woodcock |
| 102 | White |
| 103 | Groves |
| 104 | Shilton |

图 2-3-22 M：N 关系

对于 M：N 关系，构建属性表的规则如下：

无论实体内的成员是否完全限定，定义三个表格类型，分别描述实体及其关系；如果一个关系连接了 N 个实体，那就分别定义 N 个表格类型和一个关系表格类型。

2. 准附加标识符

当一个实体需要复合属性来标识时，属性集可以包含其他实体的标识符。在图 2-3-23 中，销售区的标识符是区号，顾客的标识符是属性集{区号，顾客编号}。顾客在不同的销售区可能有同样的顾客编号，但在同一销售区内不会有重复的顾客编号。显然，这样选择标识符，使得销售区的标识符区号被附加到顾客表格中与顾客编号共同构成顾客的标识符，因此包含关系已经通过此附加标识符被表示，这时称区号为准附加标识符。

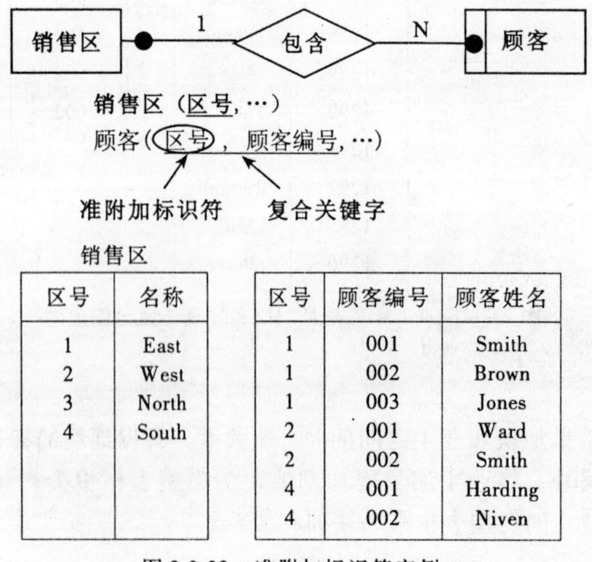


| 区号 | 名称 |
|---|---|
| 1 | East |
| 2 | West |
| 3 | North |
| 4 | South |

| 区号 | 顾客编号 | 顾客姓名 |
|---|---|---|
| 1 | 001 | Smith |
| 1 | 002 | Brown |
| 1 | 003 | Jones |
| 2 | 001 | Ward |
| 2 | 002 | Smith |
| 4 | 001 | Harding |
| 4 | 002 | Niven |

图 2-3-23 准附加标识符实例

3. 表格框架

将 E-R 图扩展成 E-R 模型的第一步是要决定如何通过标识符来表示关系。在这个阶段，实体其他的属性被略去。也就是说，一个表格中仅仅包含实体或关系的标识符以及附加标识符，那么把这样的表格称为表格框架。E-R 图和它关联的表格框架合起来称为 E-R 模型框架。一个表格类型既可以是实体表格类型，也可以是关系表格类型。表格中的行可以是实体记录值或者关系记录值。

4. 关系标识符与行标识符

通常情况下，关系标识符的构建仅需通过连接相关实体的标识符，但当同一实体记录值被多个关系连接时可以不遵从此规则。图 2-3-24 列举了病人与医生的预约关系。假设医生的标识符是其姓名，病人的标识符是病人编号，并且预约的历史纪录被保存。由于病人可以与同一医生发生多次预约，所以预约的标识符不能仅是实体标识符的连接，而必须添加其他属性。此例中，假设病人在同一天不能与同一医生预约多次，则适合的关系标识符应是{姓名，病人表，预约日期}。

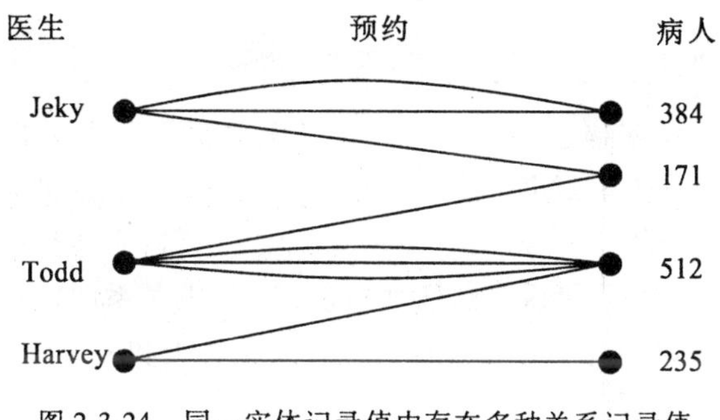


图 2-3-24　同一实体记录值中存在多种关系记录值

尽管实体标识符与行标识符的实体类型表格一样，关系标识符却并非如此。例如，图 2-3-21 中包含关系的关系标识符是{病人编号，病房号}，而它的行标识符是病人编号，因为病人编号足够判断表格中的行了。

1∶1 关系和 1∶M 关系的关系标识符与行标识符会有所区别，因为至少有一种关系标识符中的实体标识符是其他实体标识符的决定因素。在大多数 M∶N 关系中，行标识符与关系标识符是一致的。

行标识符与关系标识符之间的差别非常重要。通常需要用关系标识符构建框架关系表，而当添加属性后使用 Boyce/Codd 原则检查表格是否保持为范式表时就需用到行标识符。这一点将在以后的内容讨论。

如果知道关系标识符的属性值，就能立即知道所描述的关系实例及其相关的实体记录实例。然而，如果给定一个关系行标识符，必须首先核对关系记录值表格或 E-R 图实例，才能查找出一个关联的实体记录值。对于图 2-3-21 中的 E-R 模型框架，若已知关系标识符的值{003，1289}，则会立即知道有哪些病房及病人包括在内。另一方面，关系行标识符 1289 只会告知有哪些病人，有关病房的信息还得查找包含关系记录值表格。

5. 小结

①为获取简单的 E-R 模型框架，应运用以下规则：

(a)表格中的附加标识符不可为空值；

(b)不能为了附加标识符而产生重复组；

(c)不可通过独立的表格来表述关系，除非是为了避免违反规则(a)和(b)。

以上这些规则的运用意味着以下情况需要独立的关系类型表格：

(a)任何 M：N 关系；

(b)任何"M"实体具有非完全限定成员身份的 1：M 关系；

(c)两实体皆为非完全限定成员身份的 1：1 关系。

②关系标识符通常通过连接相关的实体标识符形成，但也可有附加的属性。

③关系标识符可能与相关的行标识符有所不同。

### 2.3.4 循环关系

存在循环关系时，表述关系的原则同以前一致，但要注意区分实体标识符所表示的不同角色。

1. 1：1 关系

图 2-3-25 中的概念模型描述的是一夫一妻婚配关系。因为人并非必须结婚，实体类型人在婚姻关系中具有非完全限定的成员身份，因此关系由独立的表格类型表示。婚姻关系的记录值由丈夫与妻子的身份号码(person-id)标记，所以实体类型人在婚姻关系中同时扮演丈夫和妻子两个角色。为了区分这两种角色，E-R 图关系两侧均有标注。同样，为了表示 person-id 在婚姻关系中究竟担任哪种角色，角色丈夫和妻子分别被标识。

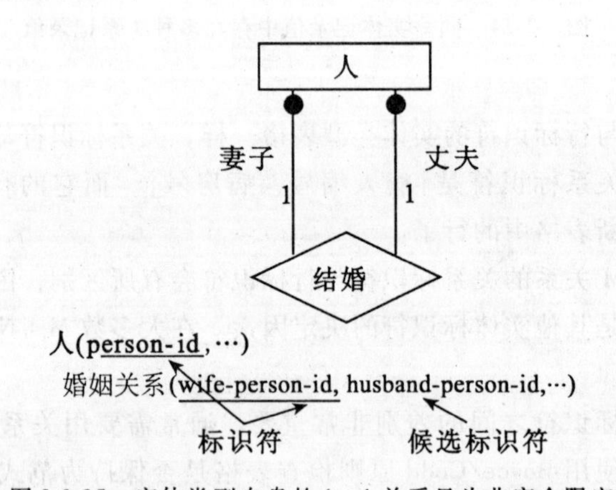


图 2-3-25 实体类型自身的 1：1 关系且为非完全限定

2. 1：M 关系

图 2-3-26 描述了分层的组织结构。规划局的员工可以担任管理者或者部下。由于员工的成员类别在"M"一端是完全限定的，管理关系通过将在管理岗位的员工的标识符附加到员工表格类型中来表示。因此，每一个员工记录值都包含两个员工属性值，一个用来标

识员工，另一个是员工管理者的编号。

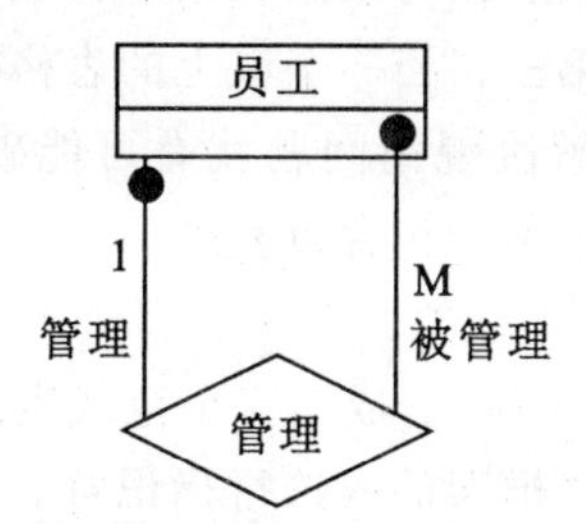


图 2-3-26　实体自身的 1：M 关系且一端为完全限定性的

3．M：N 关系

假如产品 X 和 Y 由部件 R、S、T 组成，这些部件又由子部件 B、C、D、E、F 组合而成。

在图 2-3-27 中的 E-R 实体模型中，部件实体扮演两种角色，一种为由其他部件组成的主部件，如 R 由子部件 B 和 C 构成。另一种是组成其他物体的主部件，如 R 可视作组成 X 和 Y 的主部件。

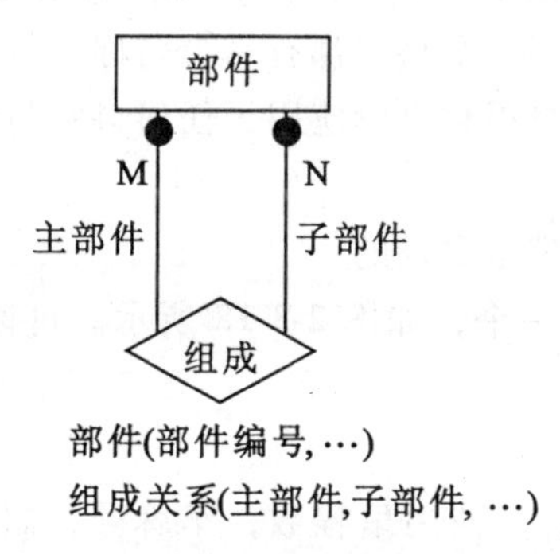


图 2-3-27　实体类型自身的 M：N 关系

主部件可与许多子部件有关联，反之亦然。因此，M：N 组成关系通过独立的关系表格类型表示，部件在这个关系中通过“主”和“子”来区分。

### 2.3.5　属性分配

1．分配原则

建立了 E-R 模型框架后，第一步是将模型中包含的属性分配到表格框架中。分配属性最基本的原则是：所得结果皆为完全范式表。要成为完全范式表，首先必须是标准范式表，因此属性的分配不可违反 Boyce/Codd 规则，即每个决定因素都必须是候选标识符。

在使用从上至下方法建造 E-R 模型时，若应用 Boyce/Codd 规则，应注意以下几点：第一，对于 1：1 关系和 1：M 关系，行标识符并不等同于关系标识符。第二，已被 E-R

模型框架定义的候选标识符不可被重新定义，除非是修改 E-R 模型框架本身。标识符的改变会影响相关的实体或关系以及层级与成员关系等特性，并因此而改变表格框架。如果这样，就必须再添加其他属性。第三，当一个以上的表格框架的标识符是某一属性时，那么此属性的分配就容易混淆。要解决混淆问题就有可能破坏决定因素值不可为空值的规则。第四，必须注意完全范式表中不能包含重复组。

属性的分配应遵从以下规则：

①结果必须皆为完全范式表(3NF)。成为完全范式表的必要条件是：无重复组并且表格中的每一决定因素都必须为表格框架的候选行标识符。

②尽量不要把属性分配到可能产生空值的表格类型中。

以下实例将列举上述表格框架的属性分配的例子，虽然实际的属性分配可能与这里的结果有所不同。属性分配的目的是为每一个属性找到合适表格，但有时在所有的表格框架中并没有适合的表格，此时就必须定义更多的实体或关系来扩充已经存在的模型。

只要搞清楚每一个实体与关系类型的意义，属性的分配就会准确无误。这里所提供的规则是对常识的补充。

2. 属性分配实例

(1)1∶1 关系

假设属性科室名称、制造商、型号、汽车总里程数、现阶段里程数、科室的使用公里数都被加入到科室和汽车表格框架中，并使两者之间关系为 1∶1，一个科室只有一个名称，一辆汽车只有一个型号。每一个科室都有一个名称，每辆车都有一个型号和一个汽车总行程的数值。每一个现阶段里程数可以应用于任何科室与汽车的联合。每一个汽车使用者都与一个科室总行程相关。

• 所有实体类型的成员是完全限定的

符合条件的框架表格只有一个，如图 2-3-18 所示。可以将其他所有属性添加到此表格而不影响分配规则。

完成的表格如下：

科室(科室编号，科室名称，使用里程数，车牌号，制造商，型号，汽车总里程数，现阶段里程数)

• 只有一个实体成员是完全限定的

符合条件的框架表格有两个。

显然，科室名称应该分配到表格科室表中，否则没有汽车的科室的名称属性值为空。同理，汽车总里程数和现阶段里程数应分配到汽车表格中。

因为科室在使用关系中属于非完全限定的成员，因此科室的使用里程数的分配有点问题。如果将使用里程数分配到汽车表中，则当科室对汽车的使用不连续时，它的值会丢失。若将其分配到科室表中，则从未使用过汽车的科室属性值为空值。如果当科室停止使用汽车时，其使用里程数就不要求，可以将这个属性分配到汽车表中。最优选择将取决于数据是如何被处理的，并且属性是怎样被存储在实体汽车表中的。同时，当分配给科室表时应避免信息的丢失。在此阶段，没有任何证据证明哪种方法是最好的。

完成的表格如下：

科室(科室编号，科室名称，使用里程数)

汽车(车牌号，制造商，型号，汽车总里程数，现阶段里程数，科室编号)

• 所有实体类型的成员都是非完全限定的

员工不一定有汽车，汽车也不一定被员工使用。图 2-3-19 的表格框架有三个表。

科室姓名与汽车型号的分配是很清楚的。汽车总里程数只能分配到汽车表，否则暂时停止使用的汽车信息就会丢失。将使用里程数分配到科室中可以避免空值的产生。所得属性分配结果为：

科室(科室编号，科室名称，使用公里数)

汽车(车牌号，制造商，型号，汽车总公里数)

使用关系(科室编号，车牌号，现阶段公里数)

1：1 关系的属性分配相对于 1：M 和 M：N 关系来说要复杂得多，因为每一个标识符都是其他属性的决定因素，使得分配的选择余地更大。所以，应该特别注意属性意义的定义及使用。

(2)1：M 关系

假设属性病人姓名、生日、病房类型、病床数、住院日期要加入病房和病人表中，使它们之间为 1：M 关系。每一个病人都有一个姓名及生日；每一间病房都有它的类型和病床数目。入院日期是指病人最后一次入住医院的日期。一旦病人出院，就不需要入院日期，即使他仍然是医院的非住院病人。

• "M"实体类型成员是完全限定的

若病人都是住院病人，图 2-3-20 的表格框架有两个表。添加属性后的表如下：

病房(病房号，类型，病床数)

病人(病人编号，姓名，生日，住院日期，病房号)

由于病人都是住院病人，则入院日期不可能为空值。尽管病房类型和病床数量函数依赖于病人编号，它们不可分配到病人表中，否则会导致表格成为非完全范式表。

• "M"实体类型成员是非完全限定的

若病人可能是住院病人也可能是非住院病人，图 2-3-21 的表格框架有三个。

由于入院日期仅对住院病人有效，它不可被分配到表格病人中，以免产生空值。但是它可以分配到包含关系表中，因为此表格仅对入院病人进行约束，所以这三个表格为：

病房(病房号，类型，病床数)

病人(病人编号，姓名，生日)

包含关系(病人编号，病房号，住院日期)

(3)M：N 关系

假设将属性业主姓名、业主联系方式、地块面积、用地性质、地块出让的时间加入到如图 2-3-22 所示的表格框架中的三个表中，每一个业主都有一个姓名，地块可以在不同的时间出让给不同的业主。那么，属性分配如下：

地块(地块编号，地块面积，用地性质)

业主(业主编号，姓名)

拥有关系(地块编号，业主编号，拥有时间)

3. 属性分配方法

(1)扩展模型框架

在分配属性时，有时会发现在模型框架中没有现成的合适的表格和关系。因此，有时通过增加实体或关系类型来扩展模型框架是必要的。

假设在上述病房-病人模型中也需包含属性手术编号和手术名称，并且手术编号是手术名称的决定因素。一个病人可以做几个手术，一间病房也可以不仅限制于一种手术，因此，病房表和病人表都不适合新属性。解决办法是定义一个新的手术类型实体，这样手术类型和病人之间的 M：N 关系所得 E-R 模型如图 2-3-28 所示。若病人可以做同一种手术一次以上，则手术的标识符为手术日期。

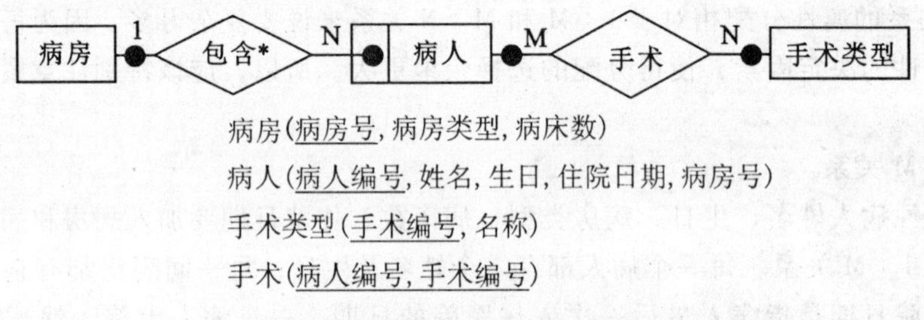


图 2-3-28 附加手术类型实体和手术关系

假设某模型框架只包含表格：病人(病人编号，…)，并规定所有的病人都为住院病人。那么，可以将病人姓名、病房类型、病床数分配等属性分配到病人表中而不破坏分配规则，但是不可能将病房号分配到该表中，因为病房号是病房类型和病床数的决定因素而并不是病人表的候选标识符。这时就必须对已分配的属性进行重新分配。必须修订 E-R 图使其包含病房及其与病人的关系。检查这种潜在的对 Boyce/Codd 规则的破坏是至关重要的，若发现一个这样的错误则意味着丢失了一个实体类型。创建新的实体类型后，依赖于该新实体标识符的属性都需要重新分配到新的实体表格中，这样表格将成为标准范式表，但由于潜在的传递依赖性，表格不会是完全范式表。

如果属性中不包含实体病房的标识符，则可将病房的其他属性保留在病人表中，虽然没有数据冗余，但会有大量的数据不一致性。

数据库设计者必须尽量观察在研究范围内可能存在的实体属性，从而甄别各种实体，即使此时还不能确认标识符。一旦发现了潜在的实体，就可以选择一个合适的标识符。

(2)消除冗余实体表格

假设所有的属性都已经被分配，E-R 模型包含如图 2-3-29(a)所示的表格，证书名称的属性值为一级、二级、三级等，证书的实体表格只是证书名称的列表。那么，在这个概念模型中，究竟是该保留证书实体，还是认为员工表格中的证书名称属性是多余的？

这将取决于两个衡量标准。首先，模型将来是否有可能会需要包含函数依赖于证书名称的属性？例如，证书可能成为新属性工资晋升的决定因素。如果是这样，则须保留证书实体。其次，证书的成员是否为非完全限定的，如果是非完全限定的，证书实体表格则可以包含尚未被持有的证书名称；同时这些证书名称不能被储存在员工资质表中，这种情况会在公司需要保留官方认证证书时出现。若不可能有任何属性函数依赖于证书名称，并且所有相关证书都被员工持有，则证书表可被删除，否则就要保留。

总的来说，当所有属性都被分配到模型中时，应使用以上标准去检验那些只有实体标识符的实体表格，看是否真的需要用独立的实体表格表述。如果不需要，要么在实体符号中插入星号表示不需要相关的表格类型，如图 2-3-29(b)所示。要么通过删除实体类型并且将关系转化为实体类型，从而重新设计实体关系模型，如图 2-3-29(c)所示，其中员工资质作为实体类型。每一个实体记录值代表某员工拥有的证书名称，而不仅仅是某证书的名称，因此员工-证书关系(E-Q)的层级是 1 : M。员工-证书关系用准附加标识符表示。

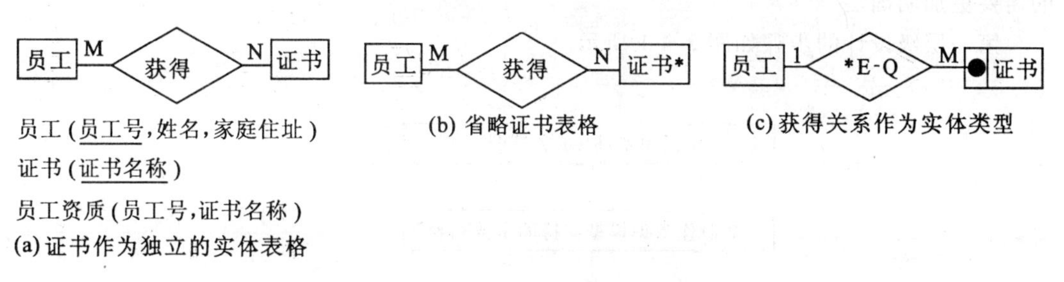


图 2-3-29　员工-资质的 E-R 模型

(3) 添加子实体类型

城市土地由划拨和出让两种形式进入土地市场，两者不同的是前者由政府采用行政的手段无偿划拨给一些单位免费使用，而后者则必须向土地主管部门缴纳一定的出让金。从土地本身的属性来看两者并没有本质的区别，它们都具有土地性质、面积、等级、位置等属性，但对于出让土地还有税率和税金。税率根据土地性质、位置等综合因素而定，税金还和面积有关。

一个 E-R 模型可以有城市用地和出租土地的独立实体类型：

城市土地(土地编号，性质，面积，等级，位置)

出让土地(土地编号，性质，面积，等级，位置，税率，税金)

若大多数土地数据的处理过程是相同的，则无论土地是划拨还是出让，提供一个精简的模型，使其具有单一的土地实体类型包含所有城市土地的数据，会更加方便。现在，税率和税金不能分配到城市土地表中，除非使划拨土地的属性值为空值。因此，有必要考虑创建一个子实体类型，使其包含仅属于出租土地的属性。由此产生以下表格：

城市土地(土地编号，性质，面积，等级，位置)

出让土地(土地编号，税率，税金)

此时，将称出让土地为子实体类型。因此，子实体是指本身不具有完整说明一个实体的属性，而必须和另一个实体共同说明，称该实体为子实体类型。为了完全表示一个出让土地的信息，与出让土地相关的属性必须由母实体类型城市土地来补充。

子实体类型创建后，需要对 E-R 实体关系图进行修正，使其包含创建的子实体类型。

## 2.4 数据库设计

### 2.4.1 第一层级设计

前面所探讨的内容可归纳成一个步骤，即第一层级模型设计。

第一层级设计的目的是要创建一个逻辑结构简单、无冗余的模型，将其作为后续阶段设计的基础。前面对于需求规范所做的准备是第一层级设计的基础。数据建模的一个优点就是它促使数据库管理员关心有关研究范围的规则问题，使得建模过程对进一步深层信息的需要更加明确。

第一层级设计的步骤如图 2-4-1 所示。

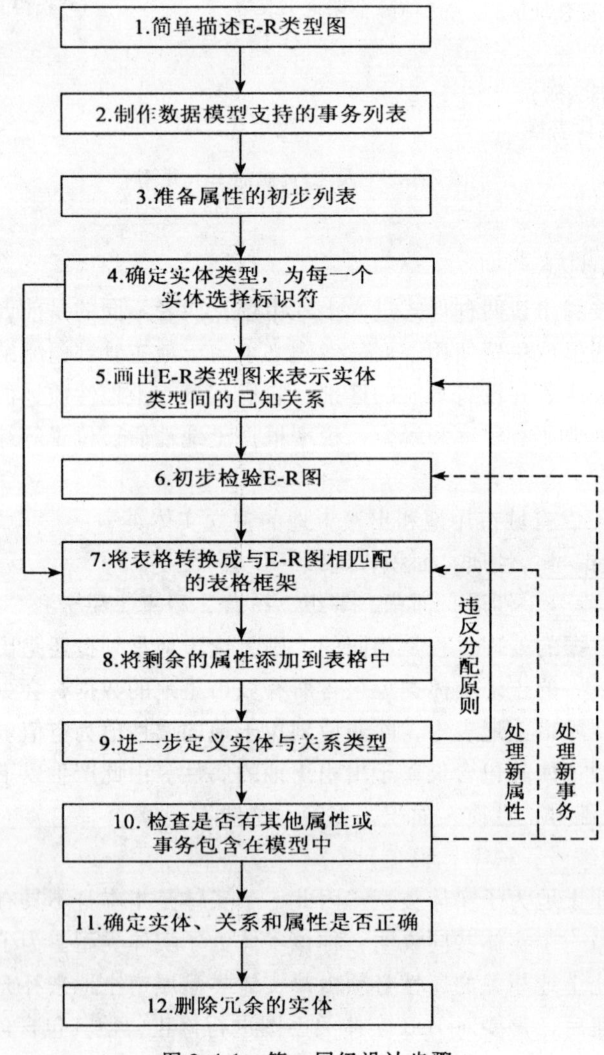


图 2-4-1 第一层级设计步骤

在以上的设计步骤中应该注意以下问题：

①第 2 步所列出的事务将表明需要多少属性。若属性数目过多，就有可能被替换，因此，可删去与属性表上属性性质相同的属性。

②若属性是一个复合属性，可将其分解成几个组成部分。

③在第 4 步，应该省略有疑惑的实体类型。在第 9 步中更进一步定义的实体类型会显得非常明显。如果难以选择标识符，可以使用一个标识符编号(ID)来代替，以备暂时之需。在第 5 步，若对于关系的层级有疑问，则 M：N 优于 1：M，1：M 优于 1：1，这样可避免不理想的限制因素。然而，1：1 关系要比 1：M 简单，1：M 关系要比 M：N 简单。若一个关系类型相当复杂，考虑把它视作实体类型以使问题简单化。

④在第 7、8 步，删除属性表中的属性，使得所有属性都被处理，并且属性出现的次数不应多于它应该在表中出现的次数。在第 8 步中，原先分配的属性返回到属性表中意味着需要一个新的属性类型。

⑤在第 11 步，子实体类型的候选者可在此阶段分割，但应在仔细分析后再做决定。

⑥在第 12 步，会发现所选择的属性、实体和关系是对所研究事务的准确表述。当准确地理解了此问题时，再从第 1 步开始。

### 2.4.2　第二层级设计

第二层级设计主要关注修改模型以提高其工作效率。修改模型同样要考虑总体设计的目的，如果主要的目标发生了变化，第一层级设计可能还可以保持原状，但是当效率问题更为关键时，则第一层级设计的结果会发生实质的变化。要在满足特定数据库管理系统(DBMS)的限制之前实行第二层级设计，这样就不用考虑 DBMS 细节问题的限制，但 DBMS 的特性可能会对第二层级设计决策的判断有重大影响。

第二层级设计将采取比第一层级设计更加定量的方法，任何所要求的计算都要严格地对存储的交换和事务处理时间进行相对直接估算。

实际上，第二层级的设计是通过检验来实现的。

(1)1：1 关系

图 2-4-2 描述了项目和员工的第一层级 E-R 模型。条形方格中的注释表示，有 10% 的员工记录值和 95% 的项目记录值参与了分配关系。与第一层级设计的规则一致，定义一个独立的分配关系表，员工号被选做分配关系的行标识符，优先于项目号。

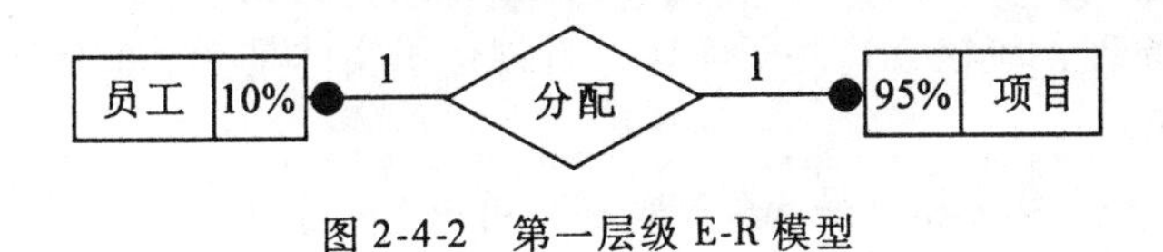


图 2-4-2　第一层级 E-R 模型

修改模型的方法之一是将其视做非完全限定关系的实体类型。例如，分配关系可以通过将员工号附加到表格项目中来表示，代价是附加的标识符有相对少的空值。可以节省存储空间，并且使得事务得以更快地实现。所得修改后的结果是：

员工(员工号，姓名)

项目(项目号，名称，开始时间，员工号)

另一种修改模型的方法是将两个表看做完全限定性的，可通过连接两个关系表来改进，结果是：员工-项目(员工号，姓名，项目号，名称，开始时间)。

此结构需要更多的存储空间，因为大多数的员工并不在项目中。某些事务访问记录的速度可能要慢一些，这是由于：①表格将占用大规模的存储设备；②事务间可能有更多的冗余数据转换；③不再可能将员工和项目的数据按照不同的物理顺序存储。与以上这些缺点比较，这种结构对于那些需要访问多个表的事务可能有较快的处理速度。

修改模型的第三种方法是将实体表格中的标识符和一些属性(并非所有属性)附加到其他表格。如果最重要的事务是根据给定的员工号检索员工姓名和项目名称，而几乎不需要项目开始时间，则有必要将属性分组。如：员工(员工号，姓名，项目号，名称)，项目(项目号，开始时间)。

此修改的代价是90%的项目号和项目名称为空值。

最后的两个修改方法可以应用于第一层级设计为1：1关系，且其中只有一个实体类型为完全限定性的关系。

(2)1：M关系

假设图2-4-2中的关系层级转换成1：M关系(一个项目可分配给多个员工)，由于"M"的成员关系为非强制性的，第一层级的规则指定模型中应包含单独的分配关系表格。

修改模型的最可行方法是将"M"实体，即员工的成员关系视作完全限定的，将项目号附加到员工中，并且删除分配关系表。实际上，这是将该关系视作两实体为完全限定性的1：1关系。

相反，如果1：M关系实际上是1：m("m"表示数量不多)，则员工号以及员工其他属性可以被附加到项目表中。优点是可以通过给定的项目号更快得到员工的员工号值，缺点是有可能在项目中产生重复组，针对重复组的查询会显得困难。有时可以将重复组分解成单独的属性，尤其是当每个属性都有不同的角色时，这种方法特别有用。例如，若每个项目只有两个员工参与，其中一名员工是负责人，关系表示如下：

员工(员工号，姓名)

项目(项目号，名称，开始时间，项目负责人编号，项目参与人编号)

此模型一个更准确的描述是项目和员工之间存在两个1：1关系，即负责人和参与人，每一个关系都通过附加标识符表示。创建子实体类型以避免产生重复组是第一层级设计中1：M关系的基本原理，应核查这些子实体，看创建子实体是否真的优于重复组。

(3)M：N关系

若已知某M：N关系实际上是m：N关系，可将"m"实体标识符(或其他属性)作为重复组附加到"N"实体中。同样的修改可以应用于M：n关系。前面有关1：M的论述同样适用于M：n和m：n关系。

修改的另一种方法是将某一实体表格中的属性放入关系表格中，使得一些事务的操作更便捷。例如：

员工(员工号，姓名)

分配关系(员工号，项目号，项目名称，项目开始时间)

代价是将冗余的项目名称和项目开始时间属性值引入到关系表中。

(4)通过分裂修改模型

在第一层级设计中子实体类型的候选属性就已经被分裂了。在第二层级设计中，应更加仔细检查经常为空的属性(组)，因为可以通过将这些属性分裂成子实体类型来避免产生空值。同样应该重新检查第一层级设计中的事务-属性表，看表格是否可以分裂成两个或两个以上的部分，使得一件事务只能访问其中一个部分的表格。假设地块实体类型定义如下：

地块(地块编码，定位分区码，地块功能，地块面积，居住人口，建筑高度，建筑密度，最大容积率，最小绿化率，后退红线，建筑色彩，保护要求，景观要求，配套要求，停车泊位，出入口方向，工程管线最大埋深，工程管线最小埋深，规划日期，其他)

如果有两种事务类型，一种需要地块编码，定位分区码，地块功能，地块面积的信息，另一种需要地块编码，建筑色彩，保护要求，景观要求，配套要求，停车泊位，出入口方向，工程管线最大埋深，工程管线最小埋深，规划日期等信息，则可将表格分解如下：

地块(地块编码，定位分区码，地块功能，地块面积)

地块(地块编码，居住人口，建筑高度，建筑密度，最大容积率，最小绿化率，后退红线，建筑色彩，保护要求，景观要求，配套要求，停车泊位，出入口方向，工程管线最大埋深，工程管线最小埋深，规划日期，其他)

这时，每一个表格都占据较少的空间，并且在访问一行信息时将需要转换更少的数据，可以将更多行的属性存储在主内存的缓存中，同时两个表格可使用不同的存储介质。即使一些事务需要同时访问两个表格，也可以使用这样的分裂方式，使得事务的操作更快捷。

(5)引入属性

可以通过引入附加属性缩短访问路径。有时可通过在一个表格中做标记表示是否有必要访问另一表格；在有些情况下可将推导出的属性值存储以免每次都要重新计算。例如，为避免重复计算土地单价和土地面积的乘积，可将总土地价格的值存储。这样做的代价是，除了需要额外的存储空间，还需要保持可推导的属性和剩余数据库的一致性。

属性需要被包括在模型中是因为尽管在有的阶段它的值可以推导出，但并不是在所有要求阶段都能推导获得。

关于数据库设计实例详见附录 1。

# 第3章 UML及其在数据库中的应用

## 3.1 UML简介

### 3.1.1 UML的概念

UML是Unified Modeling Language的缩写，即统一建模语言。它是一套用来设计软件蓝图的标准建模语言，也是一种可视化的面向对象模型分析语言(Modeling Language)。从系统工程的角度来看，UML可说是一种软件结构的分析工具，因此也可以说UML是一种从软件分析、设计到编写程序规范的标准化建模语言。

UML的目标是：

①易于使用：表达能力强，进行可视化建模；

②与具体的实现无关：可应用于任何语言平台和工具平台；

③与具体的过程无关：可应用于任何软件开发的过程；

④简单并可扩展：具有扩展和专有化机制，便于扩展，无需对核心概念进行修改；

⑤为面向对象的设计与开发中出现的高级概念：例如合作、框架、模式和组件；

⑥提供支持：强调在软件开发中，对架构、框架、模式和组件的重用；

⑦与最好的软件工程实践经验集成；

⑧具有广阔的适用性和可用性；

⑨有利于面向对象工具的市场成长。

### 3.1.2 UML的架构

UML由图和元模型组成。图是UML的语法，而元模型则给出图的意义。UML的语义是定义在一个4层或4个抽象级建模概念框架中的，这4层分别是：

①元元模型(meta-meta mode)层，组成UML最基本的元素“事物(thing)”，代表要定义的所有事物；

②元模型(meta model)层，组成UML最基本的元素，包括面向对象和面向组件的概念。这一层的每个概念都是元元模型中“事物”概念的实例(通过版类化)；

③模型(model)层，组成UML的模型，这一层中的每个概念都是元模型层中概念的一个实例(通过版类化)，这一层的模型通常叫做类模型(class model)或类型模型(type model)；

④用户模型(user model)层，这层中的所有元素都是UML模型的例子，这一层中的每

个概念都是模型层的一个实例(通过分类)，也是元模型层的一个实例(通过版类化)。这一层的模型通常叫对象模型(object model)或实例模型(instance model)。

### 3.1.3 UML的模型视图与系统架构建模

UML是用来描述模型的，用模型来描述系统的结构或静态特征以及行为或动态特征。它从不同的视角为系统的架构建模形成系统的不同视图(view)，包括：

①用例视图(use case view)，强调从用户的角度看到的或需要的系统功能。这种视图也叫做用户模型视图(user model view)或想定视图(scenario view)；

②逻辑视图(logical view)，展现系统的静态或结构组成及特征，也称为结构模型视图(structural model view)或静态视图(static view)；

③并发视图(concurrent view)，体现了系统的动态或行为特征，也称为行为模型视图(behavioral model view)、过程视图(process view)、协作视图(collaborative view)、动态视图(dynamic view)；

④组件视图(component view)，体现了系统实现的结构和行为特征，也称为实现模型视图(implementation model view)和开发视图(development view)；

⑤展开视图(deployment view)，体现了系统实现环境的结构和行为特征，也称为环境模型视图(implementation model view)或物理视图(physical view)；

⑥在必要的时候还可以定义其他架构视图。

每一种UML的视图都是由一个或多个图(diagram)组成的，一个图就是系统架构在某个侧面的表示，它与其他图是一致的，所有的图一起组成了系统的完整视图。UML提供了9种不同的图，可以分成两大类，一类是静态图，包括用例图、类图、对象图、组件图、配置图；另一类是动态图，包括序列图、协作图、状态图和活动图。也可以根据它们在不同架构视图的应用，把它们分成：

①在用户模型视图：用例图(use case diagram)，描述系统的功能；

②在结构模型视图：类图(class diagram)，描述系统在某个时刻的静态结构；

③在行为模型视图：序列图(sequence diagram)，按时间顺序描述系统元素间的交互；协作图(collaboration diagram)，按照时间和空间的顺序描述系统元素间的交互和它们之间的关系；状态图(state diagram)，描述系统元素的状态条件和响应；活动图(activity diagram)，描述系统元素的活动；

④在实现模型视图：组件图(component diagram)，描述实现系统的元素的组织；

⑤在环境模型视图：展开图(deployment diagram)，描述环境元素的配置并把实现系统的元素映射到配置上。

### 3.1.4 UML的用途设计工具

网络信息时代要求软件系统的开发必须遵循一套标准的规范来进行，以便在不同地域的系统能够协调工作。UML为这种标准规范提供了一个设计环境，它并没有局限于单一平台或程序开发语言，因此非常适合作为不同系统网络之间的沟通桥梁。UML本质上是一种图形化的面向对象的设计工具。

UML基本上与流程无关，适用于"使用案例驱动(use case driven)"、"以结构为中心(architecture—centric)"，且为迭代式(iterative)、渐进式(incremental)的开发流程。

这种建模语言的最大用途是利用图形来描述真实世界各个对象的符号(notation)表示，让所有系统设计者在构建系统时从系统流程分析、系统需求、对象模型化定义到对象设计的整个开发过程完全标准化。不因系统设计者使用不同的程序设计语言而有所不同，因此也可以说使用UML的目的是要建立一套软件系统从系统分析、流程设计到整体开发的标准表示方法。

目前用来规划和设计UML的设计工具非常多，其中最常用的有以下两种：

(1) Microsoft(微软) Visio 2000/2002企业版

Microsoft Visio 2000/2002企业版中提供了很多专业的构建UML模型的样板工具，通过这些样板，系统分析和设计人员可以开发完整、实用的模型系统。

Microsoft Visio 2002企业版支持8种UML1.2的图表类型，分别是UML活动/UML合作/UML 组件/UML 部署/UML 序列/UML 状态图/UML 静态结构/UML用例等8个图表类型，利用这些图形足以设计出复杂的UML模型。Visio 2002还提供了UML语义错误的检查功能。

(2) Rational ROSE

Rational ROSE是美国公司Rational Software Corporation开发出的专业UML设计工具，是目前最专业的一种UML开发工具。运用Rational ROSE来设计UML，可以很容易地从系统分析、设计切换到程序设计，然后再回到分析模式，这也说明了Rational ROSE支持项目生命周期中的所有阶段。

Rational ROSE也利用这种迭代式开发过程为项目(project)生成针对已知需求的对象模型(objcct modcling)，根据项目的发展或新增的需求，还可以迅速地修改或扩充对象模型。

Rational ROSE设计工具还具有正向工程(forward engineering)、逆向工程(reverse engineering)和对象模型更新等功能，用户在修改程序后，能将最新的程序代码状况迅速反映到设计模型中，保持对象模型与程序代码的一致性。

Rational ROSE提供对C++、Java、VB等多种程序语言的支持，用户可以在同一个模型的基础上，开发出用于不同的面向对象程序设计语言的软件组件。

除了上述工具外，还有Visual UML、JUG(Java UML Generator)等工具都可用来开发UML模型。

## 3.2 UML的基本组成

要利用UML来开发设计软件系统结构蓝图，首先需要了解UML的基本组成要素。在UML中共有三大基本组成要素。

### 3.2.1 事物(things)

事物是UML模型中最基本的成员，是指开发设计模型时抽象化的最后结果。在UML

中共分四大类事物：结构事物(structural things)、行为事物(behavioral things)、分组(组)事物(grouping things)、备注事物(annotational things)。

结构事物主要用来表示“概念”或“实体”的组建，而在 UML 建模中，结构事物大多属于静态部分的元素。

分组事物是指 UML 中属于“组织”的结构。利用一个个的分组事物可将“模型(modeling)”按特定的结构切分为不等的元素。

行为事物是 UML 模型里面属于“动作”的部分，这种事物会随着时间和空间的转变而不断执行动作。

备注事物是 UML 中用来作为“说明/表示”的元素，也可说是 UML 模型中最基本的一种说明事物，主要用途为说明、描述和标注在模型内的元素状况。

### 3.2.2　关系(relationships)

简单地讲，关系是将各个事物关联在一起。在 UML 中将关系也分为四大类：依赖关系、一般化关系、关联关系、实现关系。

(1)依赖关系

依赖关系是指两个事物/元素间拥有相互影响的关联。也就是说，当一个事物或元素发生改变时会影响到另一个事物，这种因变化而产生的关联影响，即为“依赖关系”。比如，某个类中使用另一个类的对象作为操作中的参数，则这两个类之间就具有依赖关系。类似的依赖关系还有一个类存取另一个类中的全局对象，以及一个类调用另一个类中的类作用域操作。

(2)一般化关系

一般化关系是指在两项以上的对象或元素间互为主从(一般和特殊化)的关系类型，特殊化元素(子元素)可以共享一般化元素(父元素)的结构和行为，因此形成特殊化元素(子元素)的对象能被一般化元素(父元素)的对象所取代。

(3)关联关系

关联关系实际上也是一种结构的关系，主要是指两个事物之间相互连接的一组联机结构。

关联用于描述类与类之间的连接。由于对象是类的实例，因此，类与类之间的关联也就是其对象之间的关联。类与类之间有多种连接方式，每种连接的含义各不相同(语义上的连接)，但外部表示形式相似，故统称为关联。关联关系一般都是双向的，即关联的对象双方彼此都能与对方通信。反过来说，如果某两个类的对象之间存在可以互相通信的关系，或者说对象双方能够感知另一方，那么这两个类之间就存在关联关系。

根据不同的含义，关联可分为普通关联、递归关联、限定关联、或关联、有序关联、三元关联和聚合关联等七种。

(4)实现关系

实现关系指的是一个类(class)实现接口(interface)(可以是多个)的功能；实现是类与接口之间最常见的关系；在 Java 中此类关系通过关键字明确标识，在设计时一般没有争议性。

### 3.2.3 图形(diagrams)

图形用于将所有事物的集合加以分类。UML的图形是由元素、事物、关系和行为所绘制的图形表示方法。在UML中的图形都是利用“可视化”的方式来绘制的，按照结构系统用途区分，最常用的有9种：类图(class diagram)、部署图(deployment diagram)、组件图(component diagram)、对象图(object diagram)、使用案例图(use case diagram)、顺序图(sequence diagram)、合作图(collaboration diagram)、状态图(state diagram)、活动图(activity diagram)。

(1)类图

类图用来表示系统中的类以及类与类之间的关系，它是对系统静态结构的描述。

类用来表示系统中需要处理的事物。类与类之间有多种连接方式(关系)，比如：关联(彼此间的连接)、依赖(一个类使用另一个类)、一般化(一个类是另一个类的特殊化)或打包(多个类聚合成一个基本元素)。类与类之间的这些关系都体现在类图的内部结构之中，通过类的属性(attribute)和操作(operation)这些术语反映出来。在系统的生命周期中，类图所描述的静态结构在任何情况下都是有效的。

一个典型的系统中通常有若干个类图。一个类图不一定包含系统中所有的类，一个类还可以加到几个类图中。

(2)部署图

部署图用来显示系统中软件和硬件的物理架构。通常情况下，部署图中显示实际的计算机和设备(用节点表示)，以及各个节点之间的关系(还可以显示关系的类)。每个节点内部显示的可执行的组件和对象清晰地反映出哪个软件运行在哪个节点上。组件之间的依赖关系也可以显示在部署图中。

正如前面所述，部署图用来表示部署视图，描述系统的实际物理结构。用例视图是对系统应具有的功能的描述，它们二者看上去差别很大，似乎没有什么联系。然而，如果对系统的模型定义明确，那么从物理架构的节点出发，找到它含有的组件，再通过组件到达它实现的类，再到达类的对象参与的交互，直至最终到达一个用例也是可能的。从整体来说，系统的不同视图给系统的描述应当是一致的。

(3)组件图

组件图用来反映代码的物理结构。

代码的物理结构用代码组件表示。组件可以是源代码、二进制文件或可执行文件组件。组件包含了逻辑类或逻辑类的实现信息，因此逻辑视图与组件视图之间存在着映射关系。组件之间也存在依赖关系，利用这种依赖关系可以方便地分析一个组件的变化会给其他的组件带来怎样的影响。

组件可以与公开的任何接口(比如OLE/COM接口)一起显示，也可以把它们组合起来形成一个包在组件图中显示这种组合包。实际编程工作中经常使用组件图。

(4)对象图

对象图是类图的变体。两者之间的差别在于对象图表示的是类的对象实例，而不是真实的类。对象图是类图的一个范例，它及时具体地反映了系统执行到某处时，系统的工作状况。

对象图中使用的图示符号与类图几乎完全相同，只不过对象图中的对象名加了下划线，而且类与类之间关系的所有实例也都画了出来。

对象图没有类图重要，对象图通常用来示例一个复杂的类图，通过对象图反映真正的实例是什么，它们之间可能具有什么样的关系，帮助对类图的理解。对象图也可以用在协作图中作为其一个组成部分，用来反映一组对象之间的动态合作关系。

(5)使用案例图

使用案例图用于显示若干角色以及这些角色与系统提供的用例之间的连接关系，简称用例图。用例是系统提供的功能(即系统的具体用法)的描述。通常一个实际的用例采用普通的文字描述，当然，实际的用例图也可以用活动图描述。用例图仅仅从角色(触发系统功能的用户等)使用系统的角度描述系统中的信息，也就是站在系统外部查看系统功能，它并不描述系统内部对该功能的具体操作方式。

(6)顺序图

顺序图用来反映若干个对象之间的动态合作关系，也就是反映随着时间的流逝，对象之间是如何交互的。顺序主要反映对象之间已发送消息的先后次序，说明对象之间的交互过程，以及系统执行过程中，在某一具体位置将会有什么事件发生。

顺序由若干个对象组成，每个对象用一个垂直的虚线表示(线上方是对象名)，每个对象的正下方有一个矩形条，它与垂直的虚线相叠，矩形条表示该对象随时间流逝的过程(从上至下)，对象之间传递的消息用消息箭头表示，它们位于表示对象的垂直线条之间。时间说明和其他的注释作为脚本放在图的边缘。

(7)合作图

合作图和顺序图的作用一样，反映的也是动态合作。除了显示消息变化(称为交互)外，合作图还显示了对象和它们之间的关系(称为上下文有关)。由于合作图或顺序图都反映对象之间的交互，所以建模者可以任意选择一种来反映对象间的合作。如果需要强调时间和序列，最好选择顺序图；如果需要强调上下文相关，最好选择合作图。

合作图与对象图的画法一样，图中含有若干个对象及它们之间的关系(使用对象图或类图中的符号)，对象之间流动的消息用消息箭头表示，箭头中间用标签标识消息被发送的序号、条件、迭代方式、返回值，等等。通过识别消息标签的语法，开发者可以看出对象间的合作，也可以跟踪执行流程和消息的变化情况。

合作图中也能包含活动对象，多个活动对象可以并发执行。

(8)状态图

一般说来，状态图是对类所描述事物的补充说明，它显示了类的所有对象可能具有的状态，以及引起状态变化的事件。事件可以是给它发送消息的另一个对象或者某个任务执行完毕(比如，指定时间到)状态的变化(称为转移)。一个转移可以有一个与之相连的动作，这个动作指明了状态转移时应该做些什么。

并不是所有的类都有相应的状态图。状态图仅用于具有下列特点的类：具有若干个确定的状态，类的行为在这些状态下会受到影响且被不同的状态改变。

(9)活动图

活动图反映一个连续的活动流。相对于描述活动流来说，活动图更常用于描述某个操作执行时的活动状况。

活动图由各种动作状态构成，每个动作状态包含可执行动作的规范说明。当某个动作执行完毕，该动作的状态就会随着改变。这样，动作状态的控制就从一个状态流向另一个与之相连的状态。

活动图中还可以显示决策、条件、动作状态的并行执行、消息(被动作发送或接收)的规范说明等内容。

## 3.3 UML的应用领域

UML被用来为系统建模，它可应用的范围非常广泛，可以描述许多类型的系统，它也可用于系统开发的不同阶段，从需求规格说明到对已完成系统的测试。

### 3.3.1 在不同类型系统中的应用

UML的目标是用面向对象的方式描述任何类型的系统，最直接的是用UML为软件系统创建模型。但UML也可用来描述其他非计算机软件的系统，或者是商业机构或过程。以下是UML常见的应用：

①信息系统(Information System)：向用户提供信息的储存、检索、转换和提交，处理存放在关系或对象数据库中大量具有复杂关系的数据。

②技术系统(Technical System)：处理和控制技术设备，如电信设备、军事系统或工业过程。它们必须处理设计的特殊接口，标准软件很少。技术系统通常是实时系统。

③嵌入式实时系统(Embedded Real-time System)：嵌入到其他设备如移动电话、汽车、家电上的硬件上执行的系统，通常是通过低级程序设计进行的，需要实时支持。

④分布式系统(Distributed System)：分布在一组机器上运行的系统，数据很容易从一台机器传送到另一台机器上，需要同步通信机制来确保数据完整性。

⑤系统软件(System Software)：定义了其他软件使用的技术基础设施。如操作系统、数据库和在硬件上完成底层操作的用户接口等，同时提供一般接口供其他软件使用。

⑥商业系统(Business System)：描述目标资源(人、计算机等)、规则(法规、商业策略、政策等)和商业中的实际工作(商业过程)。

要强调的是，通常大多数系统都不是单纯属于上面的某一种系统，而是一种或多种系统的结合。例如现在许多信息系统都有分布式和实时的需要。

商业工程是面向对象建模应用的一个新的领域，引起了人们极大的兴趣。面向对象建模非常适合为公司的商业过程建模。运用商业过程再工程(Business Process Reengineering, BPR)或全质量管理(Total Quality Management, TQM)等技术，可以对公司的商业过程进行分析、改进和实现。使用面向对象建模语言为过程建模和编制文档，能够使过程更易于使用。

UML具有描述以上这些类型的系统的能力。

### 3.3.2 在软件开发的不同阶段中的应用

UML的应用贯穿在系统开发的5个阶段，它们是：

①需求分析：UML 的用例视图可以表示客户的需求，通过用例建模，可以对外部的角色以及它们所需要的系统功能建模。角色和用例是用它们之间的关系、通信建模的，每个用例都指定了客户的需求：他或她需要系统干什么。不仅要对软件系统，对商业过程也要进行需求分析。

②分析：分析阶段主要考虑所要解决的问题，可用 UML 的逻辑视图和动态视图来描述，类图描述系统的静态结构，合作图、序列图、活动图和状态图描述系统的动态特征。在分析阶段，只为问题领域的类建模，不定义软件系统的解决方案的细节(如用户接口的类数据库等)。

③设计：在设计阶段，把分析阶段的结果扩展成技术解决方案，加入新的类来提供技术基础结构——用户接口、数据库操作等。分析阶段的领域问题类被嵌入在这个技术基础结构中。设计阶段的结果是构造阶段的详细的规格说明。

④构造：在构造(或程序设计)阶段，把设计阶段的类转换成某种面向对象程序设计语言的代码。在对 UML 表示的分析和设计模型进行转换时，最好不要直接把模型转化成代码，因为在早期阶段，模型是理解系统并对系统进行结构化的手段。

⑤测试：对系统的测试通常分为单元测试、集成测试、系统测试和接受测试几个不同级别。单元测试是对几个类或一组类的测试，通常由程序员进行；集成测试集成组件和类，确认它们之间是否恰当地协作；系统测试把系统当做一个“黑箱”，验证系统是否具有用户所要求的所有功能；接受测试由客户完成，与系统测试类似，验证系统是否满足所有的需求。不同的测试小组使用不同的 UML 图作为他们工作的基础，单元测试使用类图和类的规格说明，集成测试典型地使用组件图和合作图，而系统测试实现用例图来确认系统的行为是否符合这些图中的定义。

### 3.3.3　在数据库设计中的应用

数据库设计实际上就是从需求到实现的过程，通常包括数据库建模和数据设计。前者着重解决逻辑数据模型和物理数据模型；而后者着眼于从整个需求的产生、业务过程、逻辑分析、物理数据库构建到数据库的开发的全过程。在这些过程中，都可以使用 UML 来进行。在数据库设计中会用到一些 UML 的图，这些图的用途在表 3-3-1 中列出。

表 3-3-1　**UML 图描述**

| 图 | 功能描述 |
| --- | --- |
| 用例图 | 描述系统功能以及支持业务处理环境的模型。这个模型作为用户与开发者之间的协议 |
| 交互图 | 包含顺序图与合作图两种，两者都描述了系统中对象的交互。它们可以用来理解那些与数据库相关的查询，甚至是建立在信息模型上的索引 |
| 活动图 | 主要显示处理流程。它们可以在较高层次上查看业务处理及运行过程 |
| 状态图 | 用来捕获系统或者对象的动态行为 |
| 类图 | 是一个逻辑模型，用来表示系统的基础结构 |
| 数据库图 | 用来描述数据库的结构，包括表、列、约束等 |
| 构件图 | 表示数据库的物理存储，包括数据库管理系统、表空间和分隔，也包括应用和访问数据库接口 |
| 配置图 | 表示数据库和应用的硬件配置状况 |

数据库可说是系统中必须存在的对象。但由于篇幅限制，本书只针对UML来建立数据库结构时的应用(其他方面可参考Eric J. Naiburg等合著的《UML数据库设计应用》)。其设计的模型有两类：第一类是设计“逻辑数据库大纲”，第二类是设计“实体数据库纲要”。

逻辑数据库大纲可使用UML的类图来设计数据结构的数据库大纲。

实体数据库纲要设计则可利用UML的组件图来设计数据结构的实体数据库纲要。在设计实体数据库纲要时，必须将逻辑数据库大纲里面的操作找出来。在设计实体数据库纲要时，需将面向对象数据库和关系型数据库分开来处理。

1. 利用UML设计逻辑数据库大纲

(1)应遵循的原则

①建立一个类图，并将定义的类都包含进来，且将这些类表示为persistent(是一个标准的标记值)。在类图上，也可以自行定义与数据库设计有关的其他标记值。

②设计上，可扩展类的结构细节，设计时可以确定这些类的细部属性和构成此类的关联关系来做设计规划。

③设计时，可利用建立一个抽象化的中介事物来简化数据库大纲的结构。

④在实际设计时，要考虑设计的类的行为来扩展与重要的数据访问或数据一致性有关的操作。

⑤当数据库大纲设计完成后，应尽量运用开发工具提供的转换功能将逻辑数据库设计转换为实体数据库设计。

(2)设计“数据库大纲”说明

从实务规划的角度上来分析，一套完整城市规划信息系统是非常庞大而复杂的，下面仅仅以规划管理中的规划建筑审批为例来说明，它的一个正规流程经过分析，可以用图3-3-1所示的数据流程图表示。

(3)规划建筑审批子系统的文件字段结构说明

该子系统共包含10个文件，分别为规划项目收费文件(Gh_xm_fee)、土地使用转让合同(Gh_cr_contract)、建筑工程申请书主文件(Gh_jzgc_app)、建筑工程申请书子文件(Gh_jzgc_app1)、土地契税审批文件(Qs_sp_table)、地价审批文件(Dj_sp_table)、规划报建结案文件(Gh_bj_ja)、规划报建核位审批文件(Gh_hw_approve)、规划报建立案文件(Gh_project)、规划报建退案文件(Gh_bj_ta)。文件字段结构略。

规划建筑审批子系统的整体数据库大纲如图3-3-2所示。

2. 运用UML的类图设计整体数据库大纲

3. 运用UML的类图设计详细数据库大纲

上述的两个例子的详细数据库大纲如图3-3-3所示。

4. 利用UML设计实体数据库纲要

(1)应遵循的原则

在运用UML设计实体数据库时，必须将定义在数据库大纲中的操作对应并找出来使用，而这一步骤，对于面向对象的数据库来说，是一件相当简单的事情。但对于关系数据库来说，就必须考虑如何来设计数据库大纲里面的操作。设计中，可利用下述方式来设计：

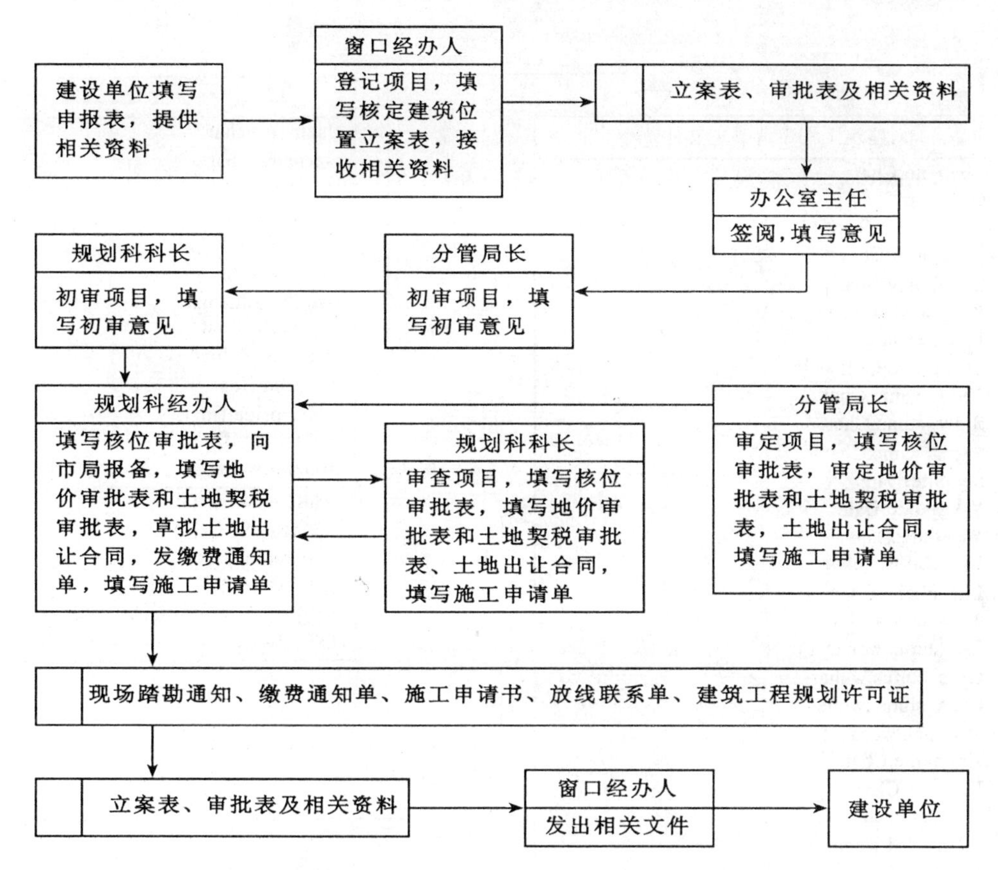


图 3-3-1　规划建筑审批过程的数据流程图

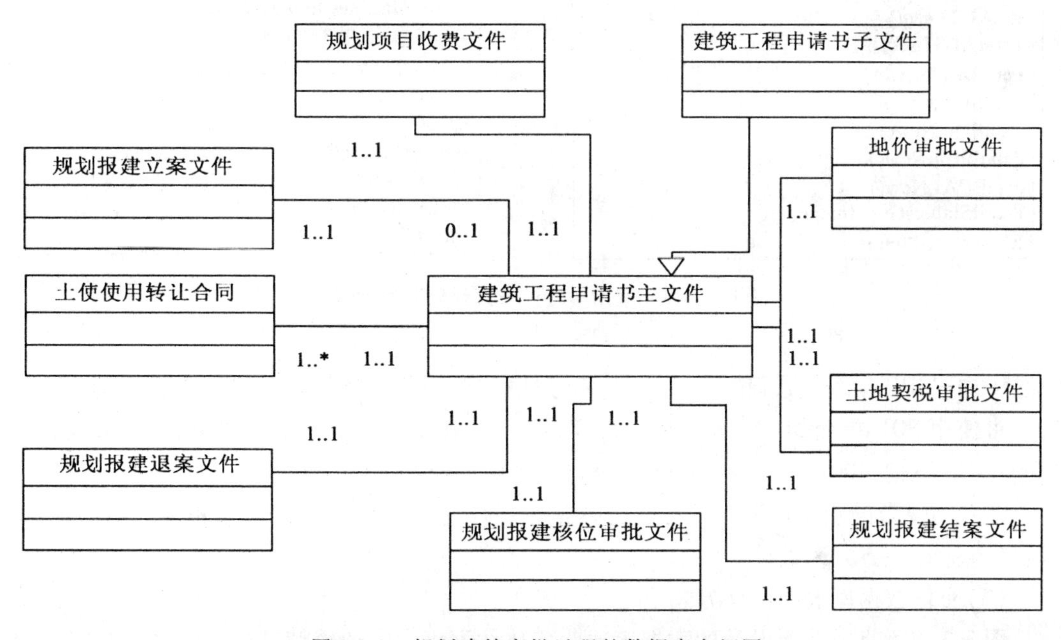


图 3-3-2　规划建筑审批过程的数据库大纲图

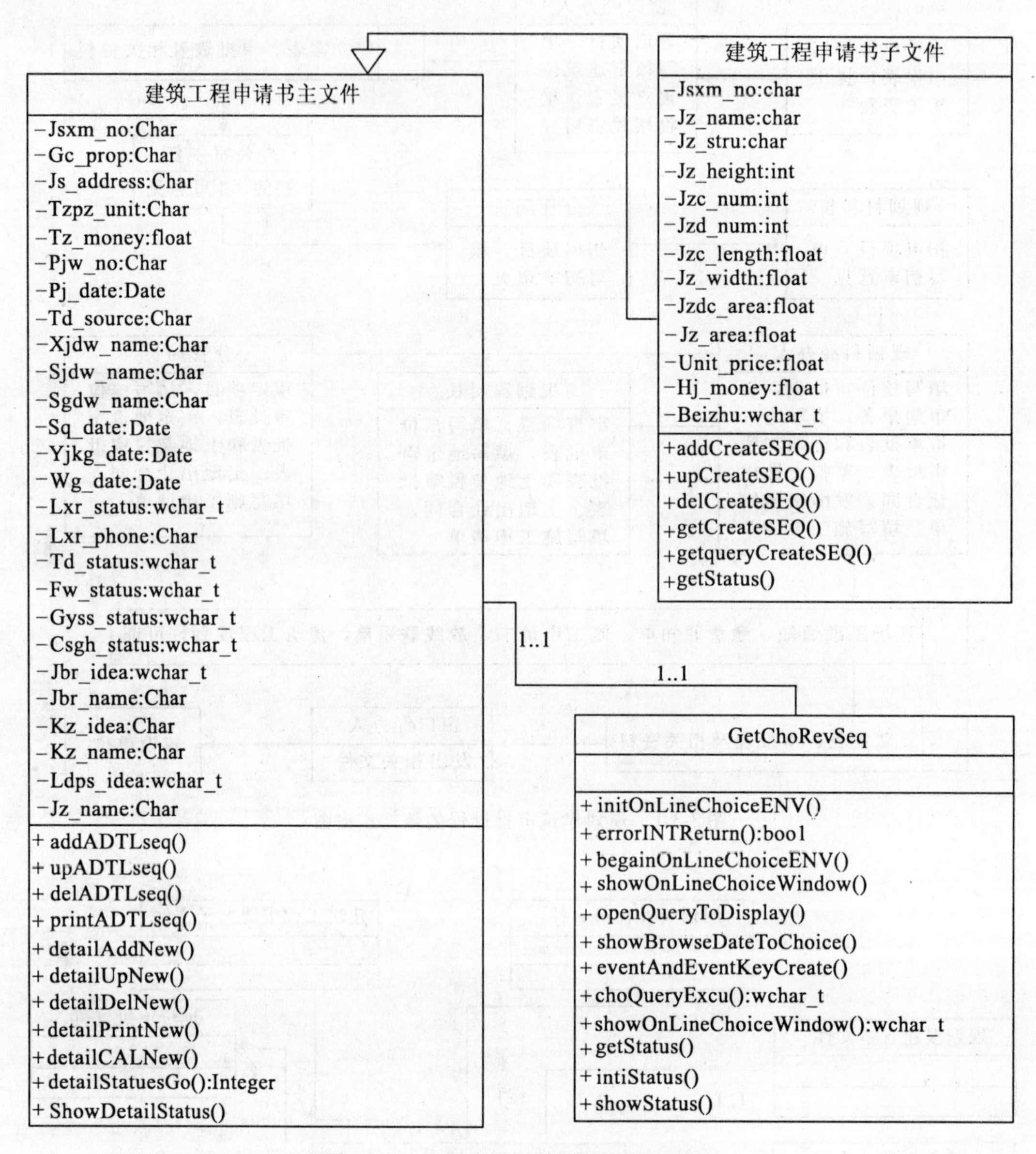


图 3-3-3　运用类图设计详细数据库大纲

①用 CSUD 指令模式设计：实际上可通过标准的 SQL 指令以及 ODBC 连接调用来设计，可使用 SQL 指令的 Create，Select，Update 和 Delete 等指令在实际操作中实现建立（Create）、查询（Read）、更新（Update）和删除（Delete）的 CRUD 动作。

②若为复杂的动作行为，则可使用数据库提供的预存程序（storage procedures）和驱动程序（trigger）的方式来设计。

（2）实体数据库大纲设计方式

图 3-3-4 为将前述所设计的数据库改为实体数据库大纲的模型设计方式。table 是一种

样板类型，是 UML 的标准元素。

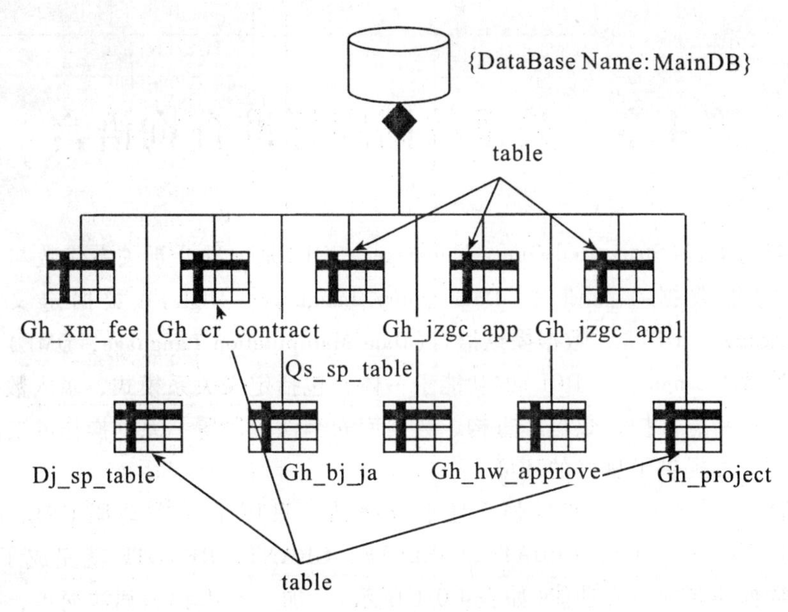


图 3-3-4　实体数据库纲要的模型设计方法

本模型图中，只以 table 样板类型设计出整体的实体数据库纲要，并未将各个数据表格的细节(字段结构)表示出来，由于组件具有属性和操作，所以在实际设计具体内容时，可利用组件的属性来设计数据表的各个字段结构，利用操作来设计数据库的预存程序。

# 第4章　关系数据库标准查询语言

结构化查询语言(Structured Query Language，SQL)是一种介于关系代数与关系演算之间的语言，它集数据查询语言(Data Query Language，DQL)、数据定义语言(Data Definition Language，DDL)、数据操纵语言(Data Manipulation Language，DML)、数据控制语言(Data Control Language，DCL)的功能于一体，包括定义关系模式、录入数据以建立数据库、查询、更新、维护、数据库重构、数据库安全性控制等一系列操作的要求，这为数据库应用系统开发提供了良好的环境。

SQL语言风格统一，功能极强，且十分简洁，只用了9个动词CREATE，DROP，ALTER，SELECT，INSERT，UPDATE，DELETE，GRANT，REVOTE就完成了数据定义、数据操纵、数据控制的核心功能(如表4-0-1所示)。加上SQL语言语法简单，接近英语口语，因此易学易用，是关系数据库的标准语言。

表4-0-1　**SQL语言的动词**

| SQL功能 | 动　词 |
| --- | --- |
| 数据查询 | SELECT |
| 数据定义 | CREATE，DROP，ALTER |
| 数据操纵 | INSERT，UPDATE，DELETE |
| 数据控制 | GRANT，REVOTE |

SQL语言支持关系数据库三级模式结构，如图4-0-1所示。其中外模式对应于视图(view)和部分基本表(base table)，模式对应于基本表，内模式对应于存储文件。

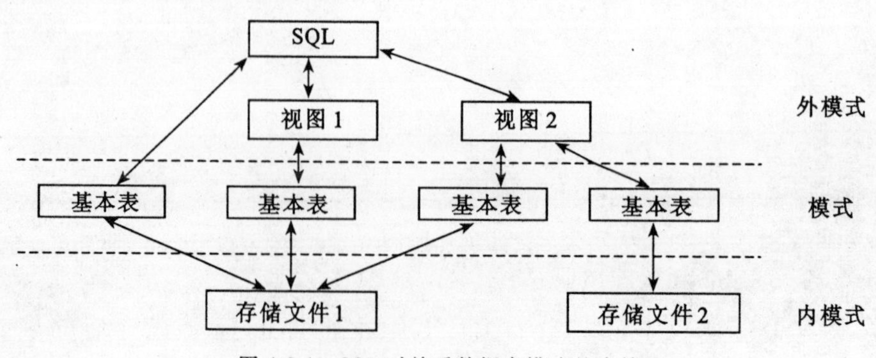


图4-0-1　SQL对关系数据库模式的支持

基本表是本身独立存在的表，在 SQL 中，一个关系对应一个表。一些基本表对应一个存储文件，一个表可以带若干索引存放在存储文件中。

存储文件的逻辑结构组成了关系数据库的内模式。

视图是从基本表或其他视图中导出的虚表，它本身不独立存储在数据库中，用户可以用 SQL 语言对视图和基本表进行查询。在用户眼中，视图和基本表都是关系，而存储文件对用户是透明的。

## 4.1 数据定义

关系数据库由模式、外模式和内模式组成，即关系数据库的基本对象是表、视图和索引。因此 SQL 的数据定义功能包括定义表、定义视图和定义索引，如表 4-1-1 所示。由于视图是基于基本表的虚表，索引是依附于基本表的，因此 SQL 通常不提供修改视图定义和索引定义的操作。如果想修改视图定义或索引定义，只能先将它们删除掉，然后再重建。

表 4-1-1　**SQL 的数据定义语句**

| 操作对象 | 操作方式 | | |
|---|---|---|---|
| | 创建 | 删除 | 修改 |
| 表 | CREATE TABLE | DROP TABLE | ALTER TABLE |
| 视图 | CREATE VIEW | DROP VIEW | |
| 索引 | CREATE INDEX | DROP INDEX | |

### 4.1.1 定义、删除与修改基本表

1. 定义基本表

建立数据库最重要的一步就是定义一些基本表。SQL 语言使用 CREATE TABLE 语句定义基本表的一般格式如下：

```
CREATE TABLE〈表名〉(〈列名〉〈数据类型〉[列级完整性约束条件]
                    [,〈列名〉〈数据类型〉[列级完整性约束条件]...]
                    [,〈表级完整性约束条件〉]);
```

其中〈表名〉是所要定义的基本表的名字。它可以由一个或多个属性(列)组成。建表的同时通常还可以定义与该表有关的完整性约束条件，这些完整性约束条件被存入系统的数据字典中，当用户操作表中数据时由 DBMS 自动检查该操作是否违背这些完整性约束条件。如果完整性约束条件涉及该表的多个属性列，则必须定义在表级上，否则既可以定义在列级上，也可以定义在表级上。

**例 1**　建立一个“批租地块记录表”Land，它由地块号、单位、面积、联系电话、地址 5 个属性组成，其中地块号属性不能为空，并且其值是唯一的。

CREATE TABLE Land( Lno CHAR(3) NOT NULL UNIQUE, Lcom CHAR(20), Larea CHAR(5), Ltel CHAR(8));

定义表的各个属性时需要指明其数据类型及长度，不同的数据库系统支持的数据类型不完全相同。

2. 修改基本表

随着应用环境和应用需求的变化，有时需要修改已建立好的基本表，包括增加新列、增加新的完整性约束条件、修改原有的列定义或删除已有的完整性约束条件等。SQL 语言用 ALTER TABLE 语句修改基本表，其一般格式为：

ALTER TABLE〈表名〉

[ADD〈新列名〉〈数据类型〉[完整性约束名]]

[DROP〈完整性约束名〉]

[MODIFY〈列名〉〈数据类型〉]；

其中〈表名〉指定需要修改的基本表，ADD 子句用于增加新列和新的完整性约束条件，DROP 子句用于删除指定的完整性约束条件，MODIFY 子句用于修改原有的列定义。

**例 2** 向 Land 表增加“地址”列，其数据类型为字符型。

ALTER TABLE Land ADD Land CHAR(30)；

不论基本表中原来是否已有数据，新增加的列一律为空值。

**例 3** 将面积的数据类型改为半字长整数。

ALTER TABLE Land MODIFY Larea SMALLINT；

修改原有的列定义有可能会破坏已有数据。

**例 4** 删除关于地块号必须取唯一值的约束。

ALTER TABLE Land DROP UNIQUE(Lno)；

3. 删除基本表

当某个基本表不再需要时，可以使用 SQL 语句 DROPTABLE 进行删除，其一般格式为：

DROP TABLE〈表名〉；

基本表定义一旦删除，表中的数据和在此表上建立的索引都将自动被删除掉，而建立在此表上的视图虽仍然保留，但已无法引用。

### 4.1.2 建立与删除索引

建立索引是加快表的查询速度的有效手段。如果把数据库表比作一本书，那么表的索引就是这本书的目录，可见通过索引可以大大加快表的查询。

SQL 语言支持用户根据应用环境的需要，在基本表上建立一个或多个索引，以提供多种存取路径，加快查找速度。一般说来，建立与删除索引由数据库管理员(DBA)或表的属主(即建立表的人)负责完成。系统在存取数据时会自动选择合适的索引作为存取路径，用户不必也不能选择索引。

1. 建立索引

在 SQL 语言中，建立索引使用 CREATE INDEX 语句，其一般格式为：

CREATE[UNIQUE][CLUSTER]INDEX〈索引名〉

ON〈表名〉(〈列名〉[〈次序〉[,〈列名〉[〈次序〉]]...]);

其中,〈表名〉为要建立索引的基本表的名字。索引可以建在该表的一列或多列上,各列名之间用逗号分隔。每个〈列名〉后面还可以用〈次序〉指定索引值的排列次序,包括 ASC(升序)和 DESC(降序)两种,缺省值为 ASC。

UNIQUE 表示此索引的每一个索引值只对应唯一的数据记录。

CLUSTER 表示要建立的索引是聚簇索引。所谓聚簇索引是指索引项的顺序与表中记录的物理顺序一致的索引组织。例如执行下面的 CREATE INDEX 语句:

CREATE CLUSTER INDEX LandLno ON Land(Lno);

将会在 Land 表的 Lno(地块编号)列上建立一个聚簇索引,而且 Land 表中的记录将按照 Lno 值的升序存放。

用户可以在最常查询的列上建立聚簇索引以提高查询效率。显然,在一个基本表上最多只能建立一个聚集索引。建立聚簇索引后更新索引列数据时,往往导致表中记录的物理顺序的变更代价较大,因此对于经常更新的列不宜建立聚簇索引。

**例 5** 为一建筑物数据库中的 Owner, Building, OB 三个表建立索引。其中 Owner 表按业主编号升序建立唯一索引,Building 表按建筑编号升序建立唯一索引,OB 表按业主编号升序和建筑编号降序建立唯一索引。

CREATE UNIQUE INDEX Ownono ON Owner(Ono);

CREATE UNIQUE INDEX Buibno ON Building(Bno);

CREATE UNIQUE INDEX OBno ON OB(Ono ASC, Bno DESC);

### 2. 删除索引

索引一经建立就由系统使用和维护,它不需用户干预。建立索引是为了减少查询操作的时间,但如果数据增删改频繁,系统会花费许多时间来维护索引,这时可以删除一些不必要的索引。删除索引时,系统会同时从数据字典中删去有关该索引的描述。

在 SQL 语言中,删除索引使用 DROP INDEX 语句,其一般格式为:

DROP INDEX〈索引名〉;

## 4.2 查 询

建立数据库的目的是为了查询数据,因此,可以说数据库查询是数据库的核心操作。SQL 语言提供了 SELECT 语句进行数据库的查询,该语句具有灵活的使用方式和丰富的功能。其一般格式为:

SELECT[ALL | DISTINCT]〈目标列表达式〉[,〈目标列表达式〉]

FROM〈表名或视图名〉[,〈表名或视图名〉]

WHERE〈条件表达式〉

[GROUP BY〈列名 1〉[HAVING〈条件表达式〉]]

[ORDER BY〈列名 2〉[ASC/DESC]];

整个 SELECT 语句的含义是,根据 WHERE 子句的条件表达式,从 FROM 子句指定的基本表或视图中找出满足条件的元组，再按 SELECT 子句中的目标列表达式，选出元组中的属性值形成结果表。如果有 GROUP 子句，则将结果按<列名 1>的值进行分组，该属性列值相等的元组为一个组，每个组产生结果表中的一条记录。通常会在每组中使用集函数。

如果 GROUP 子句带 HAVING 短语，则只有满足指定条件的组才输出。如果有 ORDER 子句，则结果表还要按〈列名 2〉的值的升序或降序排序。

SELECT 语句既可以完成简单的单表查询，也可以完成复杂的连接查询和嵌套查询。

下面以一个"业主-地块"数据库为例说明 SELECT 语句的各种用法。

"业主-地块"数据库中包括三个表：

(1)"业主"表 Owner 由身份证号(Civic_num)、姓名(O_name)、生日(Birth)、街道名称(Str_name)、街道号(Str_num)5 个属性组成，可记为 Owner(Civic_num，O_name，Birth，Str_name，Str_num)，其中 Civic_num 为主码。

(2)"地块"表由地块号(Parcel_num)、面积(Area)、税率(Tax_clas)、街区号(Block_num)4 个属性组成，可记为 Parcel(Parcel_num，Area，Tax_clas，Block_num)，其中 Parcel_num 为主码。

(3)"业主-地块"表 Par_own 由地块号(Parcel_num)、业主身份证号(Civic_num)、股份(Share)、抵押债款(Mortgage)4 个属性组成，可记为 Par_own(Parcel_num，Civic_num，Share，Mortgage)，其中(Parcel_num，Civic_num)为主码。

### 4.2.1 单表查询

单表查询是指仅涉及一个数据库表的查询，比如选择一个表中的某些列值或某些特定行等。单表查询是一种最简单的查询操作。

1. 选择表中的若干列

选择表中的全部列或部分列，这类运算又称为投影。其变化方式主要表现在 SELECT 子句的〈目标列表达式〉上。

(1)查询指定列

在很多情况下，用户只对表中的一部分属性特别感兴趣，这时可以通过在 SELECT 子句的〈目标列表达式〉中指定要查询的属性，有选择地列出感兴趣的列。

**例 1** 查询所有业主的身份证号与姓名。

```
SELECT Civic_num, O_name FROM Owner;
```

〈目标列表达式〉中各个列的先后顺序可以与基本表中的顺序不一致，也就是说，用户在查询时可以根据应用的需要改变列的显示顺序。

(2)查询全部列

将表中的所有属性列都选出来，可以有两种方法。一种方法就是在 SELECT 关键字后面列出所有列名。如果列的显示顺序与其在基本表中的顺序相同，也可以简单地将〈目标列表达式〉指定为 * 。

**例 2** 查询所有业主的详细记录。

```
SELECT * FROM Owner;
```

该 SELECT 语句实际上是无条件地把 Owner 表的全部信息都查询出来，所以也称为全表查询，这是最简单的一种查询。

(3)查询经过计算的值

SELECT 子句的〈目标列表达式〉不仅可以是表中的属性列，也可以是有关表达式，即可以将查询出来的属性列经过一定的计算后列出结果。

**例 3**　查询所有业主的姓名及其年龄。

```
SELECTO_name, 2011-Birth FROM Owner;
```

本例中〈目标列表达式〉中第二项不是通常的列名，而是一个计算表达式，是用当前的年份(假设为 2011 年)减去出生年份，这样所得的即是业主的年龄。〈目标列表达式〉不仅可以是算术表达式，还可以是字符串常量、函数等。

**例 4**　查询所有业主的姓名、年龄和所有街道名称。要求用小写字母表示所有街道名称。

```
SELECT O_name, 2011-Birth, ISLOWER(Str_name)FROM Owner;
```

用户可以通过指定别名来改变查询结果的列标题，这对于含算术表达式、常量、函数名的目标列表达式尤为有用。例如，对于上例可以如下定义列别名。

```
SELECT O_name NAME, 2011-Birth AGE, ISLOWER(Str_name)STREET FROM Owner;
```

2. 选择表中的若干元组

通过〈目标列表达式〉的各种变化，可以根据实际需要，从一个指定的表中选择出所有元组的全部或部分列。如果只想选择部分元组的全部或部分列，则还需要指定 DISTINCT 短语或指定 WHERE 子句。

(1)消除取值重复的行

两个本来并不完全相同的元组，投影到指定的某些列上后，可能变成完全相同的行了，这时查询结果里会包含许多重复的行。如果想去掉结果表中的重复行，必须指定 DISTINCT 短语。

**例 5**　查询所有拥有地块的业主的身份证号，并要求结果中无重复行。

```
SELECT DISTINCT Civic_num FROM Par_own;
```

如果没有指定 DISTINCT 短语，则缺省值为 ALL，即要求结果表中保留取值重复的行。也就是说 SELECT Civic_num FROM Par_own 与 SELECT ALL Civic_num FROM Par_own 完全等价。

(2)查询满足条件的元组

查询满足指定条件的元组可以通过 WHERE 子句实现。WHERE 子句常用的查询条件如表 4-2-1 所示。

表 4-2-1　**常用的查询条件**

| 查询条件 | 谓词 | 查询条件 | 谓词 |
|---|---|---|---|
| 比较 | =, >, <, >=, <=,!, NOT+上述是比较运算符 | 字符匹配 | LIKE, NOT LIKE |
| 确定范围 | BETWEEN AND, NOT BETWEEN AND | 空值 | IS NULL, IS NOT NULL |
| 确定集合 | IN, NOT IN | 多重条件 | AND, OR |

①比较大小

用于进行比较的运算符一般包括：=(等于)；>〈(大于)；<(小于)；>=(大于或等于)；<=(小于或等于)；! =或<>(不等于)。有些产品中还包括：! >(不大于)，! <(不小于)。逻辑运算符 NOT 可与比较运算符同用，对条件求非。

**例 6**　查十全街(SQ)的业主的名单。

SELECT O_name FROM Owner WHERE Str_name='SQ';

**例 7**　查年龄大于 60 岁的业主的身份证号。

SELECT Civic_num FROM Owner WHERE 2011-Birth>60;

②确定范围

谓词 BETWEEN... AND... 和 NOT BETWEEN... AND... 可以用来查找属性值在(或不在)指定范围内的元组，其中 BETWEEN 后是范围的下限(即低值)，AND 后是范围的上限(即高值)。

**例 8**　查询面积在 10000 至 20000 之间的地块的地块号和税率。

SELECT Parcel_num, tax_clas FROM Parcel WHERE Area BETWEEN 10000 AND 20000;

③确定集合

谓词 IN 可以用来查找属性值属于指定集合的元组。

**例 9**　查十全街(SQ)、七里街(QL)和苏绣街(SX)的业主的姓名和身份证号。

SELECT O_name, Civic_num FROM Owner WHERE Str_name IN('SQ', 'QL', 'SX');

与 IN 相对的谓词是 NOT IN，用于查找属性值不属于指定集合的元组。

④字符匹配

谓词 LIKE 可以用来进行字符串的匹配。其一般语法格式如下：

[NOT[LIKE'〈匹配串〉'[ESCAPE'〈换码字符〉']]]

其含义是查找指定的属性列值与〈匹配串〉相匹配的元组。〈匹配串〉可以是一个完整的字符串，也可以含有通配符%和_。其中%(百分号)代表任意长度(长度可以为 0)的字符串。例如 a%b 表示以 a 开头、以 b 结尾的任意长度的字串。acb，addsb，ab 等都满足该匹配串。_(下横线)代表任意单个字符。例如 a_b 表示以 a 开头、以 b 结尾的长度为 3 的任意字符串。acb，afb 等满足该匹配串。

**例 10**　查询身份证号为'95001290'的业主的详细情况。

SELECT * FROM Owner WHERE Civic_num LIKE '95001290';

该语句实际上与下面的语句完全等价：

SELECT * FROM Owner WHERE Civic_num='95001290';

也就是说如果 LIKE 后面的匹配串中不含通配符，则可以用=(等于)运算符取代 LIKE 谓词，用! =或<>(不等于)运算符取代 NOT LIKE 谓词。

**例 11**　查所有姓刘的业主的姓名、身份证号和出生年月。

SELECT O_name, Civic_num, Birth FROM Owner WHERE O_name LIKE'刘%';

如果用户要查询的匹配字符串本身就含有%或_，比如要查在 Par_own 表中股份为

10% 的地块号和身份证号应如何实现呢？这时就要使用 ESCAPE'〈换码字符〉' 短语对通配符进行转义了。

**例 12**　查在 Par_own 表中股份为 10% 的地块号和身份证号。

SELECT Parcel_num, Civic_num FROM Par_own WHRERE Share LIKE '10 \ % ' ESCAPE' \ ';

ESCAPE' \ ' 短语表示" \ "为换码字符，这样匹配串中紧跟在" \ "后面的字符 '_' 不再具有通配符的含义，而是取其本身含义，被转义为普通的"%"字符。

**例 13**　查业主姓名以"Dan_"开头，且倒数第 3 个字符为 i 的业主的详细情况。

SELECT * FROM Owner WHERE O_name LIKE'Dan \ _% i_ _'ESCAPE' \ ';

注意这里的匹配字符串 'Dan \ _% i_ _' 中第一个"_"前面有换码字符 \ ，所以它被转义为普通的"_"字符。而% i 后第 2 个"_"和第 3 个"_"前面均没有换码字符 \ ，所以它们仍作为通配符。

需要特别指出的是：对于不同的 DBMS 来说，通配符的使用不尽相同，如：在 Access 中通配符为星号( * )。因此，在不同的 DBMS 环境下，需要参照相关的说明和要求使用，但是基本的原理如上所述。

⑤涉及空值的查询

谓词 IS NULL 和 IS NOT NULL 可用来查询空值和非空值。

**例 14**　某些地块的业主没有抵押债款，所以没有抵押债款信息，下面来查地块的业主没有抵押债款的地块号和业主号。

SELECT　Pracel_num, Civil_num FROMPar_own WHERE Mortgage IS NULL;

注意这里的"IS"不能用等号("=")代替。

⑥多重条件查询

逻辑运算符 AND 和 OR 可用来联结多个查询条件，如果这两个运算符同时出现在同一个 WHERE 条件子句中，则 AND 的优先级高于 OR，但用户可以用括号改变优先级。

**例 15**　查询第九街所有在 1975 年以前出生的业主姓名。

SELECT O_name FROM Owner WHERE Str_num='9' AND Birth<1975;

**例 16**　IN 谓词实际上是多个 OR 运算符的缩写，因此例 9 中的查询也可以用 OR 运算符写成如下等价形式：

SELECT O_name, Civic_num FROM Owner WHERE Str_name='SQ'OR Str_name='QL'OR Str_name='SX';

### 3. 对查询结果排序

如果没有指定查询结果的显示顺序，DBMS 将按其最方便的顺序(通常是元组在表中的先后顺序)输出查询结果。用户也可以用 ORDER BY 子句指定按照一个或多个属性列的升序(ASC)或降序(DESC)重新排列查询结果，其中升序 ASC 为缺省值。

**例 17**　查询 3 号地块上的所有业主身份证号、股份以及抵押债款。

SELECT Civil_num, Share, Mortgage FROMPar_own WHERE Pracel_num='3';

**例 18**　查询全体业主情况，查询结果按所在街道号升序排列，对同一街道中的业主按出生年月降序排列。

SELECT * FROM Owner ORDER BY Str_num Birth DESC;

4. 使用集函数

为了进一步方便用户，增强检索功能，SQL 提供了许多集函数，主要包括：

| | |
|---|---|
| COUNT([DISTINCT \| ALL] *) | 统计元组个数 |
| COUNT([DISTINCT \| ALL]〈列名〉) | 统计一列中值的个数 |
| SUM([DISTINCT \| ALL]〈列名〉) | 计算一列值的总和(此列必须是数值型) |
| AVG([DISTINCT \| ALL]〈列名〉) | 计算一列值的平均值(此列必须是数值型) |
| MAX([DISTINCT \| ALL]〈列名〉) | 求一列值中的最大值 |
| MIN([DISTINCT \| ALL]〈列名〉) | 求一列值中的最小值 |

如果指定 DISTINCT 短语，则表示在计算时要取消指定列中的重复值。如果不指定 DISTINCT 短语或指定 ALL 短语(ALL 为缺省值)，则表示不取消重复值。

**例 19** 查询业主总人数。

SELECT COUNT( * ) FROM Owner;

**例 20** 查询地块上有业主的地块总数。

SELECT COUNT(DISTINC Parcel_num) FROM Par_own;

地块上每增加一个业主，在 Par_own 中就有一条相应的记录。而一个地块上一般都有多个业主，为避免重复计算业主人数，必须在 COUNT 函数中用 DISTINC 短语。

**例 21** 计算 1 号地块上业主的平均抵押债款。

SELECT AVG(Mortgage) FROM Par_own WHERE Parcel_num='1';

5. 对查询结果分组

GROUP BY 子句可以将查询结果表的各行按一列或多列取值相等的原则进行分组。

对查询结果分组的目的是为了细化集函数的作用对象。如果不对查询结果分组，集函数将作用于整个查询结果，即整个查询结果只有一个函数值，如上面的例 19、例 20、例 21。否则，集函数将作用于每一个组，即每一组都有一个函数值。

**例 22** 查询各个地块上的业主人数。

SELECT Parcel_num, COUNT(Civic_num) FROM Par_own GROUP BY Parcel_num;

该 SELECT 语句对 Par_own 表按 Parcel_num 的取值进行分组，所有具有相同 Parcel_num 值的元组为一组，然后对每一组作用集函数 COUNT，以求得该组的业主人数。

如果分组后还要求按一定的条件对这些组进行筛选，最终只输出满足指定条件的组，则可以使用 HAVING 短语指定筛选条件。

**例 23** 查询住在 1 号街道的所有业主中，在 3 个以上地块中拥有股份和抵押债款的业主身份证号。为简单起见，这里假设 Par_own 表中有一列 Str_num，它记录了业主所在街道的号码。

SELECT Civic_num FROM Par_own WHERE Str_num = '1' GROUP BY Civic_num HAVING COUNT( * ) >3;

查选在 3 个以上地块中拥有股份和抵押债款的业主身份证号，首先需要通过 WHERE 子句从基本表中求出 1 号街道的所有业主，然后求其中每个业主在几个地块上拥有股份和抵押债款，为此需要用 GROUP BY 子句对 Civic_num 进行分组，再用集函数 COUNT 对每一组计数。如果某一组的元组数目大于 3，则表示此业主在 3 个以上地块中拥有股份和抵押债款，应将业主身份证号选出来。HAVING 短语指定选择组的条件，只有满足条件(即元组个数>3)的组才会被选出来。

WHERE 子句与 HAVING 短语的根本区别在于作用对象不同。WHERE 子句作用于基本表或视图，从中选择满足条件的元组。HAVING 短语作用于组，从中选择满足条件的组。

### 4.2.2　连接查询

一个数据库中的多个表之间一般都存在某种内在联系，它们共同提供有用的信息。若一个查询同时涉及两个以上的表，则称之为连接查询。它实际上是关系数据库中最主要的查询，主要包括等值连接查询、非等值连接查询、自身连接查询、外连接查询和复合条件连接查询。

1. 等值与非等值连接查询

当用户的一个查询请求涉及数据库的多个表时，必须按照一定的条件把这些表连接在一起，以便能够共同提供用户需要的信息。用来连接两个表的条件称为连接条件或连接谓词，其一般格式为：

[〈表名 1〉.〈列名 1〉〈比较运算符〉[〈表名 2〉.〈列名 2〉]]

其中比较运算符主要有：=、>、<、>=、<=、! =。

此外，连接谓词还可以使用下面形式：

[〈表名 1〉.〈列名 1〉BETWEEN[〈表名 2〉.]〈列名 2〉AND[〈表名 3〉.]〈列名 3〉

当连接运算符为=时，称为等值连接，使用其他运算符时称为非等值连接。

连接谓词中的列名称为连接字段。连接条件中的各连接字段类型必须是可比的，但不必是相同的。例如，可以都是字符型或都是日期型；也可以是一个整型与一个实型，整型和实型都是数值型，因此可比。但若一个是字符型，另一个是整数型就不允许，因为它们不可比。

从概念上讲，DBMS 执行连接操作的过程是，首先在表 1 中找到第一个元组，然后开始顺序扫描或按索引扫描表 2 查找满足连接条件的元组，每找到一个元组，就将表 1 中的第一个元组与该元组拼接起来，形成结果表中的一个元组。表 2 全部扫描完毕后，再到表 1 中找第二个元组，然后再从头开始顺序扫描或按索引扫描表 2，查找满足连接条件的元组，每找到一个元组，就将表 1 中的第二个元组与该元组拼接起来形成结果表中的一个元组。重复上述操作，直到表 1 全部元组都处理完毕为止。

**例 24**　查询每个地块及其业主股份和抵押债款信息。

本查询实际上同时涉及 Owner 与 Par_own 两个表中的数据，两个表之间的联系通过其共有的属性 Civic_num 实现。要查询每个地块及其业主股份和抵押债款信息就必须将这两个表中业主身份证号相同的元组连接起来，这是一个等值连接。完成本查询的 SQL 语句为：

```
SELECT Owner. * , Par_own. * FROM Owner, Par_own WHERE Owner. Civic_num =
Par_own. Civic_num;
```

假设 Owner 表和 Par_own 表有下列数据：

**Owner 表**

| Civic_num | O_name | Birth | Str_name | Str_num |
| --- | --- | --- | --- | --- |
| 42154195503153244 | 张三 | 1955 | 东一路 | 1 |
| 42154198511155162 | 李四 | 1985 | 东二路 | 2 |
| 42154196506056122 | 王五 | 1965 | 东三路 | 3 |

**Par_own 表**

| Parcel_num | Civic_num | Share | Mortgage |
| --- | --- | --- | --- |
| 101 | 42154195503153244 | 10000 | 10000 |
| 102 | 42154195503153244 | 20000 | 20000 |
| 102 | 42154198511155162 | 10000 | 10000 |

执行该查询，DBMS 首先在 Owner 表中找到第一个元组，其中 Civic_ num = 42154195503153244，然后从头开始扫描 Par_own 表，查找 Par_own 表中所有 Civic_num = 42154195503153244 的元组，共找到 2 个元组，每找到一个元组都将表 Owner 中的第一个元组与其拼接起来，这样就形成了结果表中的前二个元组。类似地找到 Owner 表中第二个元组 Civic_num = 42154198511155162 对应的结果元组。而 Owner 表中的第三个元组在 Par_own 表中没有相应的元组。该查询的执行结果为：

| Owner. Civic_num | O_name | Birth | Str_name | Str_num | Parcel_num | Par_own. Civic_num | Share | Mortgage |
| --- | --- | --- | --- | --- | --- | --- | --- | --- |
| 42154195503153244 | 张三 | 1955 | 东一路 | 1 | 101 | 42154195503153244 | 10000 | 10000 |
| 42154195503153244 | 张三 | 1955 | 东一路 | 1 | 102 | 42154195503153244 | 20000 | 20000 |
| 42154198511155162 | 李四 | 1985 | 东二路 | 2 | 102 | 42154198511155162 | 10000 | 10000 |

从上例中可以看到，进行多表连接查询时，SELECT 子句与 WHERE 子句中的属性名前都加上了表名前缀，这是为了避免混淆。如果属性名在参加连接的各表中是唯一的，则可以省略表名前缀。

连接运算中有两种特殊情况，一种称为卡氏积连接，另一种称为自然连接。

卡氏积是不带连接谓词的连接。两个表的卡氏积即是两表中元组的交叉乘积，也即其中一表中的每一元组都要与另一表中的每一元组作拼接，因此结果表往往很大。例如 Owner 表和 Par_own 表的卡氏积

SELECT Owner. *, Par_own. * FROM Owner, Par_own;

将会产生 3×3 = 9 个元组。卡氏积连接的结果通常会产生一些没有意义的元组，例如

身份证号为42154195503153244的业主记录与身份证号为42154198511155162的业主-地块记录连接就没有任何实际意义，所以这种运算很少使用。

如果是按照两个表中的相同属性进行等值连接，且目标列中去掉了重复的属性列但保留了所有不重复的属性列，则称之为自然连接。

**例25**　自然连接Owner和Par_own表。

SELECT Owner. Civic_num, O_name, Birth, Str_name, Str_num, Parcel_num, Share, Mortgage FROM Owner, Par_own WHERE Owner. Civic_num=Par_own. Civic_num;

在本查询中，Civic_num在两个表中都出现了，因此，引用时必须加上表名前缀，而其他属性列在Owner与Par_own表中是唯一的，因而引用时去掉了表名前缀。该查询的执行结果与例24的相同。

2. 外连接

在通常的连接操作中只有满足连接条件的元组才能作为结果输出，如在例24和例25的结果表中没有关于业主王五的信息，原因在于他没有在某地块中拥有股份和抵押债款，在Par_own表中没有相应的元组。但是有时想以Owner表为主体列出每个业主的基本情况及其拥有股份和抵押债款情况，若有个业主暂时没有任何股份以及抵押债款，则只输出其基本情况信息，其股份以及抵押债款信息为空值即可，这时就需要使用外连接(outer join)。外连接的运算符通常为“*”，有的关系数据库中也用“+”。

这样，就可以如下改写例25。

SELECT Owner. Civic _ num, O _ name, Birth, Str _ name, Str _ num, Parcel _ num, Share, Mortgage

FROM Owner, Par_own WHERE Owner. Civic_num=Par_own. Civic_num(*);

外连接就像是为*号指定的表(即Par_own表)增加一个“万能”的行。这个行全部由空位组成，它可以和另一个表(即Owner表)中所有不能与Par_own表中其他行连接的元组进行连接，即与Owner表中的42154196506056122元组进行连接。在连接结果中，42154196506056122行中来自Par_own表的属性值全部是空值。其执行结果如下：

| Owner. Civic_num | O_name | Birth | Str_name | Str_num | Parcel_num | Share | Mortgage |
|---|---|---|---|---|---|---|---|
| 42154195503153244 | 张三 | 1955 | 东一路 | 1 | 101 | 10000 | 10000 |
| 42154195503153244 | 张三 | 1955 | 东一路 | 1 | 102 | 20000 | 20000 |
| 42154198511155162 | 李四 | 1985 | 东二路 | 2 | 102 | 10000 | 10000 |
| 42154196506056122 | 王五 | 1965 | 东三路 | 3 | | | |

上例中外连接符*出现在连接运算符的右边，所以也称为右外连接。相应地，如果外连接符出现在连接运算符的左边，则称为左外连接。

3. 复合条件连接

上面各个连接查询中WHERE子句中只有一个条件，而用于连接两个表的谓词WHERE子句中有多个条件的连接操作称为复合条件连接。

**例 26**　查询 101 号地块上业主拥有的股份大于 5000 的所有业主信息。

SELECT Owner. Civic_num, O_name FROM Owner, Par_own
WHERE Owner. Civic_num = Par_own. Civic_num AND Par_own. Parcel_num = '101' AND Par_own. Share>5000;

结果表为：

| Owner. Civic_num | O_name |
|---|---|
| 42154195503153244 | 张三 |

连接操作除了可以是两表连接一个表与其自身连接外，还可以是两个以上的表进行连接，后者通常称为多表连接。

**例 27**　查询每个地块上的业主所拥有的股份以及地块的面积。

上例中只要查出地块号即可，而本例要求查出地块的面积，所以查询涉及三个表，增加了存放关于地块信息的地块表 Parcel。完成该查询的 SQL 语句如下：

SELECT Owner. Civic_num, O_name, Parcel. Area, Par_own. Share
FROM Owner, Par_own, Parcel WHERE Owner. Civic_num = Par_own. Civic_num And Par_own. Parcel_num = Parcel. Parcel_num;

执行该查询后结果表为

| Parcel. Parcel_num | O_name | Area | Share |
|---|---|---|---|
| 101 | 张三 | 100 | 10000 |
| 102 | 张三 | 150 | 20000 |
| 102 | 李四 | 50 | 10000 |

### 4.2.3　嵌套查询

在 SQL 语言中，一个 SELECT-FROM-WHERE 语句称为一个查询块。将一个查询块嵌套在另一个查询块的 WHERE 子句或 HAVING 短语的条件中的查询称为嵌套查询或子查询。例如：

SELECT O_name FROM Owner WHERE Civic_num IN
(SELECT Civic_num FROM Par_own WHERE Civic_num = '42154195503153244');

在这个例子中，下层查询块 SELECT Civic_num FROM Par_own WHERE Civic_num = '42154195503153244' 是被嵌套在上层查询块 SELECT O_name FROM Owner WHERE Civic_num IN 的 WHERE 条件中的。上层的查询块又称为外层查询或父查询，下层查询块又称为内层查询或子查询。SQL 语言允许多层嵌套查询，即一个子查询中还可以嵌套其他子查询。需要特别指出的是，子查询的 SELECT 语句中不能使用 ORDER BY 子句，ORDER BY 子句永远只能对最终查询结果排序。

嵌套查询的求解方法是由里向外处理，即每个子查询在其上一级查询处理之前求解，子查询的结果用于建立其父查询的查找条件。嵌套查询使得可以用一系列简单查询构成复杂的查询，从而明显地增强了 SQL 的查询能力。

常用的较为复杂的嵌套查询有 4 种：带有 IN 谓词的子查询，带有比较运算符的子查询，带有 ANY 或 ALL 谓词的子查询和带有 EXISTS 谓词的子查询。读者要了解它们的具体内容，可参考有关书籍。

### 4.2.4　集合查询

每一个 SELECT 语句都能获得一个或一组元组。若要把多个 SELECT 语句的结果合并为一个结果，可用集合操作来完成。集合操作主要包括并操作 UNION、交操作 INTERSECT 和差操作 MINUS。

使用 UNION 将多个查询结果合并起来形成一个完整的查询结果时，系统会自动去掉重复的元组。需要注意的是，参加 UNION 操作的各数据项数目必须相同；对应项的数据类型也必须相同。

**例 28**　查询 1 号街道上所有的业主以及在 1975 年以前出生的业主。

```
SELECT * FROM Owner WHERE Str_num='1'
    UNION SELECT * FROM Owner WHERE Birth<=1975;
```

本查询实际上是求 1 号街道上所有业主与 1975 年以前出生的业主的并集。第一个 SELECT 语句可查出 42154195503153244 元组，第二个 SELECT 语句可查出 42154195503153244 和 42154196506056122 这 2 个元组，取并集并去掉重复的元组得到结果表。

标准 SQL 中没有直接提供集合交操作和集合差操作，但可以用其他方法来实现。具体实现方法依查询不同而不同。

对例 28 的查询换种说法就是，查询 1 号街道上在 1975 年以前出生的业主。

```
SELECT * FROM Owner WHERE Str_num='1' AND Birth<=1975;
```

**例 29**　查询同时拥有业主身份证号为 42154195503153244 和 42154198511155162 的地块号。

本例实际上是查询地块上既有业主 42154195503153244 又有 42154198511155162 的集合的交集。

```
SELECT Parcel_num FROM Par_own WHERE Civic_num = '42154195503153244'
INTERSECT SELECT Parcel_num FROM Par_own WHERE Civic_num='42154198511155162';
```

## 4.3　数据更新

SQL 中数据更新包括插入数据、修改数据和数据删除三条语句。

### 4.3.1　插入数据

SQL 的数据插入语句 INSERT 通常有两种形式，一种是插入一个元组，另一种是插入子查询结果。后者可以一次插入多个元组。

1. 插入单个元组

插入单个元组的 INSERT 语句的格式为：

```
INSERT INTO〈表名〉[(〈属性列 1〉[,〈属性列 2〉...])]
```

VALUES(〈常量1〉[,〈常量2〉]...);

其功能是将新元组插入指定表中。其中新记录属性列1的值为常量1，属性列2的值为常量2……如果某些属性列在INTO子句中没有出现，则新记录在这些列上将取空值。

但必须注意的是，在表定义时说明了NOT NULL的属性列不能取空值，否则会出错。

如果INTO子句中没有指明任何列名，则新插入的记录必须在每个属性列上均有值。

**例1** 将一个新业主记录(身份证号：425155195404041454；姓名：陈一；出生年：1954；所在街道号：1；街道名称：东一路)插入Owner表。

INSERT INTO Owner VALUES('425155195404041454','陈一','1954','东一路','1');

**例2** 插入一条业主-地块记录('101','425155195404041454')。

INSERT INTO Par_own(Parcel_num, Civic_num) VALUES('101', '425155195404041454');

新插入的记录在Share列和Mortgage上取空值。

2. 插入子查询结果

子查询不仅可以嵌套在SELECT语句中，用以构造父查询的条件，也可以嵌套在INSERT语句中，用以生成要插入的数据。插入子查询结果的INSERT语句的格式为：

INSERT INTO〈表名〉[(〈属性列1〉[,〈属性列2〉...])]

子查询;

其功能是批量插入，一次将子查询的结果全部插入指定表中。

**例3** 对每个街道的业主求平均年龄并把结果存入数据库。

首先要在数据库中建立一个有两个属性列的新表，其中一列存放街道名，另一列存放相应街道的业主平均年龄。

CREATE TABLE Streetage(Str_num CHAR(4), Avgage SMALLINT);

然后对数据库的Owner表按街道分组求平均年龄，再把街道名和平均年龄存入新表中。

INSERT INTO Deptage(Str_num, Avgage)

SELECT Sdept, AVG(2011-Birth) FROM Student GROUP BY Sdept;

### 4.3.2 修改数据

修改操作又称为更新操作，其语句的一般格式为：

UPDATE〈表名〉

SET〈列名〉=〈表达式〉,[〈列名〉=〈表达式〉]...

WHERE〈条件〉=;

其功能是修改指定表中满足WHERE子句条件的元组。其中SET子句用于指定修改方法，即用〈表达式〉的值取代相应的属性列值。如果省略WHERE子句，则表示要修改表中的所有元组。子查询也可以嵌套在UPDATE语句中，用以构造执行修改操作的条件。

UPDATE语句一次只能操作一个表，这会带来一些问题。例如，身份证号为42221419870905121的业主因身份证升级，其身份证号改为422214198709051211，由于

Owner 表和 Par_own 表都有关于 42221419870905121 的信息，因此两个表都需要修改，这种修改只能通过两条 UPDATE 语句进行。

第一条 UPDATE 语句修改 Owner 表

UPDATE Owner SET Civic_num = '422214198709051211' WHERE Civic_num = '42221 419870905121';

第二条 UPDATE 语句修改 SC 表

UPDATE Owner SET Civic_num = '422214198709051211' WHERE Civic_num = '422214198 70905121';

只有完全执行了这两条 UPDATE 语句后，数据库中的数据才能处于一致状态。但如果执行完一条语句之后，机器突然出现故障，无法再继续执行第二条 UPDATE 语句，则数据将永远处于不一致状态。因此必须保证这两条 UPDATE 语句要么都做，要么都不做。为解决这一问题，数据库系统应该解决好并发控制的问题。

### 4.3.3　删除数据

删除语句的一般格式为

DELETE
FROM〈表名〉
[WHERE〈条件〉]；

DELETE 语句的功能是从指定表中删除满足 WHERE 子句条件的所有元组。如果省略 WHERE 子句，表示删除表中全部元组。但表的定义仍在字典中。子查询同样也可以嵌套在 DELETE 语句中，用以构造执行删除操作的条件。

DELETE 操作也是一次只能操作一个表，因此同样会遇到 UPDATE 操作中提到的数据不一致问题。

## 4.4　视　　图

视图是关系数据库系统提供给用户以多种角度观察数据库中数据的重要机制。

视图是从一个或几个基本表(或视图)导出的表，它与基本表不同，是一个虚表。换句话说，数据库中只存放视图的定义而不存放视图对应的数据，这些数据仍存放在原来的基本表中。基本表中的数据发生变化，从视图中查询出的数据也就随之改变了。从这个意义上讲，视图就像一个窗口，透过它可以看到数据库中自己感兴趣的数据及其变化。

视图一经定义，就可以和基本表一样被查询、被删除，也可以在一个视图之上再定义新的视图，但对视图的更新(增、删、改)操作则有一定的限制。

4.2 节中已经简单介绍过视图的基本概念。本节将专门讨论视图的定义、操作及优点。

### 4.4.1 定义视图

1. 建立视图

SQL 语言用 CREATE VIEW 命令建立视图，其一般格式为：

CREATE VIEW〈视图名〉[(〈列名〉[〈列名〉]...)]

AS〈子查询〉

[WITH CHECK OPTION]；

其中子查询可以是任意复杂的 SELECT 语句，但通常不允许含有 ORDER BY 子句和 DISTINCT 短语。

WITH CHECK OPTION 表示对视图进行 UPDATE、INSERT 和 DELETE 操作时要保证更新、插入或删除的行满足视图定义中的谓词条件(即子查询中的条件表达式)。

如果 CREATE VIEW 语句仅指定了视图名，省略了组成视图的各个属性列名，则隐含该视图由子查询中 SELECT 子句目标列中的诸字段组成。但在下列三种情况下必须明确指定组成视图的所有列名：

①其中某个目标列不是单纯的属性名，而是集函数或列表达式；

②多表连接时选出了几个同名列作为视图的字段；

③需要在视图中为某个列启用新的更合适的名字。

需要说明的是，组成视图的属性列名必须依照上面的原则，或者全部省略或者全部指定，没有第三种选择。

**例 1** 建立 1 号街道业主的视图。

CREATE VIEW V_owner

AS SELECT Civic_num, O_name, Birth FROM Owner WHERE Str_num='1';

DBMS 执行此语句就相当于建立一个虚表，实际执行的结果只是把对视图的定义存入数据字典，并不执行其中的 SELECT 语句，只是在对视图查询时才按视图的定义从基本表中将数据查出。

若一个视图是从单个基本表导出的，并且只是去掉了基本表的某些行和某些列，但保留了码，称这类视图为行列子集视图。V_owner 视图就是一个行列子集视图。

视图不仅可以建立在单个基本表上，也可以建立在多个基本表上。若各表中有同名列，则必须在视图名后面明确说明视图的各个属性别名。

视图还可以建立在一个或多个已定义好的视图上，或同时建立在基本表与视图上。

定义基本表时，为了减少数据库中的冗余数据，表中只存放基本数据，而由基本数据经过各种计算派生出的数据一般是不存储的。但由于视图中的数据并不实际存储，所以定义视图时可以根据应用的需要，设置一些派生属性列。这些派生属性由于在基本表中并不实际存在，所以有时也称它们为虚拟列。带虚拟列的视图称为带表达式的视图。

**例 2** 定义一个反映业主年龄的视图。

CREATE VIEW AGE_O(Civic_num, O_name, Age)

AS SELECT Civic_num, O_name, 2011-Birth FROM Owner;

由于 AGE_O 视图中的出生年份值是通过一个表达式计算得到的，不是单纯的属性名，所以定义视图时必须明确定义该视图的各个属性列名。AGE_O 视图是一个带表达式的视图。

还可以用带有集函数和 GROUP BY 子句的查询来定义视图，这种视图称为分组视图。

视图也可以由子查询建立，但该视图一旦建立后，子查询所涉及的表就构成了视图定义的一部分，如果以后修改了基本表的结构，则表与视图的映像关系会受到破坏，使视图不能正确工作。为避免出现这类问题，可以采用下列两种方法：

①建立视图时明确指明属性列名，而不是简单地用 SELECT *。这样，如果为基本表增加新列，原视图仍能正常工作，只是新增的列不在视图中而已。

②在修改基本表之后删除原来的视图，然后重建视图。这是最保险的方法。

2. 删除视图

视图建好后，若导出此视图的基本表被删除了，则该视图将失效，但一般不会被自动删除。删除视图通常需要显式地使用 DROP VIEW 语句进行。该语句的格式为：

DROP VIEW〈视图名〉;

一个视图被删除后，由该视图导出的其他视图也将失效，用户应该使用 DROP VIEW 语句将其一一删除。

### 4.4.2　查询视图

视图定义后，用户就可以像对基本表进行查询一样对视图进行查询了。也就是说，对基本表的各种查询操作一般都可以作用于视图。

DBMS 执行对视图的查询时，首先进行有效性检查，检查查询涉及的表、视图等是否在数据库中存在，如果存在，则从数据字典中取出查询涉及的视图的定义，把定义中的子查询和用户对视图的查询结合起来转换成对基本表的查询，然后再执行这个经过修正的查询。将对视图的查询转换为对基本表的查询的过程称为视图的消解(View Resolution)。

视图是定义在基本表上的虚表，它可以和其他基本表一起使用，实现连接查询或嵌套查询。这也就是说，在关系数据库的三级模式结构中，外模式不仅包括视图，而且还可以包括一些基本表。

在一般情况下，视图查询的转换是直截了当的，如 DBMS 对行列子集视图的查询均能进行正确转换。但在有些情况下，如对非行列子集的查询，目前多数关系数据库系统不能直接进行这种转换，查询时就会出现问题。因此对这类视图进行查询应尽量避免视图中的特殊属性出现在查询条件中。

### 4.4.3　更新视图

更新视图包括插入(INSERT)、删除(DELETE)和修改(UPDATE)三类操作。

由于视图是不实际存储数据的虚表，因此对视图的更新，最终要转换为对基本表的更新。为防止用户通过视图对数据进行增、删、改时无意或故意操作不属于视图范围内的基本表数据，可在定义视图时加上 WITH CHECK OPTION 子句，这样在视图上增、删、改数据时，DBMS 会进一步检查视图定义中的条件。若不满足条件，则拒绝执行该操作。

**例 3**　将 1 号街道业主视图 Str1_Student 中身份证号为 422214198709051211 的业主姓

名改为“刘晓兵”。

UPDATE V_ower SET Sname = ‘刘晓兵’ WHERE Civic_num = ’422214198709051211’;

与查询视图类似，DBMS 执行此语句时，首先进行有效性检查，检查所涉及的表、视图等是否在数据库中存在，如果存在，则从数据字典中取出该语句涉及的视图的定义，把定义中的子查询和用户对视图的更新操作结合起来，转换成对基本表的更新，然后再执行这个经过修正的更新操作。转换后的更新语句为：

UPDATE Str1_Student SET Sname = ‘刘晓兵’ WHERE Civic_num = ’42221
4198709051211’AND Str_num = ’1’;

在关系数据库中，并不是所有的视图都是可更新的，因为有些视图的更新不能唯一地有意义地转换成对相应基本表的更新。

一般对所有行列子集视图都可以执行修改和删除元组的操作，如果基本表中所有不允许空值的列都出现在视图中，则也可以对其执行插入操作。除行列子集视图外，还有些视图理论上是可更新的，但它们的确切特征还是尚待研究的课题。另外，还有些视图从理论上是不可更新的。

目前各个关系数据库系统一般都只允许对行列子集视图的更新，而且各个系统对视图的更新还有更进一步的规定。由于各系统实现方法上的差异，这些规定也不尽相同。应该指出的是，不可更新的视图与不允许更新的视图是两个不同的概念。前者指理论上已证明其是不可更新的视图。后者指实际系统中不支持其更新，但它本身有可能是可更新的视图。

### 4.4.4 视图的用途

视图最终是定义在基本表之上的，对视图的一切操作最终也要转换为对基本表的操作。而且对于非行列子集视图进行查询或更新时还有可能出现问题。既然如此，为什么还要定义视图呢？这是因为合理使用视图能够带来许多好处。

1. 视图能够简化用户的操作

视图机制使用户可以将注意力集中在他所关心的数据上。如果这些数据不是直接来自基本表，则可以通过定义视图，使用户眼中的数据库结构简单、清晰，并且可以简化用户的数据查询操作。例如那些定义了若干张表连接的视图，就将表与表之间的连接操作对用户隐蔽起来了。换句话说，也就是用户所做的只是对一个虚表的简单查询，而这个虚表是怎样得来的，用户无需了解。

2. 视图使用户能以多种角度看待同一数据

视图机制能使不同的用户以不同的方式看待同一数据，当许多不同用户使用同一个数据库时，这种灵活性是非常重要的。

3. 视图对重构数据库提供了一定程度的逻辑独立性

数据的物理独立性是指用户和用户程序不依赖于数据库的物理结构。数据的逻辑独立性是指当数据库重构造时，如增加新的关系或对原有关系增加新的字段等，用户和用户程序不会受影响。

在关系数据库中，数据库的重构造往往是不可避免的。重构数据库最常见的是将一个表“垂直”地分成多个表。例如，将业主关系 Owner(Civic_num，O_name，Birth，Str_name，Str_num)分为 OwnerX(Civic_num，O_name，Birth)和 OwnerY(Civic_num，Str_name，Str_num)两个关系，这时原表 Owner 为 OwnerX 表和 OwnerY 表自然连接的结果。如果建立一个视图 Owner：

CREATE VIEW Owner(Civic_num，O_name，Birth，Str_name，Str_num)

AS SELECT OwnerX. Civic_num，OwnerX. O_name，OwnerX. Birth，OwnerY. Str_name，OwnerY. Str_num

FROM OwnerX，OwnerY WHERE OwnerX. Civic_num = OwnerY. Civic_num；

这样尽管数据库的逻辑结构改变了，但应用程序并不必修改，因为新建立的视图定义了用户原来的关系，使用户的外模式保持不变，用户的应用程序通过视图仍然能够查找数据。

当然，视图只能在一定程度上提供数据的逻辑独立性，比如由于对视图的更新是有条件的，因此应用程序中修改数据的语句可能仍会因基本表结构的改变而改变。

4. 视图能够对机密数据提供安全保护

有了视图机制，就可以在设计数据库应用系统时，对不同的用户定义不同的视图，使机密数据不出现在不应看到这些数据的用户视图上，这样就由视图的机制自动提供了对机密数据的安全保护功能。例如，业主表涉及5个业主的信息，可以在其上定义5个视图，每个视图只包含1个业主的信息，并只允许每个业主查询与自己相关的视图。

# 第5章　城市规划空间数据的组织

所有的城市数据中至少有80%的数据与空间有关，因此，空间数据也就成为城市规划信息系统的重要组成。整个城市规划信息系统的建立主要是围绕采集与获取、加工与处理、存储与更新、分析及表现空间数据而展开的。只有了解空间数据的组成、特点与来源，才能认识城市规划信息系统的核心；只有掌握如何在建立或利用城市规划信息系统过程中对空间数据进行高效的组织，才能真正发挥和挖掘计算机技术与信息技术在城市规划应用中的潜能。

目前，中国的城市化发展已进入一个崭新的时期，城市的发展速度、发展规模与发展模式前所未有，这对城市规划的全面工作提出了更高的要求，即在保证科学性、合理性、合法性的前提下，提高规划编制和规划管理的效益、效率和效能，追求速度与质量的统一。而数据库技术的发展、地理信息系统(Geographic Information System，GIS)技术的引入，为该目标的实现提供了可能性，同时，城市规划的应用需求也不断挑战GIS和数据库技术的现状，推动其专业性发展。

## 5.1　城市规划空间数据的内容、特点与获取方法

### 5.1.1　空间数据的内容

空间数据(Spatial Data)，也称地理数据，用来表示物体的位置、形态、大小、分布等各方面的信息，是对现实世界中存在的具有定位意义的事物和现象的定量描述。空间数据实质上是以地球表面位置为参照的自然、社会、经济和人文景观数据的集合，可以是图形、图像、文字、表格和数字等。它由系统的建立者通过数字化仪、扫描仪、键盘等设备输入，是系统程序作用的对象，是GIS所表达的现实世界经过模型抽象的实质性内容。在GIS中，空间数据主要包括：

1. 一个已知坐标系中的位置

几何坐标用来标识地理景观在自然界或某个区域的地图中的空间位置，如经纬度、平面直角坐标、极坐标等。采用不同的空间数据输入方式，获得的空间位置参考会有所不同，比如以数字化仪输入时通常采用数字化仪直角坐标或屏幕直角坐标。

2. 实体间的空间关系

实体间的空间关系实际上是以间接的方式表示地物的相对位置。通常包括：度量关系，如两个地物空间距离的远近；延伸关系(或方位关系)，定义了两个地物间的方位，如铁路位于火车站的东北侧；拓扑关系，是地物或要素之间的连通性或相邻性等关系的统

称，它为地理分析提供了基础，其中包括弧段(线)与节点的连通关系、弧段与多边形(面)的构成关系、多边形与节点的包含关系等。

3. 与几何位置无关的属性

即通常所说的非几何属性，它是经过抽象的概念，通过分类、命名、测量、统计等方法得到，是与地理实体相联系的地理变量或地理意义。属性有定量和定性两种，定量属性如面积、长度、人口数量等，往往表达的是数量或等级；而定性属性包括名称、类型、特征等，如用地性质、建筑权属等。通过这些属性数据，可以了解到关于实体两个方面的内容，即基本特性是什么，属于哪一地物类别和关于它的详细描述信息有哪些。

任何地理实体至少有一个属性，而 GIS 的核心功能之一就是通过针对属性的操作运算实现属性分析、检索和图形的显示。这也使得属性的分类体系、量算指标等对空间数据的组织和对系统的功能有较大的影响。

4. 反映时态特征的属性

任何空间数据都是在某个时刻或时段客观存在的静态数据，因此它也必定与时间要素相联系。这种能反映时态特征的属性是上述属性中最特殊的一种，其特殊性体现在它隐含了空间数据整体可能时刻发生变化的过程。因此，何时记录这些数据、怎样模拟和显示不同时态空间数据的动态变化，已成为发挥地理信息系统更深层次的分析功能的关键。

在 GIS 中经常使用的空间数据至少包括位置和与位置无关的属性这两部分，而是否在空间数据中记录空间关系和记录多少空间关系，则需视不同的 GIS 应用平台而异。

值得说明的是，常见的一种划分数据的方法是把数据分为空间数据(也有称为图形数据的，这种说法对这种分类而言更直观且易于理解)和属性数据两大类。这种分类中的图形数据主要指上述空间数据的前两个部分，而属性数据除了有后两部分外，还包括不与任何图形实体发生联系的、独立存在和使用的那些属性，如经济数据中的国民生产总值。

而这些不与图形相对应的属性并未包含在上述空间数据的内容之中。但这些数据也是同样被记录于数据库中的，与空间数据的属性部分相比，它们的记录方式、确立属性数据间关系的方法都完全相同。

### 5.1.2　空间数据的特点

空间数据描述了现实世界各种现象的三大基本特点：空间、专题与时间。在了解空间数据的内容之后，空间数据的特点就很容易理解，这里只对它们做简要的描述。

1. 空间特点

空间特点是 GIS 或空间信息系统所独有的。空间数据的位置和空间关系共同反映了这一特点。空间位置一般用坐标来描述，同时，实体的形状和大小也可以通过空间坐标来体现。这与在客观世界中认识实体的方式有所不同。例如，对一个矩形实体的描述主要依靠其长度和宽度的大小，而在 GIS 中长度和宽度可能作为矩形的属性出现，实际的位置则通过对角线的至少两个角点的坐标来记录。空间关系则是基于这样一个事实，即定位地物时往往不是记忆它的准确的空间坐标，而是通过比较它与其他地物的方位关系来大致确定地物的位置，并逐步在头脑中形成对一个区域的“认知地图”。在 GIS 中，任何类型的空间关系都是利用坐标计算出来的，可以用文件来存储计算结果；如果不需要对空间数据进行频繁的空间分析，则可在需要时临时获得空间关系。

2. 专题特点

所谓专题，反映的是某一现象的内部特征的全体，不同的专题区别和对应不同的现象。空间数据的这一特点是由属性数据的集合来体现的。例如针对某一城市的各个行政区划单元的人口专题，总人口数、男性人数、女性人数、非农业人口数等属性都是人口数据的子项目，而经济专题则不会涉及所有这些属性，而是与各行政区的国内生产总值、财政收入等有关。这些属性揭示的专题特征并不是GIS所特有的，任何其他与空间无关的信息系统中也存储和处理这些专题数据。

3. 时间特点

空间数据的位置信息和属性信息都可能随时间的变化而变化，只是有的变化相对缓慢而被忽略了，但这并不能否定时间对空间数据的重要性。缺乏时态属性的空间数据不一定是可用的。但如何有效地记录和利用多时态数据在GIS中进行时空分析和动态模拟，仍需要不断研究。

以上三个方面的空间实体的特征可通过对各种现象或实体的测量与处理得到。例如各条道路的宽度可直接用测量工具(如皮尺)测量出来，而某个分区的道路网密度则需要通过计算取得；每条道路的红线坐标需要用较精密的仪器(如全站仪)得到，而道路初建的时间和拓宽的时间则需要时钟和计时器的帮助。

提到度量或测量，就势必与精度相联系。空间数据的定量或定位的精度主要由测量的尺度决定，即采样点的取舍和坐标测量的精确度。虽然GIS没有严格的比例尺概念，但是不同比例尺的空间数据，其空间数据的密度、空间坐标的精确有效位和相应的影像数据的空间分辨率，甚至空间目标的抽象程度肯定有所差别。例如，在GIS中大比例尺的空间数据(如一所小学是一个面状地物)，需要较精确测量其用地范围的各个边界点的坐标，精度可能达到分米；而如果把它放到小比例尺的环境下，就被抽象为点，只要确定其用地多边形的质心点即可，对精度可能没有太高的要求，达到米或十米的级别就可以。对空间数据的定性描述的详尽程度因不同的应用领域或地区而有不同的分类命名的尺度，例如对同一块土地，在总体规划层次和详细规划层次，会分别采用用地分类标准中的中类和小类标识。

因此，在组织一个GIS所需的空间数据之前，既要明确其空间、时间和专题特点，还要考虑其精度要求。

### 5.1.3 城市规划空间数据的内容

1. 城市空间数据的内容

城市规划工作包括城市规划编制(含城市设计)、城市规划管理和城市建设三个方面，具有政策性和技术性的双重特点。由于城市规划的综合性、系统性和复杂性，它既要充分利用来自其他行业领域的各类数据信息，也要利用其自身产生的独特的城市空间数据与信息。城市规划涉及的所有数据与信息是城市空间数据的重要部分。从理想的角度看，城市规划需要城市空间数据整体的服务支持，也就是说，城市空间数据的内容与构成也就是城市规划中空间数据的内容与构成。

目前，城市地理信息系统(UGIS)已经成为城市规划、建设和管理决策不可或缺的支持工具，而“数字城市”的提出则使信息技术在城市中的应用进入了崭新的阶段。无论是数字城市，还是城市地理信息系统，其核心无疑都是数据(尤其是空间数据)和基于网络的数据服务，而高质量的空间数据一直是UGIS建设和应用的瓶颈。随着信息化进程的加快和深入，城市空间数据必然成为被广泛关注的焦点。

2. 城市空间数据的分类

根据空间数据的使用范围、使用频度和具体作用的差异，可以把城市空间数据分为两大类，一类是城市空间基础数据，它是适用于社会各行业和公众的基础数据平台，使用频度高，基础性作用强；另一类是城市空间专业数据，它是在城市空间基础数据的基础上，结合部门的专题、专业应用而产生的专业性强的数据集群。

(1)城市空间基础数据

数字城市可以看做是城市各种信息系统的有机集成与融合，信息的开放和共享是数字城市最重要的特征之一。城市空间基础数据在数字城市中占有非常重要的地位，其基本作用包括三个方面：

①作为观察和研究城市状况的最基本信息。城市空间基础数据组成最基本的城市空间数据集，在许多情况下，这些数据可以对研究和了解城市的基本状况提供信息支持。

②成为各类城市应用系统所需的公用信息。各种城市GIS及相关系统都需要最基本的空间数据集作为基础，这些数据集通常可以从城市空间基础数据中提取。

③作为定位参考基准，供各类用户添加其他与空间位置有关的专题信息。定性、定量和定位分析是城市各种专题应用的核心，包括城市规划。许多专题信息本身并不具有定位特征，而空间基础数据可以为这些应用提供空间定位基准，以满足定位和一些定量处理的要求。

城市空间基础数据是城市空间数据基础设施的重要组成部分，具体包括如下内容：

大地测量控制。大地测量控制为所有地理数据提供共同的标准参考系统。

系列比例尺地形图。系列比例尺地形图是城市规划、市政建设、土地管理和城市管理的基础数据，一般包括1∶500、1∶2000、1∶5000、1∶10000等多种比例尺。具体包括的内容有测量控制点、建筑物、市政设施、桓栅、境界、水系、道路、植被、地貌等。

正射影像图。高分辨率的正射影像图不但直观易读，而且信息量大。随着遥感技术的提高，正射影像图的获取将更方便、快速。

交通。交通数据包括道路交通网络和设施，同时还应包括交通管制等信息。

行政单元。精确到街(乡镇)、街坊(村)的行政区划是进行城市管理、各项地理信息统计分析的重要单元。

地名数据库。地名数据库为空间数据的查询应用提供技术支持。

地政地籍信息。地政地籍信息是进行土地管理的重要基础，具体包括界址点、界址线等界标，行政区域、地籍区的界线，建筑物和永久性构筑物，地类界及保护区界线等地籍要素和地籍权属等信息。

管线信息。管线信息是进行城市规划和城市管理的基础数据，也是进行城市地下空间利用开发的重要依据。管线信息包括城市管线(给水、排水、热力、燃气、电力、电信、工业管道等)的位置与埋深等几何信息以及管材、管径、埋设方式、归属部门、阀门等属性信息。

数字高程。高程是地表空间的重要描述信息，应包括地表高程和水下深度。

岩土工程信息。岩土工程信息描述了地表以下地层分布、土及岩石的构成与物理和力学特性等，是进行项目建设、土地评估及地下空间综合利用的重要依据和基础。

水文信息。水文信息主要包括点状水体、水(河)道、水域及其岸线等信息，它是水环境分析、利用与保护、项目建设的重要基础数据。

其他常用的各类专题数据库。城市空间基础数据还包括一些常用的专题信息，如城市土地利用规划、土地分级等信息，这些可根据城市特点和应用侧重的不同而适当确定。

以上内容对建立城市空间数据基础设施都是必要的，但从来自美国联邦地理数据委员会(FGDC)和美国国家地理信息委员会(NSGIC)的一份调查结果来看，有7类数据更为广泛地被生产、集成、更新、分发和使用，它们分别是地理控制信息、正射影像、交通、行政单元、地籍信息、数字高程、水文信息。因此，选择以上城市空间基础数据的哪些内容视城市和应用要求而定。

(2)城市空间专业数据

任何城市的发展、建设与管理都是由多个部门共同实现的，各部门在其专业领域内完成具体事务的处理，从而形成各自的数据体系。那些与空间有关的数据即为城市空间专业数据。由于城市部门繁多且各部门划分千差万别，难以罗列出城市空间专业数据的全部框架。既然本章讨论的重点是城市规划中的空间数据，那么不妨着重认识和了解城市规划部门及与城市规划紧密相关的主要部门的城市空间专业数据框架。

城市规划往往需要利用和整合相关部门的数据信息，并协调各部门的利益关系，它所关联的城市空间专业数据包括：

土地管理信息：土地管理包括对土地利用的管理和对地籍信息的管理。其中，征用土地、划拨或出让国有土地的工作与规划管理业务流程联系最为紧密，两者需要共享土地使用证的有关信息，以统一土地使用权的归属。以地籍信息为基础的土地价值评价则是城市规划经济分析的重要依据。

房屋管理信息：房屋管理侧重于对房屋产权、产籍的管理，它与土地管理中对城市地产的产权、产籍管理一起，合称为房地产管理。虽然房屋管理与城市规划的关系远不如与土地管理的关系密切，但其包含的房屋权属、用途、价值、结构与质量等信息也是规划决策的参考数据源。

交通数据信息：包括城市道路交通网络、静态交通设施、公交路线、交通管制设施等定位、定量、定性数据，主要为城市交通规划和城市规划中的道路交通系统规划提供分析支持，若结合人的行为活动进行分析还有利于城市用地规划。

园林绿化信息：包括各类园林绿地的覆盖、种植构成和绿地配建标准等信息，是城市规划中对绿地系统进行分析和对生态环境进行评价的依据。

环境保护信息：环境保护数据的主要内容是环境监测数据(包括大气污染物、水污染物、噪声的指标)，也涉及对各种污染源的污染监控与治理状况数据。利用城市环境区划与评价、建设项目环境影响评价的结果，编制城市环境保护规划。

环境卫生信息：环境卫生数据指各种环卫设施的分布与数量、废弃物转运路线与处理场所等数据，是城市规划中环卫工程专项规划的主要数据源。

邮政信息：与邮政机构、邮政设施有关的数据。

电信信息：包括电话线路与设施、移动通信网络、微波通信设施与线路的组织、分布、容量等信息，是城市规划中电信工程专项规划的主要数据源。

电力信息：包括电源与变配电设施、各级供电网络与线路的敷设、配置、接线方式等信息，为规划编制中的电力工程专项规划提供支持。

给水排水信息：包括水厂、取水设施、输水管渠与给水管网、污水处理设施、雨水污水管网的信息，为规划编制中的给水、排水工程专项规划提供支持。

市政工程信息：包括各种管线的管理及管网信息。

其他专业信息：包括经济贸易、工商、教育、文化、卫生、体育、广播电视、文物等部门有关公共服务设施的信息，也涉及人口、气象、勘测、地质、地震、消防、农业、林业等部门的专业信息。

城市规划中产生的城市空间数据有来自规划编制的现状调查信息、规划成果信息和规划管理审批业务中形成的空间信息。这些信息的具体内容将在第 6 章进行详尽的介绍。

需要说明的是，城市空间基础数据的部分内容看起来与专业数据的内容相似，如交通信息、地籍信息、管线信息等，但是，专业数据的详细、复杂和专业程度都超过了相应的只提供一般通用信息的基础数据。例如，在国外城市空间基础数据中，地籍信息可能只局限地提供公共土地的地籍参考信息，而只有从城市空间专业数据层才能得到私有土地的地籍信息。因此，界定哪些专业数据信息可以属于城市空间基础数据，两类数据之间采取怎样的关联方式，都是在建立城市空间基础设施和城市专业 GIS 建库之前应认真思考的问题。

### 5.1.4　城市空间数据的基本特点

与国家基础地理空间数据相比，城市空间数据具有如下特点：

1. 比例尺大，空间分辨率高

城市空间数据表达的是城市内部的基本要素，如建筑物、道路等。它们的尺度很小，要有效地区分和清晰地表达它们，就必须保证足够大的比例尺和足够高的空间分辨率。

就城市规划而言，无论是在规划编制还是规划管理过程中，规划人员经常使用的图纸的比例尺范围在 1∶500 到 1∶25000 之间。其中，1∶25000 比例尺的图件主要用于城镇体系规划的编制，1∶5000 是城市总体规划及适用于总体规划阶段的各项专业规划、表示现状的基本比例尺。对修建性详细规划而言，1∶500、1∶1000 比例尺的图纸用于规划及现状表示是最合适的。规划管理以控规确定的地块为管理单元，而地块面积的基本度量单位往往使用公顷，其工作图纸的比例也较大。类似地，城市规划、建设和管理对遥感影像数据的空间分辨率要求很高，一般不低于 10m。

2. 内容丰富，信息传输效率低

城市构成要素数量、种类众多，因而城市空间数据的内容也极为丰富。使用者通过利用广泛的城市空间数据来获得足够的信息量。由于受到比例尺大和空间分辨率高的限制，加上分析处理的数据种类多，往往那些要传输用于交换使用的数据难以高效压缩，信息传输量巨大，如果没有速度快的信息高速公路的支持，就必然造成信息传输效率低的状况。

3. 信息老化速度快

由于城市各方面变化迅速，各类空间数据和属性数据应具有很强的时效性和现势性。城市化的加速发展，使城市内部的诸多要素处于连续不断的变化之中，这些变化也是现实世界中最为复杂的。在任何时间、任何地点，城市都可能有新建、改造、拆迁等情况发生，如果不及时更新数据，城市空间数据就无法反映现实全部的状态、状况，数据的实用价值也会大打折扣。

4. 数据获取与更新所需时间长，生产费用高

虽然有多种获取与更新城市空间数据的方法，但是它们要么需要投入较多的时间来完成生产，要么获得数据的成本较高。

5. 数据的平面参考系统相互独立、不统一

各城市或部门多使用独立、不统一的平面参考系统，造成不同城市的数据参考基准不一致。不同城市的数据参考基准不同是制约城市空间数据共享的一个重要因素，来自不同城市部门的数据也可能出现使用不一致的坐标系统的情况。实际工作中不注意这一点会导致数据分析和处理的偏差。

### 5.1.5 城市空间数据的获取与更新

城市空间数据的获取是建立城市空间数据库的最初步骤，而数据能否及时、准确地得到补充和更新，也是维持城市空间数据库有效运营和使用的关键。这里将讨论城市空间数据，尤其是与城市规划密切相关的空间数据的获取途径和更新方式。

数据源是指为各类应用(包括建立城市空间数据库)所需的各种类型数据的来源。一般根据数据是否经过加工处理，把数据源分为第一手数据(原始数据)和第二手数据(经过处理加工的数据)。数据源的另一种分类方法是非电子数据和电子数据。大多数的城市空间数据是通过对以基本的数据获取方式得到的第一手数据经过简单或复杂的加工而产生的，属于第二手数据。

1. 空间数据的获取途径

许多城市空间数据来自第一手数据，而第一手数据可通过测量调查、摄影测量、遥感等多种获取途径直接得到。

(1)测量调查

测量调查是传统的空间数据获取手段，也是城市规划的前期工作。按工作内容分，测量调查工作一般包括城市基础测量(如控制测量、地形测量、地下管网测量)、城市工程测量、城市行政测量(如定线测量、建筑物红线定位测量、地籍测量和房产测量等)。目前常用的测量方法有平板测量、全站仪测量和 GPS 测量。

(2)摄影测量

摄影测量在我国基本比例尺测图生产中起着关键作用，我国绝大部分 1∶10000 和 1∶50000基本比例尺地形图使用摄影测量方法。同 GPS 技术一样，在城市空间数据采集的过程中，随着数字摄影测量技术的推广，摄影测量将起到越来越重要的作用。

摄影测量包括航空摄影测量和地面摄影测量，其产品是模拟像片或数字像片，尤其包括正射影像图。航空摄影测量一般采用垂直投影而被较多采用。通过消除原始航空像片上的倾斜误差和投影差，最终得到正射影像图，从而获得地图信息。

(3)遥感技术

遥感就是从遥远处感知，泛指各种非接触的、远距离的探测技术。非接触性是遥感的一大特点。从狭义上讲，现代遥感被定义为：不直接接触有关目标物或现象而能收集信息，并能对其进行分析、解译和分类的技术。具体地讲，遥感主要从远距离、高空或外层空间的平台上，利用可见光、红外、微波等探测仪器，通过摄影或扫描及信息感应、传输和处理，从而识别地面物质的性质和运动状态。

遥感技术是高效的信息采集手段，它获取的遥感数据具有以下特点：

①能取得大面积、综合的信息，并进行大面积的重复性观测；

②能最准确地反映现状信息，得到瞬时静态图像，这对动态变化的现象非常重要；

③速度快，且可以提供更多的空间信息细节；

④数据格式有利于降低数据存储冗余；

⑤能提供各类专题所需要的信息。

基于这些特点，遥感技术能很好地适应城市迅速发展的需要，因而成为目前获取和更新城市信息的最好手段。遥感数据也因此成为城市空间数据信息的重要数据源。

(4)试验观测

试验观测既指对试验过程的数据、现象等的观察和记录，也指利用仪器设备对某一观察对象的变化情况进行测试分析和数据记录。试验观测得到的数据是GIS中不可缺少的数据源，也是城市空间数据的组成部分。例如，某水文站常年对某水系水文情况的观测资料。类似地，还有气象站、环境监测站、交通监测站、交通监控系统的观测数据。对这些数据有针对性地加以分析、统计、处理，而得到新的数据和信息，可以揭示各种研究对象的时空变化规律。如对多路段各类交通流量的记录进行比较、分析，可以了解道路使用的效率、均衡程度和存在的问题，以便及时调整交通管制政策和进行道路网络的改造。

通过上述各种途径获取的原始数据并不能完全适应城市规划及其他应用的要求，需要依靠其他方式转化为可用的第二手数据。典型的处理手段和方法包括地图数字化、遥感图像处理、解析测图等。

2. 空间数据的更新

为了保证城市规划信息系统的生命力，就必须重视数据尤其是空间数据快速、有效的更新。可以说，GIS的生命力将最终取决于其空间数据库的现势性。

GIS系统建立后，具备进行小范围局部更新的可能。虽然可以采用在野外对发生变化的地物进行人工测量，再经数字化后进入GIS系统的办法实现更新的目的，但其作业效率较低。因此，如何自动快速地更新比能否更新更重要。目前空间数据快速更新的有效手段包括遥感技术和GPS测量技术。另外，更多关于空间数据更新机制的研究与3S技术的集成方式有关。

(1)遥感技术用于城市空间数据的更新

遥感技术(RS)，尤其是卫星遥感技术，在获取数据的速度、周期和内容等方面颇具优势，这使它成为城市空间数据更新的最有力手段，遥感数据也成为 GIS 系统重要而稳定的信息源。通过将不同比例和形式的遥感数据及其他数字化信息作为基础数据输入计算机，可建立多层次的城市规划信息系统，再利用遥感数据提高以 GIS 为核心的多种技术集成的信息系统内数据的自动建库与动态更新能力，以合理的成本定期更新 GIS 系统中的地理数据。

RS 与 GIS 的结合具有重要意义，这不仅体现在 GIS 对 RS 数据的依赖方面，还体现在 GIS 为遥感提供空间数据管理和分析的技术支持方面。利用 GIS 的空间数据可以提高遥感数据的分类精度，有效地改善遥感分析。由于分类可信度的提高，又推动了 GIS 中数据快速更新的实现。GIS 中的高程、坡度、坡向、土壤、植被、地质、土地利用等信息是遥感分类经常要用到的数据。另外，RS 与 GIS 的结合可以进一步加强 GIS 的空间分析功能。

(2)GPS 用于城市空间数据的更新

全球卫星定位系统(GPS)作为一种新型的定位数据的采集和更新手段，具有高精度、高效益、全天候、低成本、高灵活性、实时性等特有的优势，可为 GIS 实时更新或修正数据。例如在外业调查中通过 GPS 定位得到的数据输入数据库，可对原有数据进行修正、核实、赋予专题图属性以生成专题图。目前 GPS 地形及地物数据的局部修测、公路数据的采集与更新、边界数据的采集与更新以及周期性数据的采集等方面的应用，都为城市空间数据的更新起到了重要作用。

(3)空间数据转换

空间数据转换的内容主要包括三个方面的信息：其一是空间定位信息(实体的坐标)；其二是空间关系(如一条弧段的起节点、终节点、左多边形、右多边形等)；其三是属性数据。

在国内，随着 GIS 的普及应用，许多单位存在大量已经数字化了的空间数据。在国际上，电子数据产品的生产已分散于专门从事数据生产的私有企业和民间组织。为使数据物尽其用，以提高数据获取和数据生产的效益，人们不断对现有数据进行多次开发，以满足越来越多的用户对各类数据的需求，从而促使了数据的商品化和标准化。空间数据转换作为空间数据获取的手段之一，在城市 GIS 的建设中起着越来越重要的作用。

总之，城市空间数据的获取和应用虽已取得可观的进展，但仍存在不少问题，主要包括：数据种类单调，现势性差，可用性低，全国范围发展不平衡，多数城市用于数据生产和更新的资金投入不足；数据生产和提供的现状仍然不能满足应用的需求。在数据共享上，即使已有空间数据转换的思路和方法，但却存在一方面经常缺乏合适的数据，另一方面已有数据并没有得到充分有效的利用的矛盾，重复性生产时有发生。在数据应用方面，空间数据依然是制约城市 GIS 建设及实际效用发挥的“瓶颈”。

虽然要切实解决城市空间数据建设中存在的问题还有技术性和非技术性的许多环节和因素需要考虑，但可以相信，新的空间数据获取与更新技术的发展、新数据产品的应用、数据共享政策及其实施、国家多尺度空间数据基础设施的建设以及数字城市的建设，必将大大改善我国城市空间数据的状况。到那时，城市规划、建设与管理将不必顾虑空间数据本身的诸多问题，而可以把注意力放到如何应用这些丰富的、高质量的数据方面。

## 5.2　空间数据的组织方法

### 5.2.1　地理实体及其描述

无论是城市 GIS 还是数字城市，都是用数字世界来表示现实世界。由于存在于现实世界的各种地理现象复杂且不能直接移入计算机中，需要通过对它们进行观察、抽象、综合取舍，得到实体目标；然后对实体目标进行定义、编码结构化和模型化，最后以数据形式存入计算机内。因此认识地理实体和对实体进行描述是建立现实世界和数字世界之间联系的必要步骤。

抽象是观察和分析复杂事物和现象的常用手段之一。将地理系统中复杂的地理现象进行抽象得到的地理对象称为地理实体或空间实体、空间目标，简称实体。实体是现实世界中客观存在的并可相互区别的事物。实体可以指个体，也可以指总体，即个体的集合。抽象的程度与研究区域的大小、规模有关，如在一张小比例尺的全国地图中，某个城市被抽象为一个点状实体，抽象程度很大；而在较大比例尺的城市地图上，需要将该城市的街道、房屋等组成要素详尽地表示出来，这时城市则被抽象为一个由简单点、线、面实体组成的庞大复杂的组合实体，其抽象程度较前者而言较小。所以说，实体是一个具有概括性、复杂性、相对意义的概念。

1. 实体的描述和存储

(1)空间实体的描述

通常需要从 7 个方面对地理实体进行描述：

①编码：编码被用来区别不同的实体。不同实体有不同的编码，有时同一个实体也可能具有不同的编码，如上行和下行的火车通常有不同的车次号，它反映了同一实体在时间、方向等特征方面的差异，严格地说，它们是两个“不同”的实体。

②位置：通常用坐标的形式(或其他方式)表示实体的空间位置。

③类型：指明该地理实体属于哪一种实体类型，或由哪些实体类型组成。

④行为：指明该地理实体可以具有哪些行为和功能。

⑤属性：指明该地理实体所对应的非空间信息，如道路的宽度、路面质量、车流量等。

⑥说明：用于说明实体数据的来源、获取的方法、时间和质量等相关的信息。

⑦关系：与其他实体的关系信息。

(2)空间数据的类型

根据空间数据的特点，可以把空间数据归纳为三类。同一实体的不同特征用不同类型的空间数据反映与表达。

①几何数据：描述空间数据的空间特征的数据，也称位置数据、定位数据。即说明“在哪里”，如用(X，Y)坐标来表示。

②属性数据：描述空间数据的属性(专题)特征的数据，也称非几何数据。即说明“是什么”，如类型、等级、名称、状态等。

③关系数据：描述空间数据之间的空间关系的数据，如空间数据的相邻、包含等，主要是指拓扑关系。拓扑关系是一种对空间关系进行明确定义的数学方法。

此外，还有一类数据因其地位、作用的特殊性而单独划分出来，即元数据。元数据是描述数据的数据。在地理空间数据中，它负责说明空间数据的内容、质量、状况和其他有关特征的背景信息，以便数据生产者和用户之间的交流。

根据划分角度的不同，还可将空间数据划分为其他不同的类型，如根据数据来源的不同分为几何图形数据、影像数据、属性数据和地形数据(据郭达志等)；根据表示对象的不同分为类型数据、面域数据、网络数据、样本数据、曲面数据、文本数据、符号数据(据邬伦等)。但是，前一种分类方法最便于理解不同类型的空间数据是如何在计算机中以不同的空间数据结构存储的。

(3)空间数据结构

数据结构即数据组织的形式，是适合于计算机存储、管理、处理的数据逻辑结构。换句话说，它反映了地理数据是以什么形式在计算机中存储和处理的，它是计算机正确处理和用户正确理解的保证。不同类型的数据只有按照一定的数据结构进行组织，并将它们映射到计算机存储器中，才能进行存取、检索、处理和分析。在城市规划信息系统中，数据结构不仅决定了数据操作的效率，而且是实现系统灵活性和通用性的关键。

空间数据结构是空间数据在计算机中的具体组织方式。目前还没有一种统一的数据结构能够同时存储上述各种类型的数据，而是将不同类型的空间数据以不同的数据结构存储(见图 5-2-1)。一般来说，属性数据常用二维关系表格的形式存储；元数据以特定的空间元数据格式存储，而描述地理位置及其空间关系的空间特征数据是 GIS 所特有的数据类型，主要以矢量数据结构和栅格数据结构两种形式存储。

在了解实体的描述、空间数据类型、空间数据结构等概念后，可以理解图 5-2-1 揭示的从实体需要描述的内容到计算机具体如何存储实体的过程。

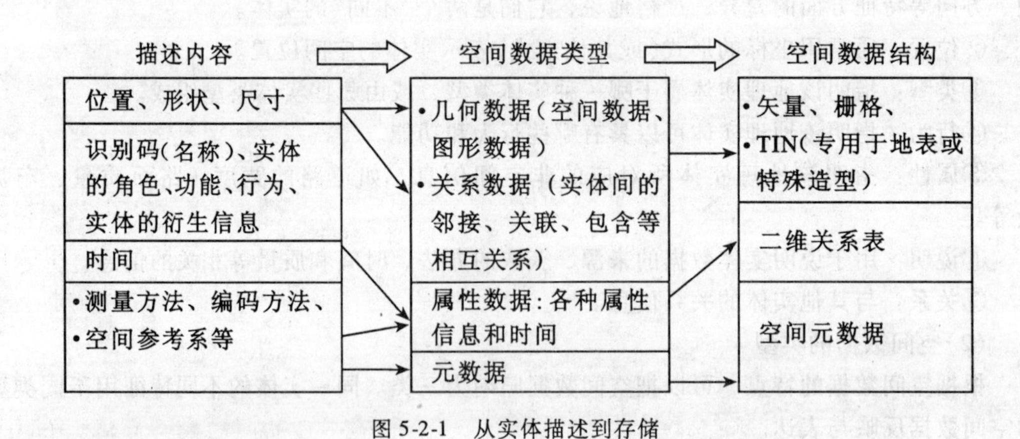


图 5-2-1　从实体描述到存储

2. 实体的空间特征

可用空间维数、空间特征类型和空间类型组合方式说明实体的空间特征。

(1)空间维数

实体有零维、一维、二维、三维之分，对应着不同的空间特征类型：点、线、面、体。在地图中，实体维数的表示可以改变。如一条河流在小比例尺地图上是一条线(单线河)，在大比例尺图上是一个面(双线河)。

(2)空间特征类型

①点状实体：点或节点、点状实体。点是有特定位置，维数为 0 的物体。通常有下列类型的点：实体点、注记点、内点和节点等(图 5-2-2)。

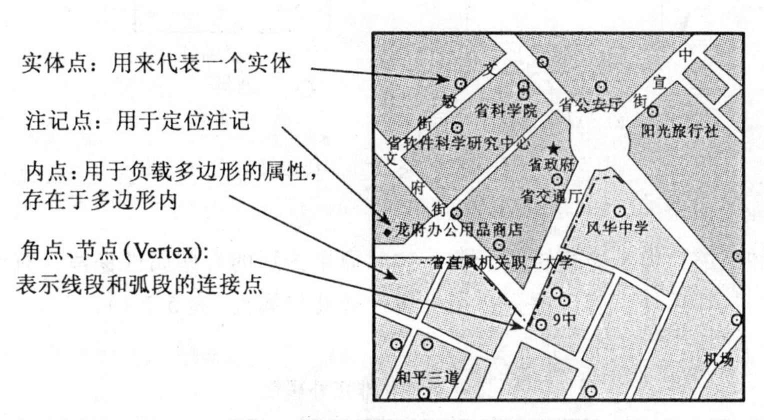


图 5-2-2　地理信息系统中不同类型的点

②线状实体：具有相同属性的点的轨迹，线或折线。它由一系列的有序坐标表示，并具有长度、弯曲度、方向性等特性。线状实体的类型包括线段、边界、链、弧段、网络等。

③面状实体(多边形)：面状实体是对湖泊、岛屿、地块等一类现象的描述，在数据库中由一封闭曲线加内点来表示。它具有面积、范围、周长、独立性或与其他地物相邻、内岛屿或锯齿状外形、重叠性与非重叠性等特性。

④体状实体：用于描述三维空间中的现象与物体。它具有长度、宽度及高度等属性，还一般具有体积、每个二维平面的面积、内岛、断面图与剖面图等空间特征。

(3)实体类型组合

现实世界中的各种现象比较复杂，往往由上述不同的空间类型组合而成，例如根据某些空间类型或几种空间类型的组合将空间问题表达出来(图 5-2-3)。复杂实体由简单实体组合表达。

3. 空间关系

空间关系是指地理空间实体对象之间的空间相互作用关系，包括拓扑空间关系、顺序空间关系和度量空间关系。由于拓扑空间关系对 GIS 查询和分析具有重要意义，在 GIS 中，空间关系一般指拓扑空间关系。

(1)拓扑空间关系

①定义　拓扑关系是一种对空间结构关系进行明确定义的数学方法，是指图形在保持连续状态下变形，但图形关系不变的性质。假设图形绘在一张高质量的橡皮平面上，将橡

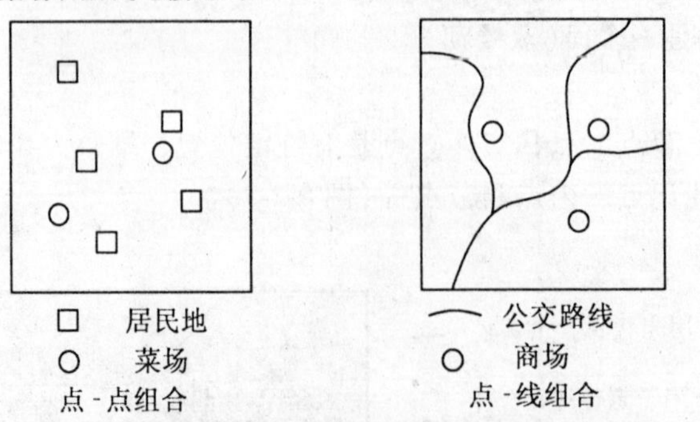


图 5-2-3　不同空间类型组合表达复杂空间问题

皮任意拉伸和压缩，但不能扭转或折叠，这时原来图形的有些属性保留，有些属性发生改变，前者称为拓扑属性，后者称为非拓扑属性或几何属性(表 5-2-1)。

表 5-2-1　**拓扑属性和非拓扑属性**

| 拓扑属性 | 非拓扑属性(几何) |
|---|---|
| 一个点在一条弧段的端点 | 两点间的距离 |
| 一条弧是一简单弧段(自身不相交) | 一点指向另一点的方向 |
| 一个点在一个区域的边界上 | 弧段的长度 |
| 一个点在一个区域的内部/外部 | 一个区域的周长 |
| 一个点在一个环的内/外部 | 一个区域的面积 |
| 一个面是一个简单面 | |
| 一个面的连续性(对面内任意两点从一点可在面的内部走向另一点) | |

②拓扑关系的种类　拓扑空间关系的形式化描述是建立在点集拓扑理论基础之上的，点(节点)、线(链、弧段、边)、面(多边形)三种要素是拓扑元素。它们之间最基本的拓扑关系是关联和邻接，包括点-点、线-线、面-面、点-线、点-面、线-面等形式。

• 邻接：存在于空间图形的同类拓扑元素之间的关系，如点-点，线-线，面-面三种。邻接关系是借助于不同类型的拓扑元素描述的，如多边形通过弧段而邻接。

• 关联：存在于空间图形的不同类拓扑元素之间的关系。如点-线、点-面、线-点、线-面、面-点、面-线 6 种关系。

在 GIS 的空间分析和应用功能中，还可能用到其他拓扑关系，如：

• 包含关系：主要是指面与其他拓扑元素之间的关系。如果点、线、面在某个面的内部，则称为它们被该面包含。如某省行政范围内包含的湖泊、河流等。

• 几何关系：拓扑元素之间的距离关系。如拓扑元素之间距离不超过某一半径的关系。

• 层次关系：相同拓扑元素之间的等级关系。如国家由省（自治区、直辖市）组成，省（自治区、直辖市）由县（市）组成等。

③拓扑关系的表示　在目前的 GIS 中主要表示基本的拓扑关系，而且表示方法不尽相同。在矢量数据结构中拓扑关系可以由图 5-2-4 中的 4 种形式表示。

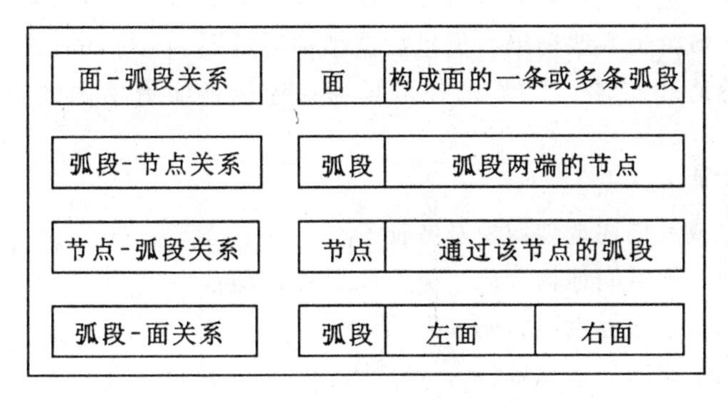


图 5-2-4　矢量数据结构中拓扑关系的表示

（2）顺序空间关系

顺序空间关系描述空间实体之间在空间上的排列次序，如实体之间的前后、左右和东、南、西、北等方位关系。常用方向性名词来描述空间实体间的顺序关系。同拓扑空间关系的形式化描述方式类似，可以按点-点、线-线、面-面、点-线、点-面、线-面等多种组合方式来考虑不同类型的空间实体间的顺序空间关系。

顺序空间关系描述方法包括：

• 点-点：计算两点连线与某一基准方向的夹角即可。

• 点-线、点-面：将线状和面状空间实体视为由它们的中心所形成的点状实体，然后转化为求点状实体间的顺序空间关系，所不同的是要计算点状实体是否落入面状或线状实体之中，如果是这种情况，则不考虑顺序空间关系。

• 线-线、线-面、面-面：描述较复杂。当空间实体之间距离很大时，实体的大小和形状对它们之间的顺序空间关系没有影响，可将其转化为点，其顺序空间关系也就转化为其中心点之间的顺序空间关系。但是，当它们之间的距离较小并且其外接多边形尚未相交时，算法将变得非常复杂，还没有很好的解决办法。

（3）度量空间关系

度量空间关系描述空间实体之间的距离等关系。这种距离关系可定量地描述空间中的某种距离，如 A 实体距离 B 实体 200m；也可以应用与距离概念相关的术语，如“远”、“近”等进行定性描述。

### 5.2.2　矢量数据结构

矢量数据是 GIS 中空间数据的一种常用的表示方法，这种数据结构最适应于空间实体的计算机表达。矢量数据结构则是基于矢量描述方法来表示和处理空间地物特征的一种数据组织方法。它是最常见的图形数据结构，也是一种面向目标的数据组织方式。矢量数据结构由于具有结构紧凑，冗余度低，有利于网络分析、检索等优点，成为GIS主要的数据存储结构之一。

1. 矢量数据概述

矢量方法将地理现象或事物抽象为点、线、面实体，将它们放在特定空间坐标系下进行采样记录。由于矢量方法强调离散现象的存在，其主要思想是将线离散为一串采样点的坐标串，而面状区域由边界线确定。矢量数据结构通过记录坐标的方式尽可能精确地表示点、线、多边形等地理实体，其坐标空间假定为连续，能更精确地定义位置、长度和大小。

矢量数据具有如下特点：

①用离散的线或点描述地理现象及特征

在矢量数据中，把空间地物分成三类空间目标，即：

点——空间的一个坐标点(x，y)；

线——多个点组成的矢量弧段$(x_1, y_1)(x_2, y_2)\cdots(x_n, y_n)$；

面——曲线段组成的多边形。

以城市地图为例，看看地图要素是怎样用矢量数据表示的。当地图比例尺缩小到一定程度时，地图上的某些地物可以看做是一个点，用一对(x，y)坐标表示，如城市中的学校、医院、电影院等；各种独立的地物和标志点也用相同的方式表示。地图上各种线段或线划要素的地物就是线，如城市内的各级别的道路、公路、铁路及地下管线，表达它们需要用一串有序的(x，y)坐标对。此外还包括一些特殊曲线，如等高线等。若曲线的精度很高，则还要用许多很短的直线来逼近。地图中各种面状分布的要素则用一串有序的(x，y)坐标对且首尾坐标相同来表示其轮廓线，例如建筑群、湖泊、土地利用地类等。图5-2-5(b)是用矢量数据形式表示图5-2 5(a)所示的地图。

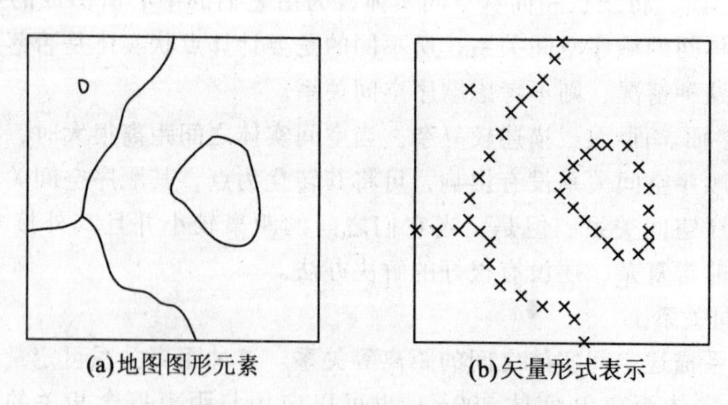

(a)地图图形元素　　(b)矢量形式表示

图5-2-5　用矢量数据表示基本图形

②用拓扑关系描述矢量数据之间的关系

矢量数据结构能以最小存储空间精确地表达地物的几何位置。在实际应用中，往往采用拓扑结构编码。

在矢量数据系统中，常用几何信息描述空间几何位置，用拓扑信息来描述空间的相邻、关联、包含关系，从而清楚地表达空间地物之间的结构。

③面向目标的操作

对矢量数据的操作更多地面向目标，从而在计算长度、面积、形状和图形编辑、几何变换操作中，矢量结构有很高的效率和精度，数据冗余度小，运算量也小。例如，对道路长度的计算和区域面积的量算，分别通过计算道路长度和区域多边形的面积而获得。这样直接根据目标物几何形状用坐标值计算方法，使计算精度大大提高。另外，由于矢量数据是以点坐标为基础记录数据，不仅便于对图形放大、缩小，而且还便于将数据从一个投影系统转换到另一个投影系统。

④数据结构复杂且难以同遥感数据结合

矢量数据系统，不仅难以同数字高程模型(DEM)数据结合，而且也难以同遥感数据结合。这就限制了矢量数据系统的功能和效率。在基于矢量数据结构的 GIS 中，为了解决同遥感数据的结合问题，往往是将矢量数据转绘成栅格数据，完成分析后，根据需要再转换回去。这是矢量数据结构在 GIS 应用中的最大不足。

⑤定位明显、属性隐含，难以处理位置关系

矢量数据的定位是根据地物的取样点坐标直接存储的，而属性则一般存于文件头或数据结构中某些特定的位置上。这种特点使得其图形运算的算法总体上比栅格数据结构要复杂得多，有些甚至难以实现。尤其是判断地物的空间位置关系时，往往需要大量的求交运算。例如将两个时期的土地利用图叠加进行分析时，需要进行多边形的求交运算，产生新多边形，建立新的拓扑关系。

矢量数据可以通过以下几种途径获取：a)利用各种定位仪器设备；b)通过纸质地图或扫描影像进行数字化；c)通过栅格数据或利用已有的数据通过模型运算间接获取。

2. 矢量数据的一般组织方法

在 GIS 中，用矢量数据表示时应考虑三个问题：矢量数据自身的存储和处理；与属性数据的联系；矢量数据之间的空间关系(拓扑关系)。矢量数据的表示方法多种多样，但基本上类似。下面先介绍矢量数据的简单数据结构，关于拓扑数据结构将在后面讨论。

矢量数据的简单数据结构分别按点、线、面三种基本形式来描述(见图 5-2-6)。

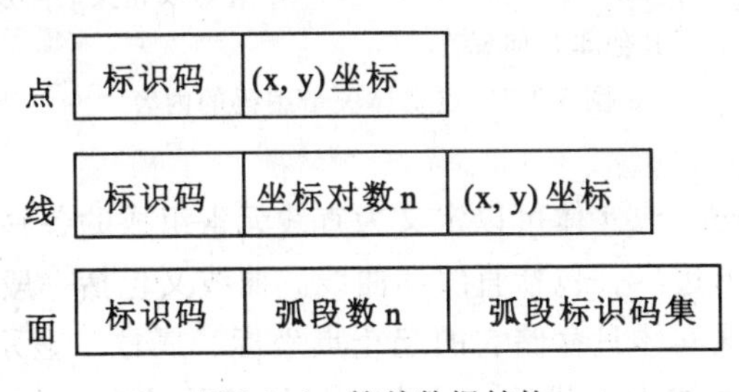


图 5-2-6　简单数据结构

对图中文字的有关说明如下：

①标识码：按一定的编码原则确定，简单情况下可以按顺序编号。标识码具有唯一性，是联系矢量数据和单独存放在数据库中与其对应的属性数据的关键字。

②点结构中的(x，y)坐标：是点实体的定位点的坐标，如果是有向点，则要用两个坐标对来表示。

③线结构中的坐标对数n：是构成该弧段的坐标对的个数。(x，y)坐标串是构成弧段的矢量坐标，共有n对。也可把所有弧段的(x，y)坐标串单独存放，这时只要给出指向该弧段坐标串的首地址指针即可。

④面结构是弧段索引编码的面(多边形)的矢量数据结构，弧段数n指构成该面(多边形)的弧段的数目。弧段标识码集是指所有构成该面(多边形)的弧段的标识码的集合，共有n个。

(1)空间实体的矢量编码

对每类点、线、面而言，有相应的矢量数据结构和编码内容。

①点实体的矢量编码。点实体包括由单独的一对(x，y)坐标定位的地理或制图实体。它是空间上不能再分的地理实体，可以是具体的，如用来描述地图上的各种标志点，像居民点、监控点等；也可以是抽象的，如文本位置点、线段网络的节点等。在矢量数据结构中，除点实体的(x，y)坐标外，还应存储其他一些与点实体有关的数据来描述点实体的类型、制图符号和显示要求等。点的矢量编码的基本内容如图5-2-7所示。

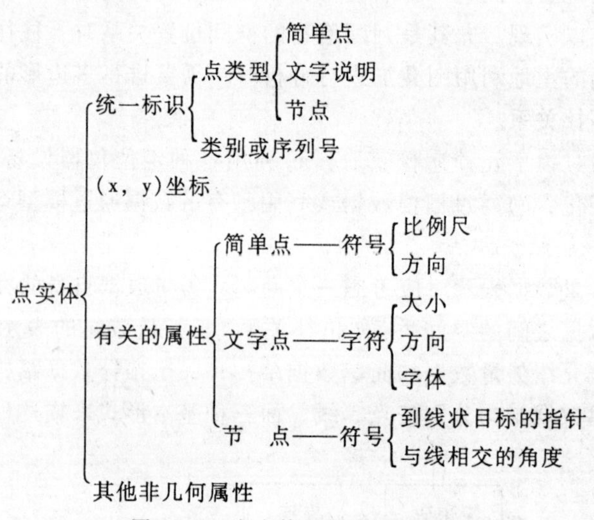


图5-2-7　点实体矢量编码的内容

②线实体的矢量编码。线实体可以定义为直线元素组成的各种线性要素，主要用来表示线状地物符号和多边形边界，包括直线和曲线。曲线又包括一般曲线和封闭曲线，如河流、道路等。最简单的线实体只存储它的起止点坐标、属性、显示符等有关数据。例如，线实体输出时可能用实线或虚线描绘，这类信息属符号信息，它说明了线实体的输出方式。虽然线实体并不是以虚线存储，仍可用虚线输出。图5-2-8说明了线实体的矢量编码的内容。

线实体：
- 唯一标识码
- 线标识码
- 起始点
- 终止点
- 坐标对序列
- 显示信息
- 非几何信息

图 5-2-8　线实体矢量编码的内容

其中唯一标识码是线的特征代码；线标识码表示线的类型；起始点和终止点可用点号或直接用坐标表示；显示信息是显示时的文本或符号等；与线相连的非几何属性可直接存储于线文件中，也可以单独存储且由标识码联结查找。

弧段(链)是 n 个坐标对的集合，这些坐标可以描述任何连续而又复杂的曲线。组成曲线的线元素相距越短，(x，y)坐标数量越多，就越逼近于一条复杂曲线。这里既要考虑节省存储空间，又要求较为精确地描绘曲线，唯一的办法是增加数据处理工作量。即在线实体的记录中加入一个指示字，当启动显示程序时，这个指示字告诉程序：需用数学内插函数(例如样条函数)加密数据点且与原有的点匹配，这样才能在输出设备上得到较精确的曲线，不过，数据内插工作却增加了。弧段的存储记录中也要加入线的符号类型等信息。

简单的弧段没有携带彼此间互相连接的空间信息，而这种连接信息又是给排水网络和道路网络分析中必不可少的信息，因此要在数据结构中建立指针系统才能让计算机在复杂的线网络结构中逐线跟踪每一条线。

指针的建立要以节点为基础。图 5-2-9 说明了节点携带连接信息的线网络矢量数据结构。在建立水网中每条支流之间的连接关系时必须使用这种指针系统。指针系统包括节点指向线的指针、每条从节点发出的线汇于节点处的角度等，从而完整地定义线网络的拓扑关系。

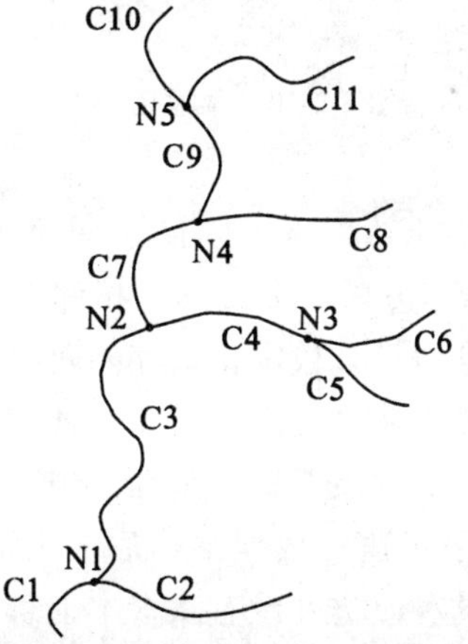

图 5-2-9　节点携带连接信息的线网络矢量数据结构

此类简单的连接结构加入了一些多余数据，增加了存储量。

③面实体的矢量编码。多边形用来描述一块连续的区域，它是描述地理空间信息的最重要的一类数据。在区域实体中，具有名称属性和分类属性的，都用多边形表示，如行政区、城市用地、居民区等；具有标量属性的有时也用等值线描述(如地形、降雨量等)。

多边形矢量编码不但要表示位置和属性，更为重要的是要能表达区域的拓扑性质，如形状、邻域和层次等，以便使这些基本的空间单元可以作为专题图资料进行显示和操作。由于要表达的信息十分丰富，基于多边形的运算多而复杂，因此多边形矢量编码较点实体和线实体的矢量编码要复杂得多。

多边形的矢量编码除要求存储效率外，一般还有如下要求：所表示的各多边形有各自独立的形状，可以计算各自的周长和面积等几何指标；各多边形拓扑关系的记录方式要一致，以便进行空间分析；要明确表示区域的层次，如岛—湖—岛的关系等。因此，它与制图系统仅以显示和制图的目的而设计的编码有很大的不同。

(2)多边形矢量编码的常见方法

多边形常见的矢量编码方法有以下几种。

①坐标序列法。任何点、线、面实体都可以用坐标点(x，y)来表示。这里(x，y)可以对应于地面坐标经度和纬度，也可以对应于数字化时所建立的平面坐标系的(x，y)。早期的 GIS 软件或计算机制图系统常常把多边形(面)的边界看做是线的简单闭合。这种方法的数据结构由多边形标识码及其构成多边形的首尾相接的多对(x，y)坐标串组成。对相邻接的多边形，分别用两组首尾相接坐标对序列来表示，两者的公共边界并不作特殊处理。例如，图 5-2-10 所示的地图图形采用这种数据结构，其编码方式如表 5-2-2 所示。

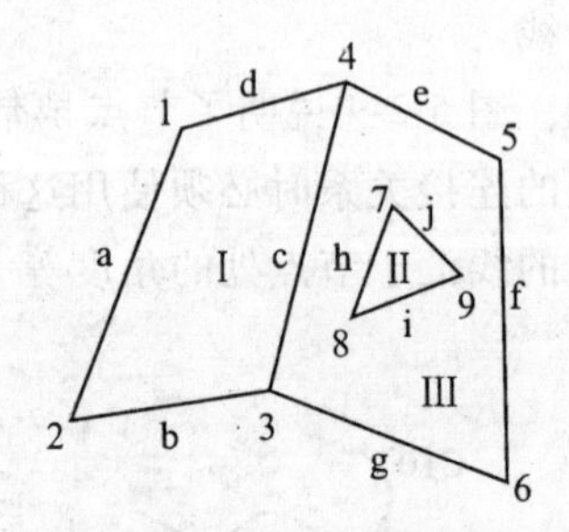


图 5-2-10　某地图图形

这种编码方法的优点是结构简单，易于以目标/事物为单位进行运算和显示等操作；缺点是不能表达实体的拓扑关系(边界与多边形、相邻多边形之间的关系)，不便于分析处理和不易检查拓扑错误；公共边界被数字化和存储两次，数据冗余度大，也给匹配处理带来困难；岛与外包多边形的联系建立困难。因此这种方法主要用于功能简单的系统中。

②改进型坐标序列法。该方法的主要思路是在多边形编码中只记录点号，而不记录各点的坐标对，如针对图 5-2-10 采用这种数据结构后的编码表 5-2-3。与前面的方法相比，可以减少一半的数据冗余。但这种改进并没有从根本上解决问题，也不便于作复杂的查询和分析。

表 5-2-2(a)　坐标序列法编码(多边形)

| 多边形 | 坐标值 |
| --- | --- |
| Ⅰ | $x_{11}$，$y_{11}$<br>$x_{12}$，$y_{12}$<br>$x_{13}$，$y_{13}$<br>$x_{14}$，$y_{14}$<br>$x_{11}$，$y_{11}$ |
| Ⅱ | $x_{23}$，$y_{23}$<br>$x_{24}$，$y_{24}$<br>$x_{25}$，$y_{25}$<br>$x_{26}$，$y_{26}$<br>$x_{23}$，$y_{23}$ |
| Ⅲ | $x_{27}$，$y_{27}$<br>$x_{28}$，$y_{28}$<br>$x_{29}$，$y_{29}$<br>$x_{27}$，$y_{27}$ |

表 5-2-2(b)　坐标序列法编码(点与线)

| 点 | 坐标值 |
| --- | --- |
| 1 | $x_{11}$，$y_{11}$ |
| 2 | $x_{12}$，$y_{12}$ |
| … | … |
| 线 | 坐标值 |
| a | $x_{11}$，$y_{11}$<br>$x_{12}$，$y_{12}$ |
| b | $x_{22}$，$y_{22}$<br>$x_{23}$，$y_{23}$ |
| … | … |

表 5-2-3　改进型坐标序列法编码(点、线、多边形)

| 点 | 坐标值 |
| --- | --- |
| 1 | $x_{11}$，$y_{11}$ |
| 2 | $x_{12}$，$y_{12}$ |
| … | … |
| 线 | 点号 |
| a | 1 |
| b | 2 |
| … | … |
| 多边形 | 点号 |
| Ⅰ | 1<br>2<br>3<br>4<br>1 |
| Ⅱ | 3<br>4<br>5<br>6<br>3 |
| Ⅲ | 7<br>8<br>9<br>7 |

③树状索引编码法。该方法采用树状索引以减少数据冗余并间接增加邻域信息，对所有边界点进行数字化，将坐标对以顺序方式存储，由点索引与边界号相联系，以线索引与各多边形相联系，形成树状结构。由于建立了线索引，一个面(多边形)就可由多条弧段构成，每条弧段的坐标可由弧段的矢量数据结构获取。图 5-2-11(b)和(c)表示了图 5-2-11(a)所示地图图形的多边形文件和线文件树状索引，表 5-2-4、表 5-2-5、表 5-2-6 则是对图 5-2-11 建立的索引编码文件的结构。

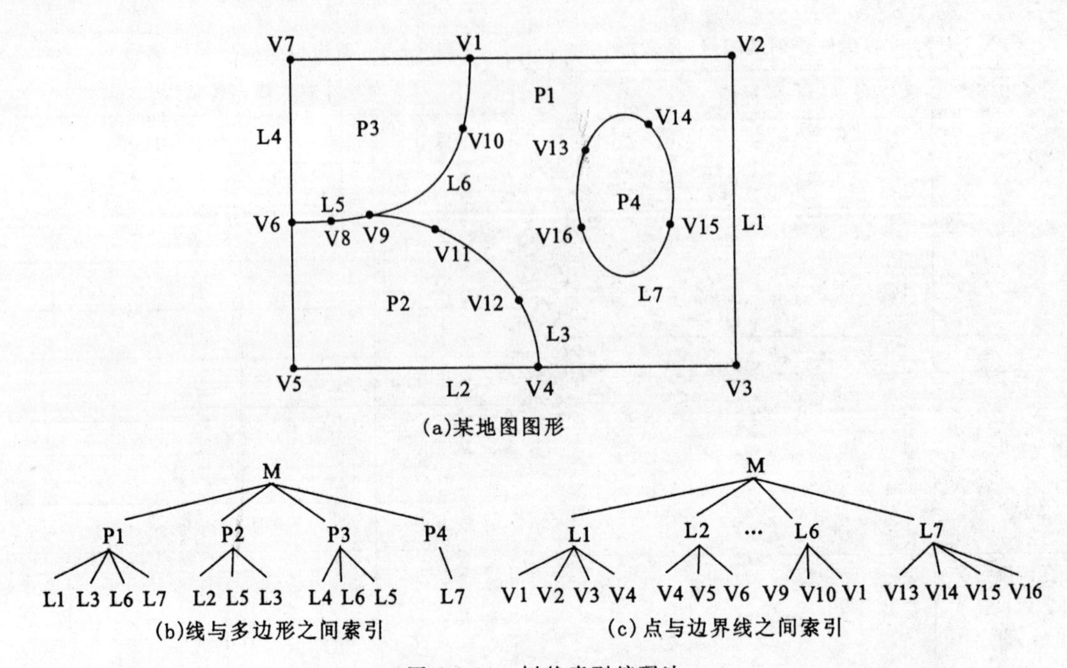


图 5-2-11　树状索引编码法

表 5-2-4　　多边形-弧段索引文件表

| 多边形码 | 弧段数 | 弧段序号字串 |
|---|---|---|
| P1 | 4 | L1，L3，L6，L7 |
| P2 | 3 | L2，L5，L3 |
| P3 | 3 | L4，L6，L5 |
| P4 | 1 | L7 |

表 5-2-5　　弧段—点索引文件表

| 弧段号 | 节点数 | 点号字串 |
|---|---|---|
| L1 | 4 | V1，V2，V3，V4 |
| L2 | 3 | V4，V5，V6 |
| L3 | 4 | V9，V11，V12，V4 |
| L4 | 3 | V6，V7，V1 |
| L5 | 3 | V6，V8，V9 |
| L6 | 3 | V1，V10，V9 |
| L7 | 4 | V13，V14，V15，V16 |

表 5-2-6　　点坐标文件表

| 点号 | 坐标 |
| --- | --- |
| V1 | x1，y1 |
| V2 | x2，y2 |
| V3 | x3，y3 |
| V4 | x4，y4 |
| … | … |
| V15 | x15，y15 |
| V16 | x16，y16 |

树状索引编码法消除了相邻多边形边界的数据冗余和不一致的问题，在简化过于复杂的边界线或合并相邻多边形时可不必改造索引表，但多边形的分解和合并不易进行；邻域信息和岛状信息可以通过对多边形文件的线索引处理得到，但邻域处理比较复杂，需追踪出公共边；在处理“洞”或“岛”之类的多边形嵌套问题时较麻烦，需计算多边形的包含等。而且两个编码表都需要以人工方式建立，工作量大且容易出错。

采用这种编码方法的面实体矢量数据结构具有结构简单、直观、易实现以实体为单位的运算和显示的优点。由于拓扑关系简单，这种数据结构主要用于矢量数据的显示、输出以及一般的查询和检索。

④拓扑结构编码法。要彻底解决邻域和岛状信息处理的问题，必须建立一个完整的拓扑数据结构。这种数据结构借助于数学中拓扑学的原理来描述空间事物，下面将具体讨论它的编码方式和内容。

3. 拓扑数据结构

具有拓扑关系的矢量数据结构就是拓扑数据结构。拓扑数据结构是 GIS 的分析和应用功能所必需的，而且在目前的城市规划信息系统领域中，拓扑结构也是得到最广泛应用的空间数据结构。拓扑数据结构的表示方式没有固定的格式，也没有针对它建立起专门的标准，但基本原理是相同的。

(1)拓扑元素

矢量数据可抽象为点(节点)、线(弧段、链、边)、面(多边形)三种要素，即称为拓扑元素。

点(节点)：孤立点、线的端点、面的首尾点、弧段的连接点等。

线(弧段、链、边)：两节点间的有序弧段。

面(多边形)：若干条弧段构成的闭合多边形。

(2)编码方式

拓扑数据结构的关键是拓扑关系的表示，而几何数据的表示可参照矢量数据的简单数据结构。在 GIS 中，主要表示基本的拓扑关系，而且表示方法不尽相同。以下表示的是图 5-2-12 中地图图形的矢量数据拓扑关系。由于矢量数据结构具有能够完全显式地表达节点、弧段、面之间所有关联关系的优点，因此对图 5-2-12 所示的地图图形，除了可明显地表达从上到下(即面-弧段-节点)的拓扑关系外，还能用关系表列出从下到上(即节点-弧段-面)的关系。表 5-2-7 至表 5-2-10 就显式地表达了全部的拓扑关系，其中前两个表格表达了从上到下的拓扑关系，后两个表格表达了从下到上的拓扑关系。

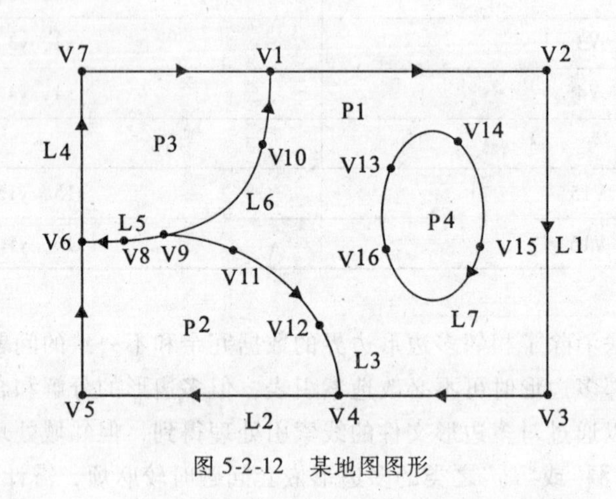


图 5-2-12　某地图图形

表 5-2-7　　面-弧段的拓扑关系 b=b(a)

| 面　块 | 弧　段 |
|---|---|
| P1 | L1，L3，L6，L7 |
| P2 | L2，L5，L3 |
| P3 | L4，L6，L5 |
| P4 | L7 |

表 5-2-8　　弧段-节点的拓扑关系 a=a(n)

| 弧　段 | 节　点 |
|---|---|
| L1 | V1，V2，V3，V4 |
| L2 | V4，V5，V6 |
| L3 | V9，V11，V12，V4 |
| L4 | V6，V7，V1 |
| L5 | V9，V8，V6 |
| L6 | V9，V10，V1 |
| L7 | V13，V14，V15，V16 |

表 5-2-9　　节点-弧段的拓扑关系 n=n(a)

| 节点 | 弧段 | 节点 | 弧段 |
|---|---|---|---|
| V1 | L4，L1，L6 | V9 | L3，L5，L6 |
| V2 | L1 | V10 | L6 |
| V3 | L1 | V11 | L3 |
| V4 | L1，L2，L3 | V12 | L3 |
| V5 | L2 | V13 | L7 |
| V6 | L2，L4，L5 | V14 | L7 |
| V7 | L4 | V15 | L7 |
| V8 | L5 | V16 | L7 |

表 5-2-10　　弧段-面的拓扑关系 a=a(b)

| 弧　段 | 左边面块 | 右边面块 |
|---|---|---|
| L1 | 0 | p1 |
| L2 | 0 | p2 |
| L3 | p1 | p2 |
| L4 | 0 | p3 |
| L5 | p2 | p3 |
| L6 | p3 | p1 |
| L7 | p1 | p4 |

弧段-面关系中 0 为制图区域外部的面，常称为包络多边形。如果弧段是有方向的线，则构成弧段的节点在表格中应按照从起点到终点的顺序排列，相应地，面-弧段关系中用“-”号表示边的方向与构成面的方向相反。

### 5.2.3　栅格数据结构

栅格数据是表示 GIS 中空间数据的另一种方法，它是二维表面上地理数据的离散量化值，很适合于计算机处理。栅格数据结构是以规则的像元阵列来表示空间地物或现象分布的数据结构，其阵列中的每个数据表示地物或现象的属性特征。换句话说，栅格数据结构就是像元阵列，用每个像元的行列号确定位置，用每个像元的值表示实体的类型、等级等的属性编码。

1. 栅格数据概述

与矢量数据相比，栅格数据呈现出不同的特点：

(1)用离散的量化栅格值表示空间实体

栅格数据把真实的地理面假设成平面笛卡儿面来描述地理空间。在每个笛卡儿平面中，用行列值来确定各个栅格元素(Grid Cell)的位置，以栅格元素值来表示空间属性。栅格元素是栅格数据的最小单位。在栅格数据中：

点：用一个栅格元素来表示。

线：用一组相邻的栅格元素来表示。

面(区域)：用相邻栅格单元的集合来表示。

以扫描成图像的城市地图为例，看看地图要素是怎样用栅格数据表示的。某些地物如果其所占的主要区域不超过一个栅格单元，则可视为一个点，点状要素用其中心点所处的单个像元表示；对地图上的各种线段或线划要素，如城市道路，用其中轴线上的像元集合来表达，这种方式对特殊曲线也同样适用；地图中各种面状要素如湖泊，则以它所覆盖的像元集合表示。以图 5-2-13(a)所示的地图图形为例，其栅格数据形式表示为图 5-2-13(b)。

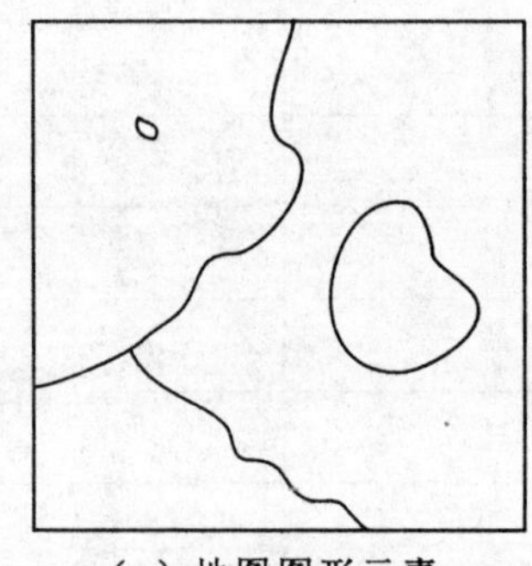

(a) 地图图形元素

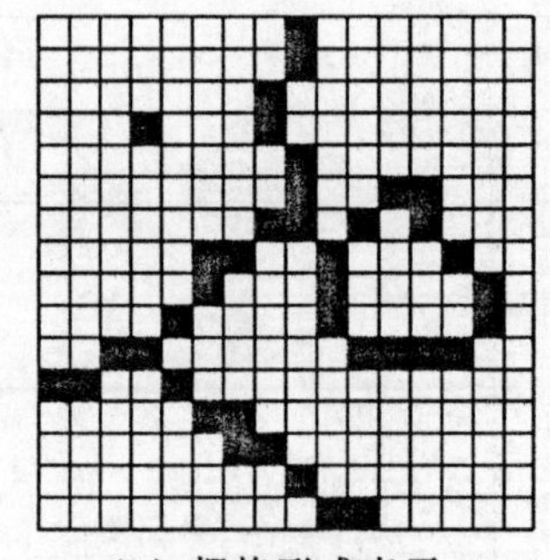

(b) 栅格形式表示

图 5-2-13　用栅格数据表示基本图形

栅格数据在表示某一地区的实体时，实际上是用栅格元素逼近表示。这种描述方法往往是不精确的。例如在描述一居住区域时，居住区边界可能通过某栅格单元的中间，这时栅格单元值仅反映了部分值。显然，描述实体的栅格单元的尺寸越小，系统精度就越高，但相应的数据量就越大。数据量的增加不仅增加了存储器的占用，而且也影响系统分析和处理数据的速度。因此，需合理确定栅格单元尺寸，使建立的栅格数据能有效地反映实体的不规则轮廓。例如可以根据多边形精度要求来确定栅格尺寸，这时每个栅格元素所表示的比例尺为：栅格大小/地表单元大小。

(2)描述区域位置明确，属性明显

栅格数据的位置一般用坐标对(行列数)确定，栅格值可以用单位栅格交点归属法、单元栅格面积占优法、单位栅格长度占优法来描述。图 5-2-14 所示为用栅格阵列及栅格单元属性值表示点、线、面的方法。栅格值的行列表示通常从左上角开始，从上至下、从左至右逐行确定。

| (a)点 | (b)线 | (c)面 |
|---|---|---|
| 0 0 0 0 0 0 0 0 | 0 0 0 0 0 0 0 0 | 0 4 4 7 7 7 7 7 |
| 0 0 0 0 0 0 0 0 | 0 0 0 6 0 0 0 0 | 4 4 4 4 4 7 7 7 |
| 0 0 0 0 2 0 0 0 | 0 6 6 0 6 0 0 0 | 4 4 4 4 8 8 7 7 |
| 0 0 0 0 0 0 0 0 | 0 0 0 0 0 6 0 0 | 0 0 4 8 8 8 7 7 |
| 0 0 0 0 0 0 0 0 | 0 0 0 0 0 6 0 0 | 0 0 8 8 8 8 7 8 |
| 0 0 0 0 0 0 0 0 | 0 0 0 0 0 6 0 0 | 0 0 0 8 8 8 8 8 |
| 0 0 0 0 0 0 0 0 | 0 0 0 0 0 0 6 0 | 0 0 0 0 8 8 8 8 |
| 0 0 0 0 0 0 0 0 | 0 0 0 0 0 0 0 0 | 0 0 0 0 0 8 8 8 |

图5-2-14　点、线、面的栅格表示

上图(a)中数据2表示属性或编码为2的点，其位置由其所在的第3行与第5列交叉得到。图(b)表示一条代码为6的线实体。图(c)表示了3个面实体(也称区域实体)，代码分别为4、7和8。

上述表示方法，每一位置只能表示单一特征，当某一位置需要表示多种特征值时，需要引入图层的概念。如某一地区地形图需要同时描述高程、县界、河流和公路时，在栅格数据表示中需要建立4个栅格数据层，它们分别描述该区域的高程、县界、河流和公路的特性。描述每个图层属性的值，可以是整型数、实型数或字符型数。

(3)数据结构简单，易与遥感结合

栅格数据以阵列(数组)方式来描述空间实体，而栅格行列阵列容易为计算机存储、操作和显示，因此这种结构容易实现，算法简单，并且易于扩充、修改，直观性强。它特别易于同遥感图像交换信息、结合处理，给地理空间数据的分析和处理带来极大的方便。

(4)难以建立地物间拓扑关系

栅格数据是一种面向位置的数据结构。在平面空间上的任意一点都可以直接同某个或某类地物相联系，很难完整建立地物间的拓扑关系。实际上，一类地物或一个目标可能在区域的多处出现，这时只能通过遍历整个栅格矩阵才能得到，这导致栅格数据结构不便于对单目标操作。

(5)图形质量局部存在问题，且数据量大

在栅格数据中，栅格元素是表示地物目标的最基本单位，因此所反映的实体在形态上会出现畸变，在属性上会出现偏差，从而影响图形质量。为了提高图形质量，要尽可能减少单位栅格的尺寸，这样就必然增加栅格数目，从而增加了栅格数据量和数据的冗余度。

建立一个栅格数据结构之前需要明确三个内容：数据来源(即获取数据的途径)、栅格系统的确定和栅格数据代码(属性)的确定。

栅格数据常见的获取方式有4种，分别是：①遥感图像解译；②规则点采样、不规则点采样及插值；③从扫描仪、摄像机等设备获取栅格数据；④由矢量数据转换得到。

栅格系统的确定包括栅格坐标系的确定和栅格单元尺寸的确定(图5-2-15)。由于栅格编码一般用于地方性或区域性 GIS，原点的选择常具有局部性质，但为了便于区域的拼接，栅格系统的起始坐标应与国家基本比例尺地形图公里网的交点相一致，并分别采用公里网的纵横坐标轴作为栅格系统的坐标轴。栅格单元的尺寸确定的原则应是既能有效地逼近空间对象的分布特征，又能减少数据的冗余度。具体可采用保证最小多边形的精度标准来确定单元尺寸的方法。

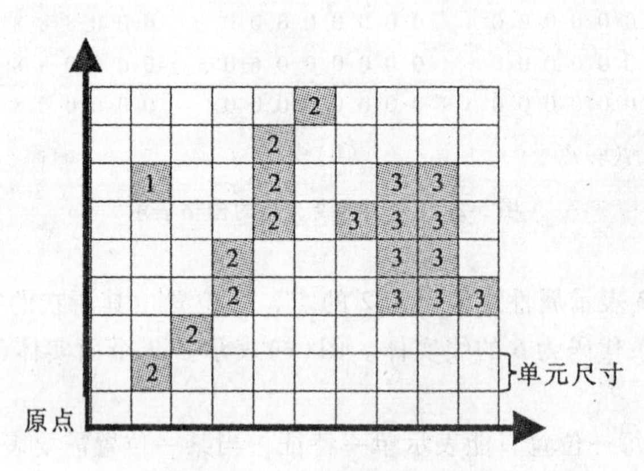


图 5-2-15　栅格系统的确定

栅格数据取值的过程就是确定栅格代码(属性值)的过程。栅格数据的获取必须尽可能保持原图或原始数据的精度；在决定其代码时则尽可能保持地表的真实性，保证最大的信息容量和数据质量。但实际上，一个栅格单元可能对应于实体中几种不同的属性值，这时就有了如何对栅格取值的问题，即必须根据不同的需要，采取几种不同的取值方法来决定栅格单元的代码。这些方法主要有 4 种：中心归属法、长度占优法、面积占优法和重要性法。值得指出的是，这里所说的属性值实际上仅仅是地物的属性编码，还不是目标的具体说明属性，如楼层的高度等。

2. 栅格数据的一般组织方法

由于地理信息具有多维结构，而栅格数据结构中赋予每一个栅格的属性值是唯一的，这就要用多个栅格层数据来存储同一个地理区域的不同层次信息。那么，如何在计算机中合理地组织多层栅格数据以达到最优数据存储、最少存储空间、最短处理过程？假设每一层中每一个像元在数据库中都是独立单元(即数据值)，像元和位置之间存在一一对应的关系，则有三种可能的组织方式(图 5-2-16)。

方法 a：以像元为记录的序列。同一像元位置上把不同栅格层的各个属性值表示为一个列数组。由于 N 层中只记录一层的像元位置(X，Y 坐标或行、列号)，可节约大量的存储空间，尤其在栅格数量较多的情况。

方法 b：以层为基础，每一层又以像元为序记录它的位置和属性，一层记录完后再记录第二层。这种记录方法实际上对每层每个单元一一记录，形式最简单，但需要的存储空间最大。如果以像元数组的行列号隐含坐标，则该方法所需的存储空间也不太大。

方法 c：以层为基础，每一层内以多边形(也称制图单元)为序，记录多边形的属性值和多边形内各像元的坐标。该方法有利于节约存储属性值的空间，因为对同一属性

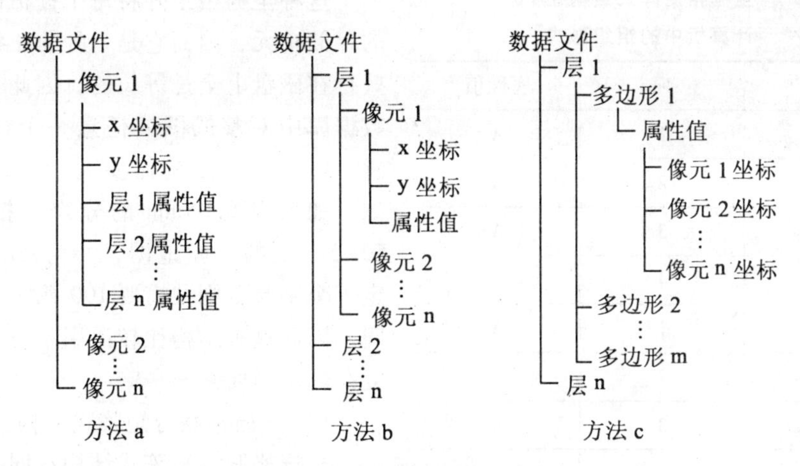


图 5-2-16　栅格数据组织方法

的制图单元的 n 个像元的属性只记录一次，可较方便地进行地图分析和制图处理。

以上三种方法分别对应三种具体的数据结构和编码组织。

(1)全栅格矩阵式结构

全栅格矩阵式结构遵循方法 a 的组织思路，按顺序存放像元的属性值。

当用文件保存一幅栅格地图时，一般需在文件中同时记录地图各像元在矩阵中的位置以及像元的属性值。文件中的数据只能以一维方式记录，而矩阵是二维的。为了能用一维形式记录二维图形，在存储时，将 m×n 像元逐行逐列排序为：

$$a_{11}, \cdots, a_{1n}, a_{21}, \cdots, a_{2n}, \cdots, a_{m1}, \cdots, a_{mn}$$

并记录于数据文件中。这样，就必须在文件某处注明栅格矩阵的尺寸，即长度与宽度，以便在读取数据时能根据该尺寸重新把一维数据流排列成原来的二维矩阵。图形的尺寸通常记录在文件头(Header)中，文件头是有关图像整体的信息数据块。

例如，对于图 5-2-17 所示的原始地图采用这种结构，其在计算机中表示形式如表 5-2-11所示。

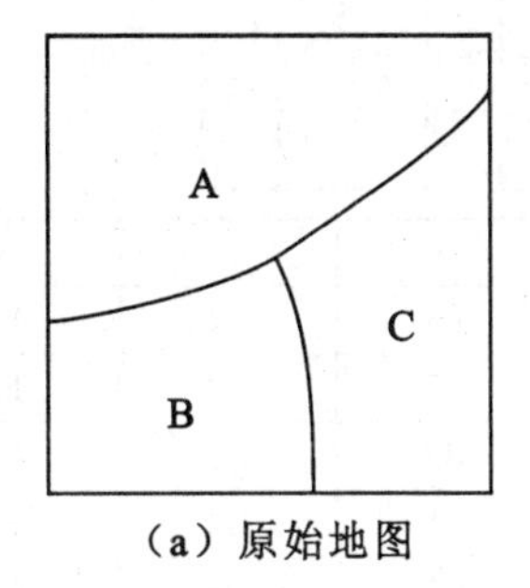


(a) 原始地图

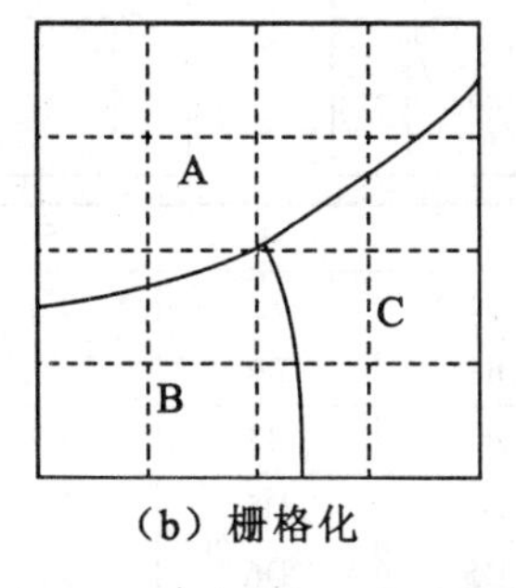


(b) 栅格化

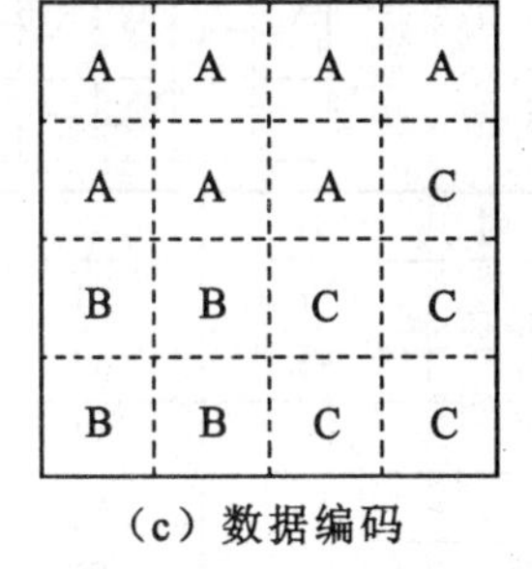


(c) 数据编码

图 5-2-17　全栅格矩阵式结构

表 5-2-11　**全栅格矩阵式结构在计算机中的组织形式**

| 行 | 列 | 属性值 |
|---|---|---|
| 1 | 1 | A |
| 1 | 2 | A |
| 1 | 3 | A |
| 1 | 4 | A |
| 2 | 1 | A |
| 2 | 2 | A |
| 2 | 3 | A |
| 2 | 4 | C |
| 3 | 1 | B |
| 3 | 2 | B |
| 3 | 3 | C |
| 3 | 4 | C |
| 4 | 1 | B |
| 4 | 2 | B |
| 4 | 3 | C |
| 4 | 4 | C |

这种全栅格矩阵将每个栅格都作为基本的存储单元，因而它是一种非压缩格式。这些行在磁盘上全是等长的，因此容易从栅格数据库中对整幅图或任意一个窗口进行检索。但是这种结构需要大量存储空间，例如，如果以 0.05mm 的分辨率扫描幅面为 $50\times50\text{cm}^2$ 的一幅地图，并为每一个像元设定一个字节，则共需要 100 兆字节的存储空间。因此这种结构比较适用于类型变化比较复杂的图形要素。

(2)全栅格联合矩阵式结构

全栅格联合矩阵式结构在同一种网格系统上存储多种要素的空间数据，这样，每个栅格都包含有两种或两种以上的地理属性。显然它与方法 b 的思路是一致的。当进行区域的综合制图或进行图形要素的相关分析时，常常要建立这种全栅格联合矩阵式的数据结构。

例如，对于图 5-2-18 的两个栅格地图 1 和 2，采用这种结构，其表示形式如图 5-2-18 的表所示。

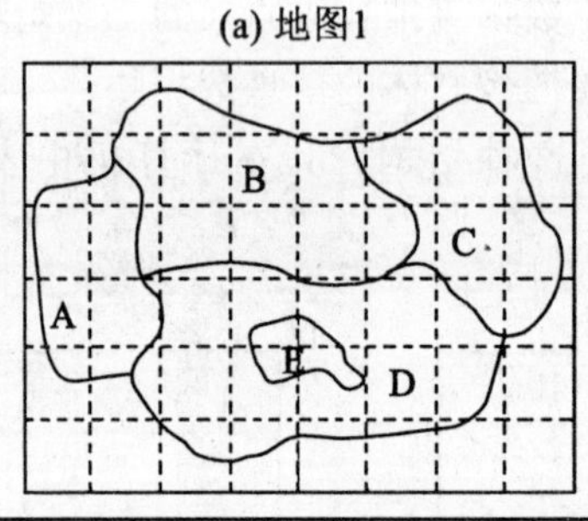

(a) 地图1

(b) 地图2

| 行 \ 列 | 1 | 2 | 3 | 4 | 5 | 6 | 7 | 8 |
|---|---|---|---|---|---|---|---|---|
| 1 | F1 | F1 | B1 | F3 | F3 | F3 | C3 | F3 |
| 2 | F1 | A1 | B1 | B2 | B2 | C3 | C3 | F3 |
| 3 | A1 | A1 | B1 | B2 | B2 | B3 | C3 | C4 |
| 4 | A1 | A5 | D5 | D5 | D5 | D5 | D4 | F4 |
| 5 | F1 | F5 | D5 | D6 | E6 | D5 | D5 | F4 |
| 6 | F5 | F5 | F5 | D5 | E5 | F5 | F5 | F5 |

图 5-2-18　全栅格联合矩阵式编码

(3)分层制图单元坐标序列式结构

基于方法 c 的设想，该结构需要对每一层的制图单元和每一制图单元包含的栅格的坐标进行编码。采用这种结构对上图中的两个栅格地图 1 和 2 进行表示，结果如表 5-2-12 和表 5-2-13 所示。

表 5-2-12　　制图单元分层编码

| 图层编码 | 多边形序列 |
|---|---|
| M1 | P1，P2，P3，P4，P5，P6 |
| M2 | R1，R2，R3，R4，R5，R6 |

表 5-2-13　　制图单元栅格坐标编码

| 多边形 | 属性值 | 栅格坐标序列 |
|---|---|---|
| P1 | A | (2,2),(3,1),(3,2),(4,1),(4,2) |
| P2 | B | (1,3),(2,3),(2,4),(2,5),(3,3),(3,4),(3,5),(3,6),(2,5),(3,3) |
| P3 | C | (1,7),(2,6),(2,7),(3,7),(3,8) |
| P4 | D | (4,3),(4,4),(4,5),(4,6),(4,7),(5,3),(5,4),(5,6),(5,7),(6,4) |
| P5 | E | (5,5),(6,5) |
| P6 | F | (1,1),(1,2),(1,4),(1,5),(1,6),(2,1),(2,8),(4,8),(5,1),(5,2),(5,8),(6,1),(6,2),(6,3),(6,6),(6,7),(6,8) |
| R1 | 1 | (1,1),(1,2),(1,3),(2,1),(2,2),(2,3),(3,1),(3,2),(4,1),(5,1) |
| … | … | … |
| R6 | 6 | (5,4),(5,5) |

3. *栅格数据的压缩编码方法*

栅格数据的数据量比较大，因此需要考虑数据的压缩和编码。编码方案的选择既要考虑使数据量尽可能小，又要使解码方便，更主要的是还要便于分析处理时进行操作运算。

根据是否对数据进行压缩，把栅格的编码方法分为两大类：直接编码法和压缩编码法。直接编码法是最简单和直观的栅格数据编码法。这种编码法也称矩阵法，前述的全栅格矩阵式结构就是采用直接编码法。直接编码法对栅格图从左上角开始逐行逐列地存储数字化代码，其顺序可以是逐行从左到右记录，也可以按奇数行从左到右、偶数行从右到左记录；对于某些情况还可以采用特殊的存储顺序。栅格数据这样的编码方法能够反映栅格数据的逻辑模型，通常称这种编码的图像文件为栅格文件或格网文件。对图 5-2-19 所示的区域采用直接栅格编码法得到的文件结构如表 5-2-14 所示。

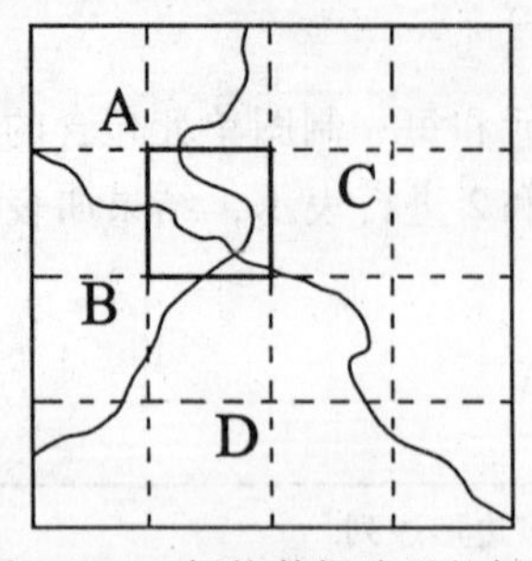


图 5-2-19　栅格数据编码的例子

表 5-2-14　**直接栅格编码文件**

| 行号 | 栅格值 | | | |
|---|---|---|---|---|
| 1 | A | A | C | C |
| 2 | B | A | C | C |
| 3 | B | D | D | C |
| 4 | D | D | D | D |

用直接编码法存储栅格数据时，在阵列中存在大量相同属性的数据，这意味着栅格数据的存储量可以大大压缩。基于这一点出现了不同类型的栅格数据压缩编码方法，如游程(行程)编码、链码、块码和四叉树编码等。既然压缩编码的目的是用尽可能少的数据量记录尽可能多的信息，压缩编码可能会损失信息。因此，压缩编码又有信息无损编码和信息有损编码之分。信息无损编码是指编码过程中没有任何信息损失，通过解码操作可以完全恢复原来的信息。信息有损编码是指为了提高编码效率，最大限度地压缩数据，在压缩过程中损失一部分相对不太重要的信息，解码时这部分信息难以恢复。在 GIS 中，大多数情况下采用信息无损编码，而对原始遥感影像进行压缩编码时，有时也采取有损压缩编码。

(1)游程(行程)编码

游程编码，也称行程编码，是栅格数据压缩的重要编码方法。它的基本思路是：对于一幅栅格图像，常常有行(或列)方向上相邻的若干点具有相同的属性代码，因而可采取某种方法压缩那些重复的记录内容。为了考虑数据压缩并顾及数据访问的效率，游程编码以行为单位，将栅格矩阵中的属性相同的连续栅格视为一个游程。根据每个游程的数据结构(编码方式)的不同又分为游程终止编码和游程长度编码。

不管是游程终止编码还是游程长度编码，其实质是把栅格矩阵中行序列 $x_1$，$x_2$，…，$x_n$映射成整数对元素序列。因此，一维游程编码方式为($g_k$，$l_k$)。在游程终止编码中 $g_k$表示栅格元素属性值，$l_k$表示游程终止点列号；在游程长度编码中，$g_k$表示栅格元素的属性值，$l_k$表示游程的连续长度，其中 $k=1，2，3，…，m(m<n)$。

例如，图 5-2-20 所示的栅格数据编码采用两种游程编码方法的结果如表 5-2-15 和表 5-2-16 所示。

表 5-2-15　**游程终止编码表**

| |
|---|
| (A，6) |
| (A，5)，(C，6) |
| (A，3)，(C，6) |
| (A，1)，(B，3)，(C，6) |
| (B，4)，(C，6) |
| (B，4)，(C，6) |

表 5-2-16　**游程长度编码表**

| |
|---|
| (A，6) |
| (A，5)，(C，1) |
| (A，3)，(C，3) |
| (A，1)，(B，2)，(C，3) |
| (B，4)，(C，2) |
| (B，4)，(C，2) |

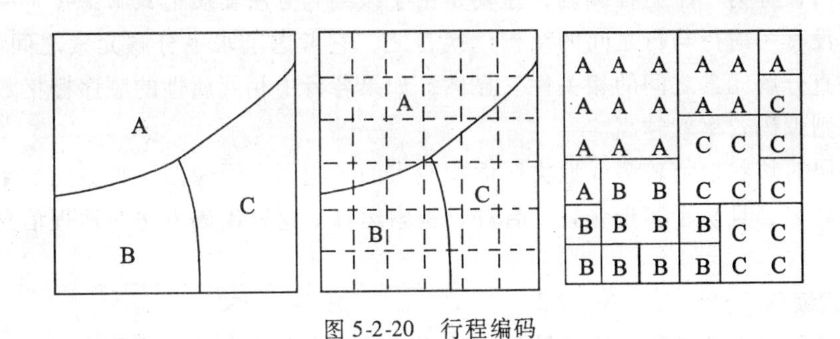


图 5-2-20　行程编码

表 5-2-15 所示的第四行，(A，1)表示属性值为 A 的栅格终止点为第一列，(B，3)表示属性值为 B 的栅格终止点为第三列，(C，6)表示属性值为 C 的栅格终止点为第六列。因此，从游程终止值可容易计算出每个属性值所占的栅格数。此处属性值为 C 的栅格数为 6-3=3，依此类推。

表 5-2-16 所示的第四行，(A，1)表示属性值为 A 的栅格点有一个，(B，2)表示属性值为 B 的栅格点数为 2，(C，3)表示属性值为 C 的栅格点数为 3。从游程长度值可计算出对应每个属性值的连续栅格的起始列和终止列，上表第四行属性值为 C 的起始栅格在第 1+2+1=4列，终止栅格在第 1+2+3=6 列，而该行总栅格点数为 1+2+3=6。

以上的编码都是逐行记录编码结果，但如果要完整地表达栅格数据的内容，则要记录栅格值、长度(或终止点列号)和行号。对应于表 5-2-16，得到如表 5-2-17 所示的数据记录。

表 5-2-17　**游程长度编码数据记录**

| 栅格属性值 | 长度 | 行号 |
|---|---|---|
| A | 6 | 1 |
| A | 5 | 2 |
| C | 1 | 2 |
| A | 3 | 3 |
| C | 3 | 3 |
| A | 1 | 4 |
| B | 2 | 4 |
| C | 3 | 4 |
| B | 4 | 5 |
| C | 2 | 5 |
| B | 4 | 6 |
| C | 2 | 6 |

游程编码被称为一维游程编码，主要是由于该编码方法实质上只考虑了每一行的数据结构，而并没有考虑行与行之间的结构。换言之，它考虑了水平分解元素之间的相关性，而未考虑垂直分解元素之间的相关性。显然，如果各行中相同属性的顺序栅格数越多，即游程越长，则编码效率就越高。

游程编码对块状地物较多或地类区面积较大的专题图及影像图，数据压缩率较高，节省的空间也越多，且易于实现叠置、合并、检索运算，这种编码方法在地理信息系统中应用很广。

(2)链式编码

链码又称为弗里曼链码或边界链码，适用于对曲线和边界进行编码。它基于8邻域的思想，利用8个方向码来编码线划图，使任一条曲线或边界都可以用某一原点开始的矢量链来表示。从理论上讲，假设一曲线或边界中间有一点(i, j)，则其相邻的栅格点必然在它的8个邻域上(如图5-2-21(a))。这8个方向可以定义为东(E=0)，东南(SE=1)，南(S=2)，西南(SW=3)，西(W=4)，西北(NW=5)，北(N=6)以及东北(NE=7)。8个方向上的坐标增量如图5-2-21(b)所示。

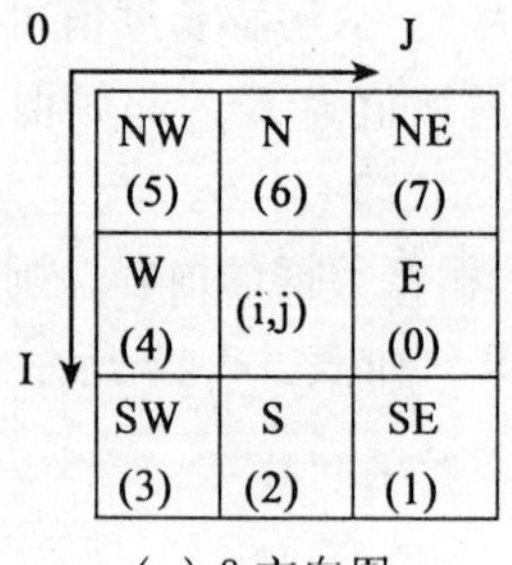


(a) 8方向图

| 方向 | E | SE | S | SW | W | NW | N | NE |
|---|---|---|---|---|---|---|---|---|
| 编号 | 0 | 1 | 2 | 3 | 4 | 5 | 6 | 7 |
| i坐标增量 | 0 | 1 | 1 | 1 | 0 | −1 | −1 | −1 |
| j坐标增量 | 1 | 1 | 0 | −1 | −1 | −1 | 0 | 1 |

(b) 方向增量表

图5-2-21　链码的取值

即假设一点的坐标为(i, j)，则其邻域坐标，东为(i, j+1)，东南为(i+1, j+1)，南为(i+1, j)，西南为(i+1, j−1)，西为(i, j−1)，西北为(i−1, j−1)，北为(i−1, j)，东北为(i−1, j)。因此，对连续线上的一个已知点，只要搜索8个方向，总可找到它的后续栅格点，并可用图5-2-21(a)所定方向代码来表示。反之，已知所定点的方向代码亦可知道其前趋点的坐标位置。

具体编码过程为：首先自上而下、从左至右寻找起始点(即值不为零且没有被记录过的点)，记下该地物的属性代码及起点的行列数。然后按顺时针方向寻找相邻的等值点，并按八个方向进行编码。对于已经被记录过的栅格单元，可将其属性代码置为零。如果遇到不能闭合的线段，结束后可返回到起始点，重新开始寻找下一个线段。

例如，图5-2-22中的线状地物是高程为100m的等值线，标号为#1，从点A到点B沿曲线延伸方向用链式编码表示为：(2, 2, 2, 2, 0, 1, 1, 0, 0, 7)。其中前两个数字2和3表示起点为第2行第3列，从第3个数字表示单位矢量的方向，8个方向用0−7的整数代表。把这8个代码的边同A点的(x、y)坐标(即I, J号)一起记录下来，就可完整准确地再现这条曲线。

链式编码的优点是具有很强的数据压缩率，而且便于计算长度、面积，便于表示图形的凹凸部分，易于存储图形数据。缺点是难于实现叠置运算，不便于对边界进行合并和插入等编辑修改操作，对区域按边界存储，相邻区域的相邻线段会重复存储，使数据冗余。

(3)块式编码

块码是游程编码扩展到二维的情况，它以正方形区域为单元对块状地物的栅格数据进行编码，其实质是把栅格阵列中同一属性方形区域各单元映射成一个单元序列。

块码的编码方式为：行号、列号、半径、代码。行号和列号表示正方形区域左上角栅格元素所在行号及列号；半径表示正方形区域行(或列)方向的栅格元素数；代码表示该正方形区域的属性值。

以图 5-2-20 所示的矩阵为例，对其进行块式编码，所得编码结果如表 5-2-18 所示。

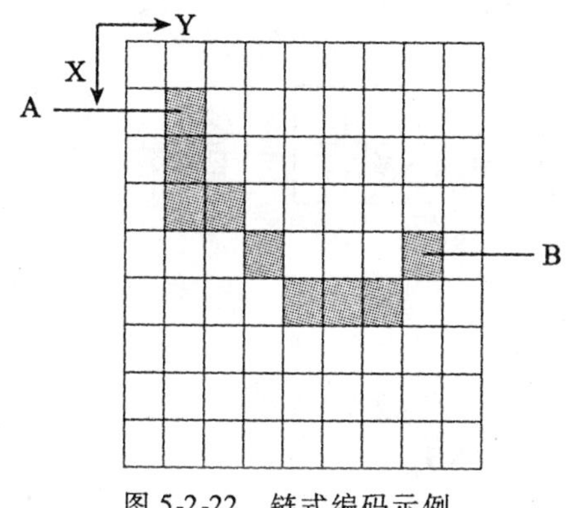


图 5-2-22　链式编码示例

表 5-2-18　　块码表

| 块码 |
| --- |
| (1,1,3,A),(1,4,2,A),(1,6,1,A) |
| (2,6,1,C) |
| (3,4,2,C),(3,6,1,C) |
| (4,1,1,A),(4,2,2,B),(4,6,1,C) |
| (5,1,1,B),(5,4,1,B),(5,5,2,C) |
| (6,1,1,B),(6,2,1,B),(6,3,1,B),(6,4,1,B) |

从表 5-2-18 可知，图 5-2-20 的栅格数据可用 11 个 1 单位方块，4 个 2 单位方块及 1 个 3 单位方块来描述。

若一个面状地物所能包含的正方形越大，多边形边界越简单，块码的效率就越高。块码在进行计算面积、检索图形延伸性及合并插入等操作时具有明显的优越性，但有时不便于运算。另外，它同游程编码一样，对图形比较小且多边形边界复杂的图形，数据压缩效率低。

(4)四叉树编码

20 世纪 80 年代以来，人们对四叉树编码在图像分割、数据压缩、地理信息系统等方面进行了大量研究，对四叉树数据结构提出了许多编码方案，包括基于常规四叉树和线性四叉树编码两种。常规四叉树常用指针来实现，所占的内外存空间比较大，难以达到数据压缩的目的。在地理信息系统中或图像分割中多采用线性四叉树，它不需要记录中间节点和使用指针，仅记录叶节点，并用地址码表示叶节点的位置，因而广泛用于数据压缩和城市规划信息系统中的数据结构。线性四叉树的编码又有三种常用方式：基于深度和层次码的线性四叉树编码，基于四进制的线性四叉树编码($M_0$)和基于十进制的线性四叉树编码($M_D$码)，它们分别有不同的特点。由于四叉树编码涉及内容较为复杂，也有较多的对其进行全面介绍的专业书籍，在此只对常规四叉树加以简要介绍，而不赘述关于线性四叉树的编码方法。

四叉树又称四元树或四分树，是最有效的栅格数据压缩编码方法之一。四叉树编码的基本思想是首先把一幅图像或一幅栅格地图($2^n \times 2^n$，n>1)等分成4部分。逐块检查其栅格值，若每个子区中所有栅格都含有相同值，则该子区不再往下分割；否则，将该区域再分割成4个子区域，如此递归地分割，直到每个子块都含有相同的灰度或属性值为止。这样的数据组织称为自上往下的常规四叉树。四叉树也可自下而上地建立。这时，从底层开始对每个栅格数据的值进行检测，对具有相同灰度或属性的四等份的子区进行合并，如此递归向上合并。

图5-2-23表示了四叉树的分解过程。图中对$2^3 \times 2^3$的栅格图，利用自上而下的方法表示了寻找栅格A的过程。

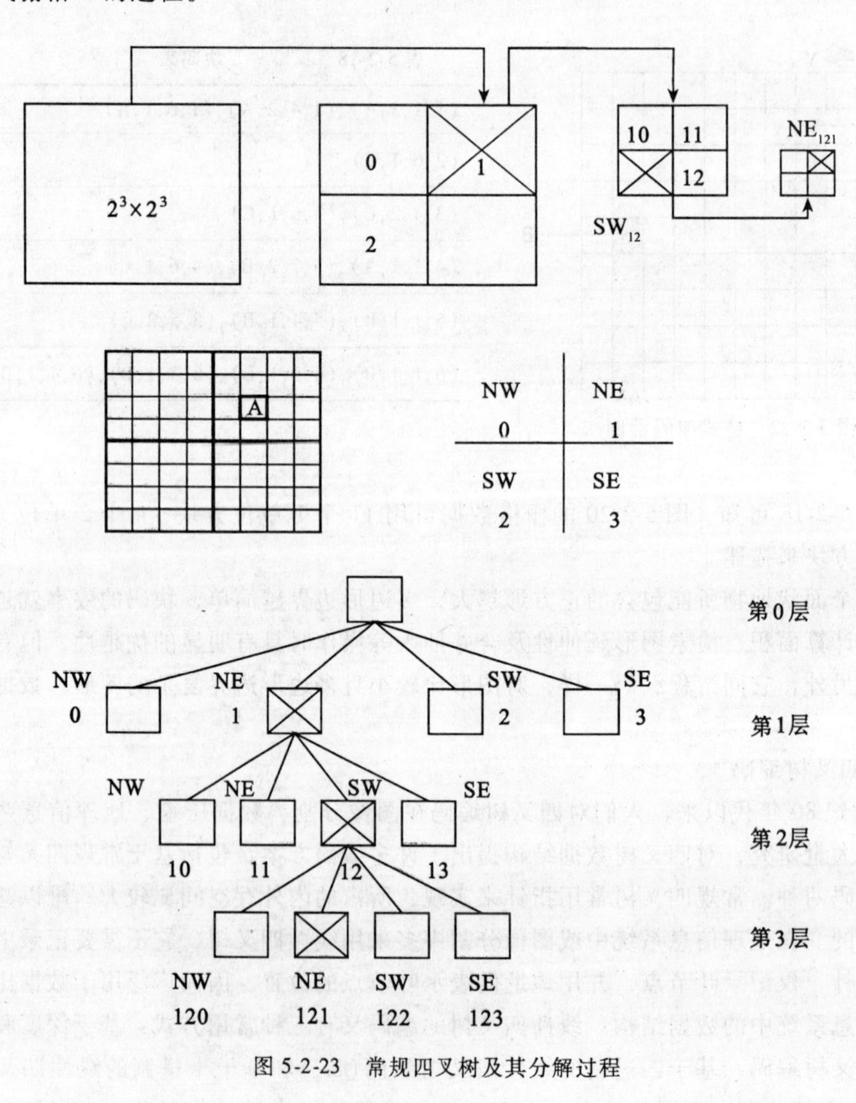


图5-2-23 常规四叉树及其分解过程

从四叉树的特点可知，一幅 $2^N \times 2^N$ 栅格阵列图，具有的最大深度数为 N，可能具有的层次为 0，1，2，3，…，N。

每层的栅格宽度，即为每层边长上包含的最大栅格数，反映了所在叶节点表示的正方形集合的大小。其值为：$2^{(\text{最大深度}-\text{当前层次})}$。

例如：一幅 $2^3 \times 2^3$ 的栅格阵列，它具有的最大深度为 3。可能层次分别为 0，1，2，3。其：

第 0 层边长上的最大栅格数为 $2^3-0=8$；

第 1 层边长上的最大栅格数为 $2^{3-1}=4$；

第 2 层边长上的最大栅格数为 $2^{3-2}=2$；

第 3 层边长上的最大栅格数为 $2^{3-3}=1$。当栅格阵列为非 $2^N \times 2^N$ 时，为了便于进行四叉树编码，可适当增加一部分零，使其满足 $2^N \times 2^N$。

除此之外，目前还有采用无边界游程编码、八叉树编码等方式。

4. 几种编码方法的比较

一般来说，对数据的压缩是以增加运算时间为代价的。在这里时间与存储空间是相互矛盾的，为了更有效地利用空间资源，减少数据冗余，不得不花费运算时间进行编码以及为复杂的图形运算。一般好的压缩编码方法是要在尽可能减少运算时间的基础上达到最大的数据压缩效率，并且使算法适应性强，易于实现。

行程编码既可以在很大程度上压缩数据，又可以最大限度地保留原始栅格结构，编码解码十分容易，十分适合于城市规划信息系统采用；霍夫曼编码的压缩效率较高，已接近矢量结构，对边界的运算也比较方便，但不具有区域的性质，区域运算困难；四叉树具有区域性质，又具有可变的分辨率，具有较高的压缩效率，四叉树编码可以直接进行大量图形图像运算，效率较高。它的缺点是建立树状数据结构比较复杂，如果地图所反映的事物经常变化，多边形的边界经常更改，那么每次都要刷新四叉树结构，会耗费较多的计算时间。另一方面，如果地图上的多边形很零碎而分辨率又要求不很高，则简单栅格结构可能比四叉树编码、行程编码更节省存储空间，且叠合分析也较方便。

### 5.2.4　空间数据的一体化组织方法

1. 矢量数据结构与栅格数据结构的比较

由于两种数据结构各有长处与不足，目前使用的地理信息系统都采用了栅格数据结构和矢量数据结构。栅格结构“属性明显、位置隐含”，而矢量结构“位置明显、属性隐含”；栅格数据操作总的来说比较容易实现，但要提高表达精度，就需要更多的栅格单元数据，易于造成冗余问题；而矢量数据操作则比较复杂，许多分析操作用矢量结构实现比较困难，但它的数据表达精度较高，工作效率也较高。两种数据结构的优缺点比较见表5-2-19。

表 5-2-19　　矢量数据结构与栅格数据结构的比较

| 数据结构类型 | 优　点 | 缺　点 |
| --- | --- | --- |
| 矢量数据结构 | 1. 数据结构紧凑，冗余度低，数据量小。<br>2. 便于描述拓扑关系和进行网络分析。<br>3. 图形显示质量好、精度高，输出精美。<br>4. 便于面向对象的数字表示，属性编码和属性描述信息都便于表达和记录。 | 1. 数据结构复杂，各自定义，不便于数据标准化和规范化，数据交换困难。<br>2. 多边形叠加分析比较困难。<br>3. 缺乏同遥感数据及数字地形模型结合的能力，数学模拟比较困难。<br>4. 对硬软件技术要求高。 |
| 栅格数据结构 | 1. 数据结构简单。<br>2. 便于空间分析和地理现象的模拟。<br>3. 易于与遥感数据结合。<br>4. 输出快速，成本低廉。 | 1. 图形数据量大。<br>2. 用大像元减少数据量时，精度和信息量受损失。<br>3. 图形投影转换比较难且耗时。<br>4. 图形显示质量差，输出不精美。<br>5. 难以表示空间的拓扑关系。 |

实践证明，栅格数据结构和矢量数据结构在表示空间数据上可以是同样有效的。对于建立一个 GIS 系统，目前较为理想的方案是采用两种数据结构，这对于提高 GIS 的空间分辨率、数据压缩率和增强系统分析、输入输出的灵活性十分重要。当今大多数 GIS 软件以矢量数据结构为主，也提供对栅格数据结构的支持，用户可以根据具体的应用目的和应用对象的特点选择合适的数据结构。

一般来说，进行大范围小比例尺的自然资源、环境、农业、林业、地质等区域问题的研究，城市总体规划阶段的战略性布局研究，以及涉及遥感图像处理与集成、数字地形模型、空间模拟运算(如污染扩散)等应用时，栅格数据结构比较合适。而在城市的分区或详细城市规划、交通、土地管理、公用事业管理(如各种公共服务设施)方面的应用，则选择以矢量数据结构为主比较合适。当然，在另外一些领域中也可以把这两种数据结构结合起来使用，通过矢量和栅格数据之间的相互转换，同时显示两种形式的数据等。

随着 GIS 与 RS 技术的广泛结合，地图数据和图像数据的混合处理已成为当前 GIS 的发展趋向。这就要求统一管理和处理矢量数据与栅格数据，它既包括对矢量数据和栅格数据的一体化表示方法和数据结构的研究，也包括对这两种数据类型之间转换方法的研究。

空间数据类型的转换是 GIS 的主要功能之一，近年来已发展了许多高效的转换算法，适用于不同的环境。通常可以分为矢量数据向栅格数据的转换(栅格化)及栅格数据向矢量数据的转换(矢量化)。就技术方法而言，前者较为简单，因而方法也比较成熟。

矢量数据向栅格数据转换时，必须确定栅格元素的大小，并了解矢量数据和栅格数据的坐标表示。栅格数据向矢量数据的转换实质上是将具有相同属性代码的栅格集合转变成由少量数据组成的边界弧段以及区域边界的拓扑关系，其转换在原理上或实现方法上都复杂得多。

2. 混合数据结构

矢量栅格混合数据结构有多种形式。最简单、直接的形式是对矢量与栅格数据不作任何特殊处理，分别以它们各自的数据结构存储，需要时将它们调入到内存，进行统一的显示、查询和分析。这种处理方式在许多系统中均已实现，特别是遥感影像或航空影像或扫描的栅格地图，作为矢量 GIS 的一个背景层，成了 GIS 的一个必备的功能。比较高级的功能是栅格层不仅可以是以 byte 存储的影像，而且可以是任意数值或字符的地物编码，这样可以进行矢量栅格的联合查询与分析。如图 5-2-24 所示，上面一层是矢量形式的行政边界，中间一层是土地利用覆盖层，最下一层是两层的叠加显示。若要查询某个县的土地利用状况，则通过县区的边界搜索该区域内各种土地利用的类型，即可得到统计结果。这种方法省去了两层矢量数据复杂的叠置分析。一般地，两种数据与属性的结合关系如图 5-2-25 所示。

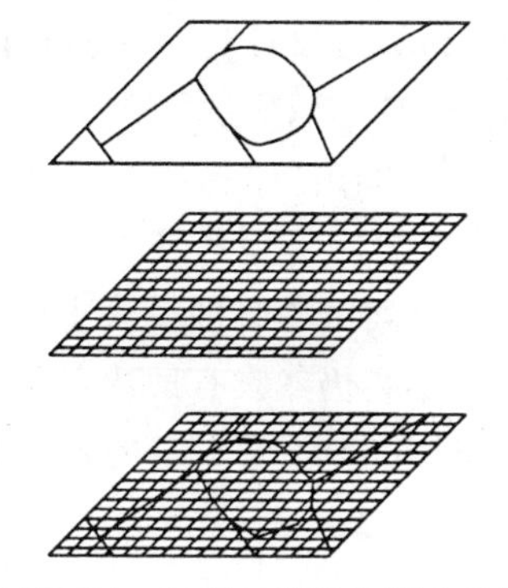

图 5-2-24　矢量与栅格的混合叠置

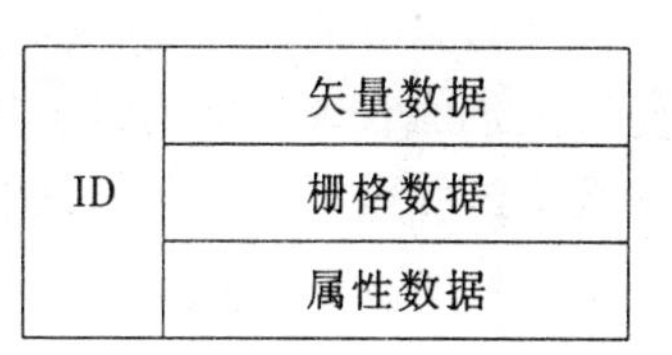


图 5-2-25　混合数据结构的简单形式

下面举两种例子加以阐释：

(1)栅格图像与线划矢量图融合

这是两种结构数据简单的叠加，是 GIS 里数据融合的最低层次。如，遥感栅格影像与线划矢量图叠加，遥感栅格影像或航空数字正射影像作为复合图的底层。线划矢量图可全部叠加，也可根据需要部分叠加，如：水系边线、交通主干线、行政界线、注记要素等。这种融合涉及两个问题，一是如何在内存中同时显示栅格影像和矢量数据，并且要能够同比例尺缩放和漫游；二是几何定位纠正，使栅格影像上和线划矢量图中的同名点线相互套合。

如果线划矢量图的数据是从该栅格影像上采集得到的，相互之间的套合不成问题；如果线划矢量图数据由其他来源数字化得到，栅格影像和矢量线划就难以完全重合。这种地图具有一定的数学基础，有丰富的光谱信息和几何信息，又有行政界线和其他属性信息，可视化效果很好。如目前的核心要素 DLG 与 DOM 套合的复合图已逐渐成为一种主流的数字地图。

(2)遥感图像与 DEM 的融合

这是目前生产数字正射影像地图 DOM 常用的一种方法。在 JX-4A、VIRTUOZO 等数字摄影测量系统中，利用已有的或经影像定向建模获取的 DEM，对遥感图像进行几何纠正和配准。因为 DEM 代表精确的地形信息，用它来对遥感、航空影像进行各种精度纠正，可以消除遥感图像因地形起伏造成图像的像元位移，提高遥感图像的定位精度；DEM还可以参与遥感图像的分类，在分类过程中，要收集与分析地面参考信息和有关数据，为了提高分类精度，同样需要用DEM对数字图像进行辐射校正和几何纠正。

3. 矢量栅格一体化结构

(1)矢量栅格一体化概念

目前GIS的一个发展方向是建立一体化结构的数据库，要求将空间数据、属性数据、影像数据和数字高程模型(DEM)数据统一管理，称为“四库合一”。一体化存储结构是把空间坐标、拓扑关系及属性数据都构造在相同或分离的关系表中(如图5-2-26)。在这种存储结构中，空间与属性之间的关系被清晰地定义。关键字被用来把属性和空间位置信息连接起来，拓扑被用来使所有的空间要素彼此连接。但是，空间数据记录是可变长度记录，这些记录需要存储不同数量的坐标点，而现存的RDBMS被设计处理为固定的长度记录；空间数据所需要的处理操作，现存的RDBMS查询语言是难以完成的；空间数据需要完善绘图功能，现存的RDBMS是不支持的。总之，一体化的存储结构要求必须对现有的商品化的RDBMS进行一定的扩展(如图5-2-27)。在关系数据库管理系统中进行扩展，使之能够直接存储和管理非结构化的空间数据。这种扩展的空间对象管理模块主要解决了空间数据变长记录的管理，且由数据库软件商进行扩展。但是它仍然没有解决对象的嵌套问题，空间数据结构也不能由用户任意定义，用户必须在RDBMS环境中实施自己的数据类型，使用上仍然受到一定限制，对有些应用将相当复杂。

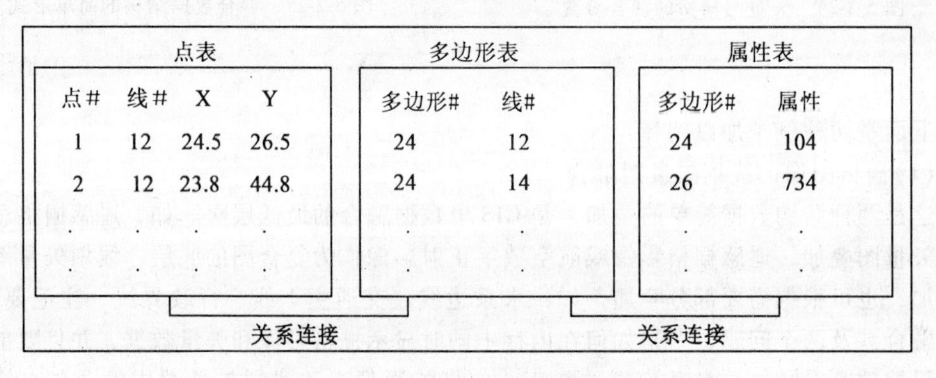


图5-2-26 空间数据与属性数据连接

对于面状地物，矢量数据用边界表达的方法将其定义为多边形的边界和一内部点，多边形的中间区域是空洞。而在基于栅格的GIS中，一般用元子空间充填表达的方法将多边形内任一点都直接与某一个或某一类地物联系。显然，后者是一种数据直接表达目标的理想方式。对线状目标，以往仅用矢量方法表示。

如果将矢量方法表示的线状地物也用元子空间充填表达，就能将矢量和栅格的概念统一起来，进而发展矢量栅格一体化的数据结构。假设在对一个线状目标数字化采集时，恰好在路径所经过的栅格内部获得了取样点，这样的取样数据就具有矢量和栅格双重性质。一方面，它保留了矢量的全部性质，以目标为单元直接聚集所有的位置信息，并能建立拓

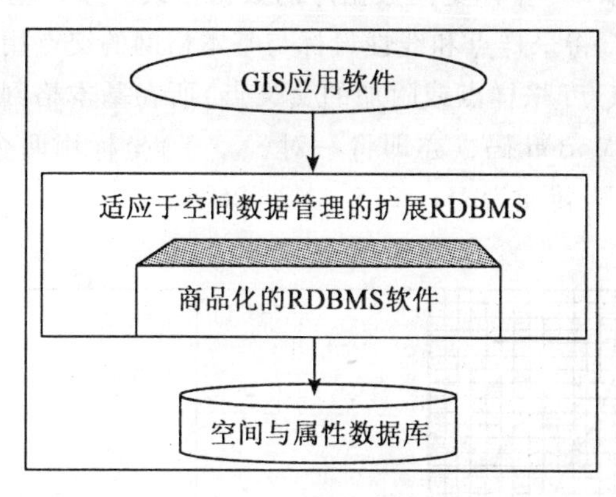


图 5-2-27　一体化空间数据库的框架结构

扑关系；另一方面，它建立了栅格与地物的关系，即路径上的任一点都直接与目标建立了联系。

因此，可采用填满线状目标路径和充填面状目标空间的表达方法作为一体化数据结构的基础。每个线状目标除记录原始取样点外，还记录路径所通过的栅格；每个面状地物除记录它的多边形周边以外，还包括中间的面域栅格。

无论是点状地物、线状地物还是面状地物，均采用面向目标的描述方法，因而它可以完全保持矢量的特性，而元子空间充填表达建立了位置与地物的联系，使之具有栅格的性质。这就是一体化数据结构的基本概念。从原理上说，这是一种以矢量的方式来组织栅格数据的数据结构。

(2)三个约定

为了设计具有栅格性质的点、线、面状地物具体的一体化数据结构，需要作如下约定：

①地面上的点状地物是地球表面上的点，它仅有空间位置，没有形状和面积，在计算机内部仅有一个位置数据。

②地面上的线状地物是地球表面的空间曲线，它有形状但没有面积，它在平面上的投影是一连续不间断的直线或曲线，在计算机内部需要用一组栅格像元填满的整个路径表达。

③地面上的面状地物是地球表面的空间曲面，并具有形状和面积，它在平面上的投影由一组填满路径的栅格像元表达的边界线和它包围的内部区域组成。

(3)细分格网法

由于一体化数据结构是基于栅格的，表达目标的精度必然受栅格尺寸的限制。可利用细分格网法提高点、线(包括面状地物边界)数据的表达精度，使一体化数据结构的精度达到或接近矢量表达精度。

如图 5-2-28 所示，为了提高一体化数据结构的精度，只对有点、线通过的基本格网(其大小与通常基本栅格大小一致)内部再细分成 256×256 细格网(精度要求低时，可细分为 16×16 个细格网)。为了与整体空间数据库的数据格式一致，基本格网和细格网均采用十进制线性四叉树编码，将采样点和线性目标与基本格网的交点用两个 Morton 码表示(简称 M 码)。用 M1 表示该点(采样点或附加的交叉点)所在基本格网的地址码，用 M2 表示该点对应的细分格网的 Morton 码，亦即将一对(X，Y)坐标用两个 Morton 码代替。例如 X = 210.00，Y = 172.32，可转换为 M1 = 275，M2 = 2690。

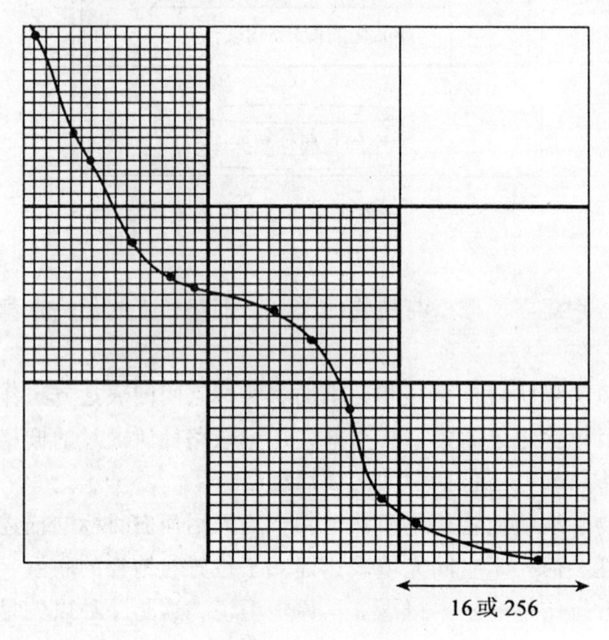


图 5-2-28　细分格网

这种方法可将栅格数据的表达精度提高 256 倍，而存储量仅在有点、线通过的格网上增加两个字节(当细分为 16×16 格网时，存储量仅增加一个字节，精度提高 16 倍)。

在数据覆盖范围大的情况下，还应划分粗格网用来建立空间索引，对每个粗格网再分级细化为基本格网、细格网。

对线目标而言，除了用 Morton 码记录它的原始采样“拐”点的位置以外，还记录线目标穿过每个基本格网的交线的位置。同理，多边形的边界也用 Morton 码同时记录它的采样“拐”点和边界线与基本格网的交点位置，并且以链指针记录多边形的内部的栅格。这样，作为实体，每个实体有唯一的标识号、地物类型的编码以及表示其空间位置的“坐标”(基本格网和细分格网的 Morton 码 M1，M2)，它可以连接属性甚至空间拓扑关系，所以它具有完全的矢量特性。与此同时，由于用栅格像元充填了线性目标和多边形边界的路径以及多边形的内部空间，实际上是进行了栅格化，因而具有栅格的性质，可以进行各种栅格操作。关于矢量栅格一体化数据结构的详细内容可参阅《整体 SIS 的数据组织与处理方法》(龚健雅，1993)一书。

(4)矢栅一体化数据结构的设计

线性四叉树编码、三个约定和多级格网法为建立矢栅一体化的数据结构奠定了基础。

线性四叉树是基本数据格式，三个约定设计了点、线、面数据结构的基本依据，细分格网法保证了足够的精度。

①点状地物和节点的数据结构

根据对点状地物的基本约定，点仅有位置，没有形状和面积，不必将点状地物作为一个覆盖层分解为四叉树，只要将点的坐标转化为地址码 M1 和 M2，而不管整个构架是否为四叉树。这种结构简单灵活，便于点的插入和删除，还能处理一个栅格内包含多个点状目标的情况。

所有的点状地物以及弧段之间的节点数据用一个文件表示，其结构见表 5-2-20。可见，这种结构几乎与矢量结构完全一致。

表 5-2-20　**点状地物和节点的数据结构**

| 点标识号 | M1 | M2 | 高程 Z |
|---|---|---|---|
| … | … | … | … |
| 10050 | 42 | 4452 | 452 |
| 10051 | 105 | 7235 | 460 |
| … | …… | … | … |

②线状地物的数据结构

一般认为，用四叉树表达线状地物是困难的。但采用栅格像元填满整条路径的方法，它的数据结构将变得十分简单。根据对线状地物的约定，线状地物有形状但没有面积，没有面积意味着线状地物和点状地物一样，不必用一个完全的覆盖层分解四叉树，而只要用一串数据表达每个线状地物的路径即可，表达一条路径就是要将该线状地物经过的所有栅格的地址全部记录下来。一个线状地物可能由几条弧段组成，所以应先建立一个弧段数据文件，如表 5-2-21 所示。

表 5-2-21　**弧段的数据结构**

| 弧段标识号 | 起节点号 | 终节点号 | 中间点串(M1，M2，Z) |
|---|---|---|---|
| 20056 | 10050 | 10051 | 58，7742，453，92，4863，456，… |

表 5-2-21 中的起节点号和终节点号是该弧段的两个端点，它们与表 5-2-20 连接可建立弧段与节点间的拓扑关系。表 5-2-22 中的中间点串不仅包含了原始采样点(已转换成用 M1、M2 表示)，而且包含了该弧段路径通过的所有格网边的交点，它所包含的码填满了整条路径。为了充分表达线性地物在地表的空间特性，增加高程 Z 分量。一条线性地物是在崎岖的地面上通过的，只有记录该曲线通过的 DEM 格网边上的交点的坐标和高程值才能较好地表达它的空间形状和长度。

表 5-2-22　　　　线状地物的数据结构

| 线标识号 | 弧段标识号 |
| --- | --- |
| …… | …… |
| 30041 | 20056，20057 |
| 30042 | 20091，20092，20093 |
| …… | …… |

虽然这种数据结构比单纯的矢量结构增加了一定的存储量，但它解决了线状地物的四叉树表达问题，使它与点状、面状地物一起建立了统一的基于线性四叉树编码的数据结构体系。这对于点状地物与线状地物相交，线状地物之间的相交，以及线状地物与面状地物相交的查询问题变得相当简便和快捷。

有了弧段数据文件，线状地物的数据结构仅是它的集合表示，如表 5-2-22。

③面状地物的数据结构

根据对面状地物的约定，一个面状地物应记录边界和边界所包围的整个面域。其中边界由弧段组成，它同样引用表 5-2-21 中的弧段信息。面域信息则由线性四叉树或二维行程编码表示。

同一区域的各类不同地物可形成多个覆盖层，例如建筑物、耕地、湖泊等可形成一个覆盖层，土地利用类型、土壤类型又可形成另外两个覆盖层。规定每个覆盖层都是单值的，即每个栅格内仅有一个面状地物的属性值。每个覆盖层可用一棵四叉树或一个二维游程编码来表示。为了建立面向地物的数据结构，做这样的修改，二维游程编码中的属性值可以是叶节点的属性值，也可以是指向该地物的下一个子块的循环指针。即用循环指针将同属于一个目标的叶节点链接起来，形成面向地物的结构。

图 5-2-29 是链接情况，表 5-2-23、表 5-2-24 是对应的二维游程编码、带指针的二维游程码。表 5-2-24 中的循环指针指向该地物下一个子块的地址码，并在最后指向该地物本身。这样，只要进入第一块就可以顺着指针直接提取该地物的所有子块，从而避免像栅格数据那样为查询某一个目标需遍历整个矩阵的情况，大大提高了查询速度。

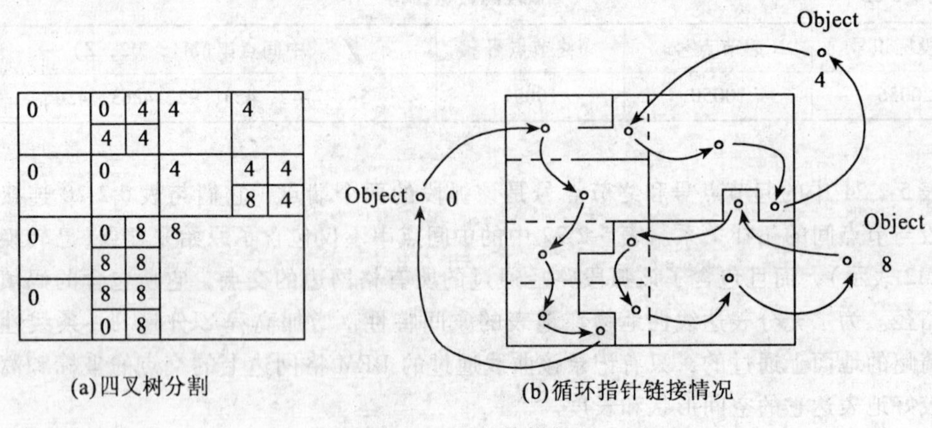


(a)四叉树分割　　(b)循环指针链接情况

图 5-2-29　链接情况

表 5-2-23　**二维游程编码**

| 二维游程 M 码 | 属性值 |
|---|---|
| 0 | 0 |
| 5 | 4 |
| 8 | 0 |
| 16 | 4 |
| 30 | 8 |
| 31 | 4 |
| 32 | 0 |
| 37 | 8 |
| 40 | 0 |
| 44 | 8 |
| 46 | 0 |
| 47 | 8 |

表 5-2-24　**带指针的二维游程编码**

| 二维游程 M 码 | 循环指针属性值 |
|---|---|
| 0 | 8 |
| 5 | 16 |
| 8 | 32 |
| 16 | 31 |
| 30 | 37 |
| 31 | 4(属性值) |
| 32 | 40 |
| 37 | 44 |
| 40 | 46 |
| 44 | 47 |
| 46 | 0(属性值) |
| 47 | 8(属性值) |

对于面状地物的边界栅格，采用面积占优法确定公共格网值，如果要求更精确地进行面积计算或叠置运算，可进一步引用弧段的边界信息。

面状地物的数据结构包括表 5-2-21 的弧段文件、表 5-2-24 的带指针二维游程表和表 5-2-25 的面文件。

表 5-2-25　**面　文　件**

| 面标识号 | 弧段标识号串 | 面块头指针 |
|---|---|---|
| 40001(属性值为 0) | 20001，20002，20003 | 0 |
| 40002(属性值为 4) | 20002，20004 | 16 |
| 40003(属性值为 8) | 2000 | 37 |
| … | … | |

这种数据结构是面向地物的，具有矢量的特点。通过面状地物的标识号可以找到它的边界弧段并顺着指针提取所有的中间面块。同时它又具有栅格的全部特性，二维游程本身就是面向位置的结构，表 5-2-24 中的 Morton 码表达了位置的相互关系，前后 M 码之差隐含了该子块的大小。给出任意一点的位置，都可在表 5-2-24 中顺着指针找到面状地物的标识号，从而确定是哪一个地物。

④复杂地物的数据结构

由几个或几种点、线、面状简单地物组成的地物称为复杂地物。例如将一条公路上的中心线、交通灯、立交桥等组合为一个复杂地物，用一个标识号表示。复杂地物的数据结构如表 5-2-26 所示。

表 5-2-26　　复杂地物的数据结构

| 复杂地物标识号 | 简单地物标识号串 |
| --- | --- |
| … | … |
| 50007 | 10025，30004，30023 |
| 50008 | 30008，30029，40012 |
| … | … |

矢量结构与栅格结构各有优点和缺点，所以许多新推出的系统支持两种数据结构，以吸收矢量和栅格结构各自的优点，补偿其缺点。两者结合所采取的方式主要有三种形式：矢量与栅格矩阵结合，矢量与游程编码结合，矢量与四叉树结合。特别是四叉树数据结构最近几年引起了许多学者的重视，提出了几种矢量与四叉树结合的方案，其主要目的是解决矢量数据与四叉树直接交互的问题，从而使得应用系统不仅能与格网 DEM 和遥感数据具有整体结合的能力，而且能解决各类地物空间位置的相关分析问题。

## 5.3　空间数据索引

图幅索引可以看成是最粗一级的空间索引，它根据鼠标在工程中的空间位置，迅速地找到鼠标所在的工作区。但如果工作区的数据量比较大，尤其是对于无缝的空间数据库，就需要建立空间索引，空间索引可以提高空间数据的检索效率。对于无缝的空间数据库而言，就必须建立空间索引，以便在图形进行开窗、放大、漫游以及执行各种从图形到属性的空间查询时，能够迅速地查找到所涉及的空间对象。

### 5.3.1　对象范围索引

在记录每一个空间对象的坐标时，要记录每一个空间对象的最大最小坐标。这样，在检索空间对象时，根据空间对象的最大最小范围，预先排除那些没有落入检索范围窗口内的空间对象，而只对那些最大最小范围落在检索窗口内的空间对象进行进一步的判断，最后检索出那些真正落入检索窗口内的空间对象。如图 5-3-1 所示。

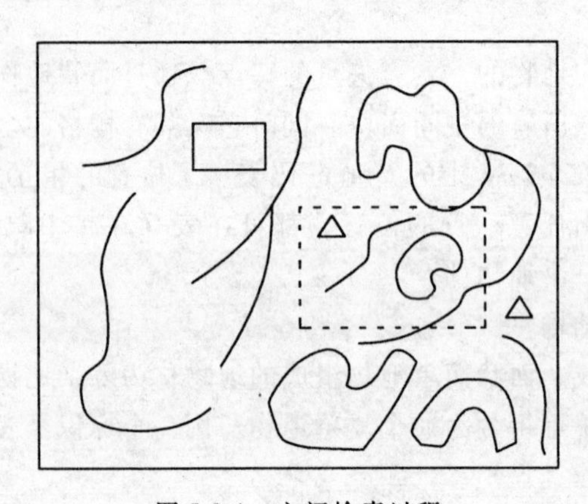

图 5-3-1　空间检索过程

这种方法没有建立真正的空间索引文件，而是在空间对象的数据文件中增加了最大最小范围，它主要依靠空间计算来进行判断。在这种方法中仍然要对整个数据文件的空间对象进行检索，只是有些对象可以直接判别予以排除，而有些对象则需要进行复杂计算才能判断，这种方法仍然需要花去大量时间进行空间检索。但随着计算机的处理速度越来越快，这种方法一般也能满足检索的效率要求。

### 5.3.2　格网检索

将工作区按照一定的规则划分成格网，然后记录每个格网所包含的空间对象，为了便于建立空间对象索引的线性表，将空间格网按 Morton 码（或称 Peano 键）进行编码，建立 Peano 键与空间对象的关系。如图 5-3-2 所示。

| | | | | | | | |
|---|---|---|---|---|---|---|---|
| 21 | 23 | 29 | 31 | 53 | 55 | 61 | 63 |
| 20 | 22 | 28 | 30 | 52 | 54 | 60 | 62 |
| 17 | 19 | 25 | 27 | 49 | 51 | 57 | 59 |
| 16 | 18 | 24 | 26 | 48 | 50 | 56 | 58 |
| 5 | 7 | 13 | 15 | 37 | 39 | 45 | 47 |
| 4 | 6 | 12 | 14 | 36 | 38 | 44 | 46 |
| 1 | 3 | 9 | 11 | 33 | 35 | 41 | 43 |
| 0 | 2 | 8 | 10 | 32 | 34 | 40 | 42 |



空间索引

| Peano 键 | 空间对象 |
|---|---|
| 7 | B |
| 14 | F |
| 15 | F |
| 25 | A |
| 26 | F |
| 32 | D |
| 33 | D |
| 35 | D，G |
| 37 | F |
| 38 | D |
| 39 | F |
| 48 | F |
| 50 | F |
| 54 | C |
| 55 | C |
| 60 | C |

对象索引

| 空间对象 | Peano 键 |
|---|---|
| A | 25-25 |
| B | 7-7 |
| C | 54-55 |
| C | 60-60 |
| D | 32-33 |
| D | 35-35 |
| D | 38-38 |
| F | 14-15 |
| F | 26-26 |
| F | 37-37 |
| F | 39-39 |
| F | 48-48 |
| F | 50-50 |
| G | 35-35 |

图 5-3-2　基于 Peano 键的格网空间索引

从图中可以看到，没有包含空间对象的格网，在索引表中没有出现该编码，即没有该记录。如果，一个格网中含有多个目标地物，则需要记录多个对象的标识。如图 5-3-2 中的 35 号格网。含有线状目标个点状目标两个地物，所以记录了两个对象的标识。如果需要表格化，则需要使用串行指针将多个空间目标联系在一个格网内。

### 5.3.3 四叉树空间索引

四叉树有两种，一种是线性四叉树，一种是层次四叉树。这两种四叉树都可以用来表示空间索引。

对于线性四叉树而言，先采用 Morton 码(或 Peano 键)，然后根据空间对象覆盖的范围进行四叉树的分割(如图 5-3-3 所示)。空间对象 E 的最大最小范围，涉及叶节点 0 开始 4×4 个节点，所以索引表的第一行，Peano Keys=0，边长 side length=4，空间对象标示为 E。空间对象 D 也有一条直线，虽然仅通过 0，2 两个格网，但对线性四叉树来说，它涉及 0，1，2，3 四个节点，是不可再细分的，即它需要覆盖一个 2×2 的节点表达。同理，面状地物 C 也需要一个 2×2 的节点表达。对于点状地物，A，F，G 一般可以用最末一级的节点进行索引。这样就建立了 Peano 键与空间目标的索引关系。当进行空间索引时，根据 Peano 键和边长就可以索引到某一范围的空间索引。

| Peano 键 | 边长 | 空间对象 |
|---|---|---|
| 0 | 4 | E |
| 0 | 2 | D |
| 1 | 1 | A |
| 4 | 1 | F |
| 8 | 2 | C |
| 15 | 1 | B,G |

图 5-3-3　线性四叉树的空间索引实例

层次四叉树的空间索引与线性四叉树基本类似，只是它需要记录中间节点和父节点到子节点之间的指针。除此之外，如果某个地方覆盖了哪一个中间节点，还要记录该空间对象的标识。如图 5-3-4 所示是图 5-3-3 的空间对象的层次四叉树索引。其中第一层根节点 0 涉及空间对象 E，第二层中间节点 0 涉及空间对象 D，节点 8 涉及空间对象 C，而 A，F，G，B 处于第三级节点。在这种索引中要注意，每一个根节点、中间节点和叶节点都可能含有多个空间对象。这种四叉树索引方法实现和维护起来比较麻烦。

### 5.3.4 R 树和 R+树空间索引

四叉树空间索引方法可以认为是最原始的 R 树空间索引方法。每一个目标都建立了一个范围，检索空间对象，仅检索窗口有重叠的内容，R 树空间索引方法是把这一概念进

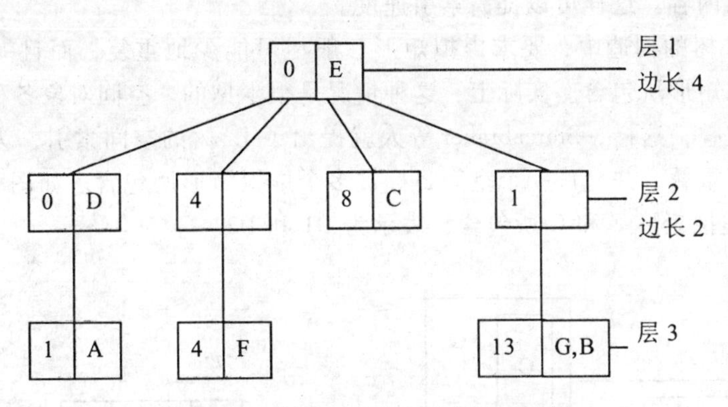


图 5-3-4　层次四叉树的空间索引实例

一步引申，设计一些虚拟的矩形目标，将一些空间位置相近的目标包含在这一个矩形内，这些虚拟的矩形作为空间索引，它含有所包含的空间对象的指针。该矩形的数据结构为：

RECT(Rectangte-ID，Type，Min-X，Max-X，Min-Y，Max-Y)矩形也有对象标识，Type 表示为该矩形是虚拟空间对象还是实际的空间对象，Min-X，Max-X，Min-Y，Max-Y 表示最大最小范围。

在构造虚拟矩形时，应遵循以下原则：尽可能包含多的目标；矩形之间尽可能少地重叠。虚拟矩形还可以进一步细分，即可以再嵌套虚拟矩形，形成多级空间索引，图 5-3-5 是 R 树空间索引的一个例子。其中虚拟矩形 A 包含空间对象 D、E、F、G，虚拟矩形 B 包含 I、J、K、H，虚拟矩形 C 包含 M、N、L。

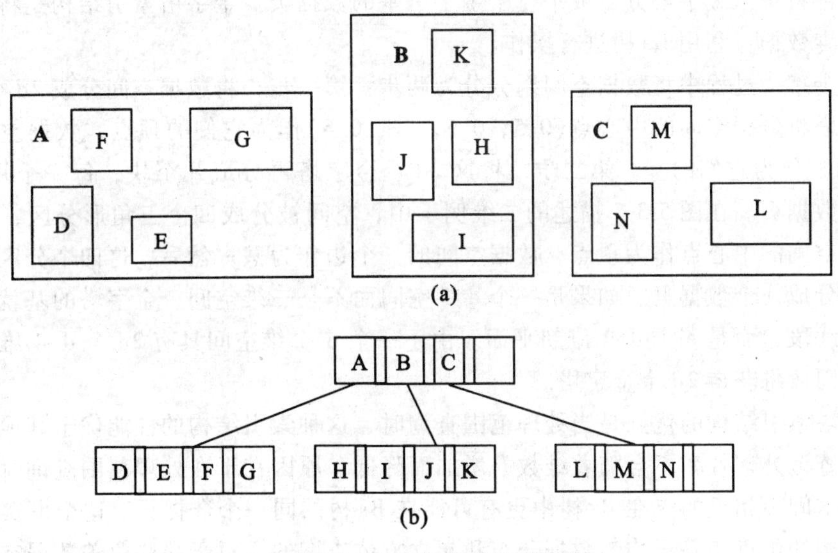


图 5-3-5　R 树的空间索引实例

在进行空间数据索引时，首先判断哪些虚拟矩形落在检索窗口内，再进一步判断哪些目标是被检索的内容。这样可以提高索引速度。

在上述的R树的构造中，要求虚拟矩形一般尽可能少地重复，而且一个空间对象通常仅被一个虚拟矩形所包含。实际上，这种情况是很少见的。空间对象各种各样，它们的最小范围经常重叠，这样，Storcebraker等人就提出了$R^+$树的空间索引，为了平衡，它允许虚拟矩形相互重叠，并允许一个空间目标被多个虚拟矩形所包含。如图5-3-6所示空间对象D分别被虚拟矩形F和G所包含，表示为D1和D2。

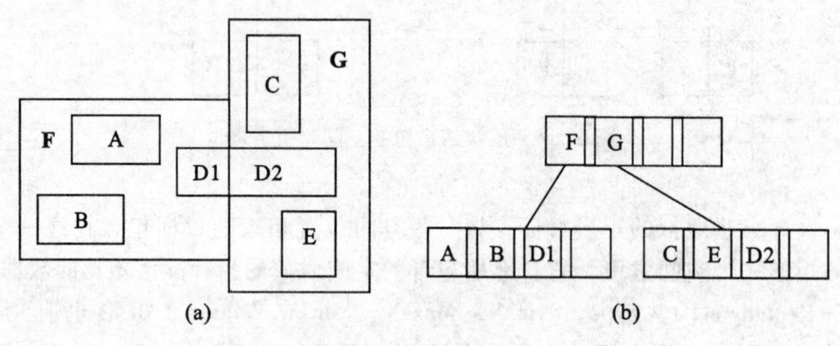


图5-3-6　R+树的空间索引实例

### 5.3.5　金字塔索引

Berchtold于1998年提出了金字塔索引方法，该方法基于一种特殊的优化高维数据的不均衡分割策略，其原理是先将d维空间分成2d个金字塔，共享数据空间的中心点为顶点，然后再将每个金字塔分割成平行于金字塔基的数据页。金字塔索引结构是将高维数据转化为一维数据，利用B+树进行操作。

构造金字塔过程中将数据空间划分分为两步：第一步，将数据空间分成2d个金字塔，每个金字塔将数据空间的中心点(0.5，0.5，…，0.5)作为它们的顶点，数据空间的一个2d维表面积作为它们的基。第二步，将这2d个金字塔再分成几个块，每一个块对应B+树中一个数据页。在图5-3-7描述的二维例子中，空间被分成四个三角形分区，每个分区都将数据空间的中心点作为顶点，数据空间的一个边作为基；然后，这四个分区又被与基线平行地分成几个数据页。如果是一个d维空间而不是二维空间，金字塔的基就不是例子中的一条线段，而是一个d-1维超平面。由于一个d-1维空间具有2d个d-1维超平面作为表面，因此将获得2d个金字塔。

金字塔索引结构的优点是当处理范围查询时，这种索引结构的性能优于其他的索引结构，而且查询处理效率不会随着维数的增加而降低，原因在于在处理范围查询时充分利用了金字塔空间中相近的点在B+树中更有可能在B+树的同一个数据页上这个事实。但金字塔索引结构的优点是基于均匀数据分布和超立方体查询的，对于那些覆盖数据空间边界的查询不是很理想，而现实世界中的数据很少是服从均匀分布的。

在这些索引中，不同的索引有各自的优点和缺点以及适用范围。需要选取哪种空间索引方法，要根据实际情况和需求来确定。实际应用中也是采用多种索引结构的方法，取长

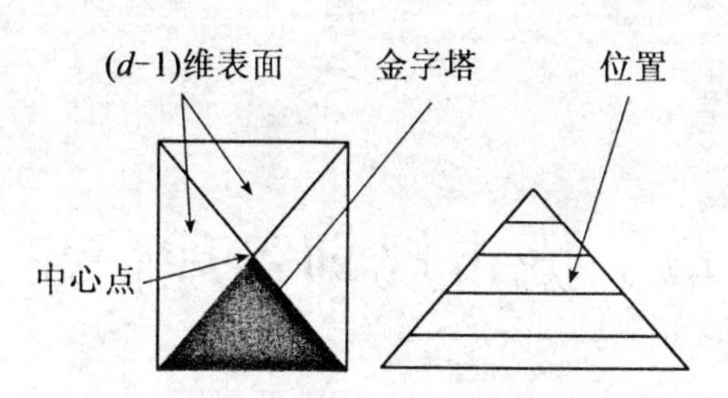


图 5-3-7　空间划分过程示意图

补短。

高效的空间索引方法一直是很多学者专家研究的课题，有很多问题需要进一步解决。例如：高效索引树算法的改进、复杂空间查询方法的优化以及查询插入操作中算法的优化等。

# 第6章　城市规划管理信息系统

城市规划管理信息系统(UPMIS)是对城市规划相关的信息进行采集、加工、存储、检索、分析、显示和输出的计算机综合应用技术系统。可以认为是地理信息系统(GIS)在城市规划领域的应用系统，也可以认为是城市规划管理和信息系统的结合系统。因此UPMIS的开发和信息系统或者地理信息系统的开发基本流程相同，都包括规划、开发、维护三个阶段。同时城市规划数据库在整个开发中是非常重要的内容。下面分系统开发和数据库设计进行介绍。

## 6.1　城市规划管理信息系统开发

### 6.1.1　规划阶段

城市规划管理信息系统规划的复杂性依据组织的规模和复杂程度而有所差别。规划的时间一般为五年以上并且至少有前两年的详细计划。

1. 规划的内容

(1)管理信息系统计划

①管理信息系统环境的情况，包括对未来技术和用户环境的预测，预测的前提假设，信息系统的危机分析与机会。②信息系统的评价，包括优势与不足及其原因分析。③管理信息系统目标。④数据处理组织结构的设计。

(2)目前的能力

已有的设备、通用性软件、应用系统、人员和技术储备、费用分析和设备利用情况、正在进行的项目情况。

(3)可行性分析

项目及其优先级，获取主要硬件、软件和人员的成本/效益分析。

(4)具体规划

通用应用软件的购置计划；应用系统的开发计划；软件维护和更新安排；人力资源的开发计划，包括培训计划；资金需求计划；管理信息系统评价方法。

### 6.1.2　开发阶段

系统开发包括三个阶段，即系统分析，系统设计，系统实施。

1. 系统分析

系统分析首先要通过用户调查研究，了解原来城市规划、管理和决策的状况，明确系统的目标、开发环境和条件，对城市规划管理信息系统开发任务从技术上、经济上和社会条件上进行可行性分析，提出分析报告，以便做出判断和结论。

在确定系统目标时，应主要考虑用户需求、经费、建设时间、技术条件和数据源情况等因素。系统目标是概括全局、决定全局和指导系统开发的，必须充分掌握用户对将要开发的城市规划管理信息系统的需求和用户当前的现实情况，如用户对数据内容和系统功能的要求，用户的原有业务范围、工作流程、资料基础、技术水平和拟投入的经费规模，等等。对上述需求和情况进行综合分析，在需要和可能之间求得平衡，使之尽可能达到最大的效益投资比。同时进行可行性论证，并提出几种可能的实施方案。

(1)需求分析

需求分析使系统设计者可以明确地了解系统的用户对管理系统的期望和要求。在这一过程中，应该主要了解：开发的 UPMIS 所支持的各种功能；系统要求的数据内容和行为；数据之间的关系和优先次序；数据库和 UPMIS 的整体要求和蓝图。需求分析需通过一系列调查完成。

(2)调查方法

调查通常采用以下几种方法：①面谈；②电话访谈；③参观；④问卷；⑤收集资料；⑥跟踪作业；⑦GIS 专题报告。这 7 种方法经常被结合起来一起使用。一般来说，应该以参观和面谈开始，参观不仅可以对机构的组织和运作得到感性的体会，还可以找到较适当的接洽人，以便各种后续工作的开展，在参观之前，GIS 专家应该准备一套表格和备忘录，以便在参观过程中一一了解。详细的问卷调查方式和面谈方式又常常是更详细地了解具体情况的好办法。面谈和电话访谈要求 GIS 专业人员有很好的人际交流水平和城市规划背景知识。

收集资料是可以多次使用的一种方法，它可以贯穿在整个需求分析过程中，参观、访谈之后均可能会或多或少地收集相应的文件和资料。

跟踪作业是为了准确了解城市规划行业工作流程的有效方式。调查人员全程参与城市规划部门每一个可能发生的业务流程，以便准确把握工作的程序和需要及应提供的信息。

以上前六种方式均是由 GIS 专业人员向城市规划数据库的需求机构了解和获取信息。专题报告则是由 GIS 专业人员输出信息。通过报告，GIS 专业人员可以将 GIS 的基本知识、各种功能、优点介绍给用户，使他们对 GIS 功能和应用有清楚的了解。

(3)调查内容

在调查前，应拟定需求调查提纲，并提前交给被调查的用户，以便他们做好准备。需求调查应弄清用户对所要开发系统的功能、数据内容、应用范围等方面的要求，并详细考察用户原来的业务范围、工作流程以及部门之间的分工和相互关系等。分析哪些需求可以通过系统直接实现，哪些需求应如何适当调整。在用户需求调查时，还应当考虑到由于采用地理信息系统技术而可能扩大的应用领域和潜在用户，对这些新的应用领域和潜在用户也要进行调查和分析。

①用户情况调查

首先，调查城市规划管理信息系统用户的类型。具体可分为：具有明确而固定任务的用户，如进行测量调查和城市规划制图的部门；部分工作任务明确、固定，且有大量业务有待开拓与发展的用户；任务不确定的用户。通过用户情况调查以便根据不同类别的用户进行功能开发。

其次，调查有哪些人要使用该系统，使用 UPMIS 的人员、部门有多少(主体部门、相关部门和下一级主体部门如城镇、区或开发区的城市规划部门等)，以便确定系统的开发规模。同时，调查分析用户的人力状况，包括用户的知识结构、科学水平、对 GIS 及计算机技术的了解和掌握程度等。目的在于确定系统的开发环境和采用什么样的开发工具。

最后，了解用户希望 UPMIS 解决哪些实际应用问题，以确定系统设计的目的、应用范围和应用深度，为以后总体设计中系统的功能设计和应用模型设计提供科学、合理的依据。例如，如果用户对象是城市政府领导层或管理决策人员，则系统的目的应当是评价、分析和决策支持系统；如果用户是政府领导下的城市规划管理部门，则系统应该是城市规划管理系统；如果系统的用户是城市规划设计和研究部门，则系统应是分析、预测和评价系统。

②系统应用期限

管理信息系统是面向用户的，有其特定的目的，应用情况不同，对信息系统有的要求就不同。用户所需要的 UPMIS 很大程度上取决于 UPMIS 应用的工作性质、工作领域。因此，在设计时必须认真考虑建立 UPMIS 的应用期限。

只用于短期项目的系统，应具有数据采集、数据输入、数据分析处理及信息输出的特点和能力。

用于长期项目的系统，一般包括大型数据库，需要考虑存储介质和存储方法，同时考虑软件和硬件更新的问题。硬件设备(包括计算机本身)从新型号进入市场起一般能维持 3～5 年的优势，然后就会有更先进的硬件设备问世。软件方面，通常 UPMIS 是建立在 GIS 基础上的，而 GIS 都有本身的软件控制的数据结构，如果软件改变，数据结构也不得不改变，由此引起的数据转换工作量是很大且又不可缺少的，因此数据的转换问题必须考虑。

③系统功能

从应用者的角度看，GIS 只是解决某一(类)特定问题的工具。UPMIS 实质上是一个应用型 GIS 系统，其应用 GIS 技术的主要目的是进行多源信息综合分析，从众多关系复杂的数据信息中提取城市用地的空间分布特征和时间序列信息，揭示城市发展规律和制约因素，还要解决城市用地审批工作中的快速定位和信息判别问题。UPMIS 的研究内容包括：研究与城市规划、城市管理、城市发展有关的信息种类和特征，制定合理、科学、实用的信息分类标准和分类体系，设计合理的数据模型和空间、属性数据库结构和内容，设计解决城市规划管理有关问题的空间评价分析决策系统的结构和方法。

(4)需求分析报告

用户需求调查后，需撰写综合性的用户需求调查报告，这是系统设计的重要依据。用户需求调查报告要用文字和图表详细阐述，内容包括用户对系统的要求、用户目前的业务范围和工作基础以及可用的数据源情况等，其中当前工作流程要用框图说明。此外，还要对这些需求进行分析，确定哪些需求可以实现，哪些需求和作业流程在城市地理信息系统中应作何种调整和简化，特别是哪些常规作业无法实现的功能应如何在系统中实现等。用户需求报告的文字应当详尽明了，要用图表说明数据关系和流程。

(5)可行性分析

实际工作中，可行性分析工作与用户需求调查工作同时进行。在进行大量的现状调查基础上论证待建系统的自动化程度、涉及的技术范围、投资数量以及可能收益等，如何确定系统的基本起始点，从该起始点出发就能逐步向未来的目标发展。可行性分析通常要考虑的因素有：效益分析；经费问题；进度预测；技术水平；有关部门和用户的支持程度。

在可行性研究的基础上，编写出可行性研究报告。可行性研究报告要经过权威专家委员会的论证，并根据专家意见进行修改补充，再经有关领导部门审批，作为系统设计的基础文件。

2. 系统设计

系统设计是在系统分析基础上进行具体设计的过程，也是选择最佳实现方案的过程。同时，在满足系统总体功能的前提下，将系统划分为若干子系统进行详细设计，使系统结构和数据组织尽可能地合理，并使系统实施简单、灵活、可靠和经济。

(1)设计方法

从城市规划管理信息系统的历史来看，早期采用的设计方法有生命周期法等。但从生命周期法实施的过程来看，它的分析与设计的过程较长，见效慢，不易把握用户需求的变化。因为城市规划管理信息系统的服务对象是多种多样的，是逐渐参与的，用户需求也是逐渐变化和发展的。此外，地理信息系统技术和计算机软硬件技术发展很快，要跟上技术的最新发展也要求对原有设计进行修改和补充。因此，生命周期法一般不适用于城市规划管理信息系统的设计。

后期城市规划管理信息系统常采用原型法。原型法的原则是先确定部分基本需求，选择一个试验区，设计出一个初步方案，并用较短时间开发出一个能满足用户基本要求的试验性和示范性的系统雏形(即原型)。经用户试用，找出该原型的缺点和不足，然后进行修改和补充，再向用户演示，听取他们的意见并修改、补充，如此反复，逐渐建成较为完善的系统。这样的系统设计和开发过程实际上是一个迭代过程。这种设计方法较适应于城市规划管理信息系统的建设特点。它的好处是通过建立一个示范系统，便于用户理解、试用和提出意见，吸引用户参与系统设计工作。

根据信息系统的开发方法，在城市规划管理信息系统设计中的原型法的基本模型和传统方法中常用的生命周期法的基本模型如图 6-1-1 所示。

(2)总体设计

总体设计是根据系统总体目标和城市规划系统的规模确定系统的各个组成部分，说明它们在整个系统中的作用和相互之间的关系，确定系统的硬软件配置，规定系统采用的技术规范，并做出经费预算和时间安排，以保证系统总目标的实现。

总体设计的主要内容是制定总体设计方案及其论证。总体设计方案包含系统结构设计、物理设计。

(a)系统结构设计

在用户需求调查分析的基础上，明确系统的目标，弄清用户要解决什么问题和各个阶段要达到的要求，从而提出系统的逻辑模型，即确定系统的功能。逻辑模型的基本成分包

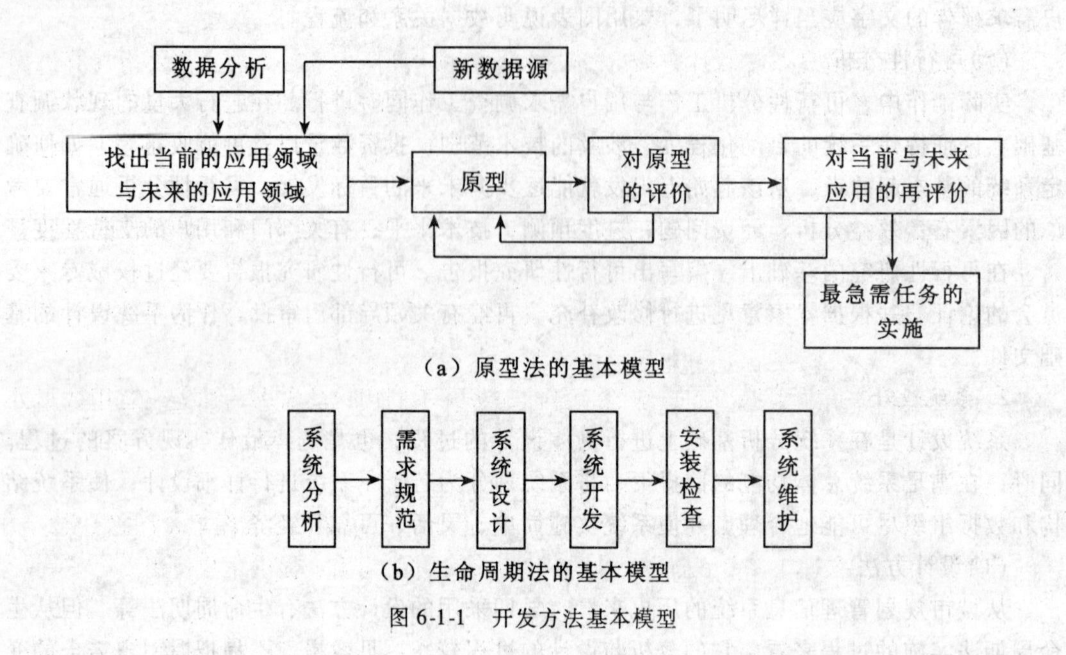


（a）原型法的基本模型



（b）生命周期法的基本模型

图 6-1-1　开发方法基本模型

括系统总体逻辑结构、子系统划分和功能分析，可用文字、数据流程图和其他有关图、表进行描述。

①总体逻辑结构包括硬件、软件、数据库和人员等组成部分。

• 硬件

主要指一个城市规划管理信息系统运行的设备环境，包括计算机、输入设备、输出设备以及网络和不间断电源等。图 6-1-2 是一个系统硬件配置的例子。

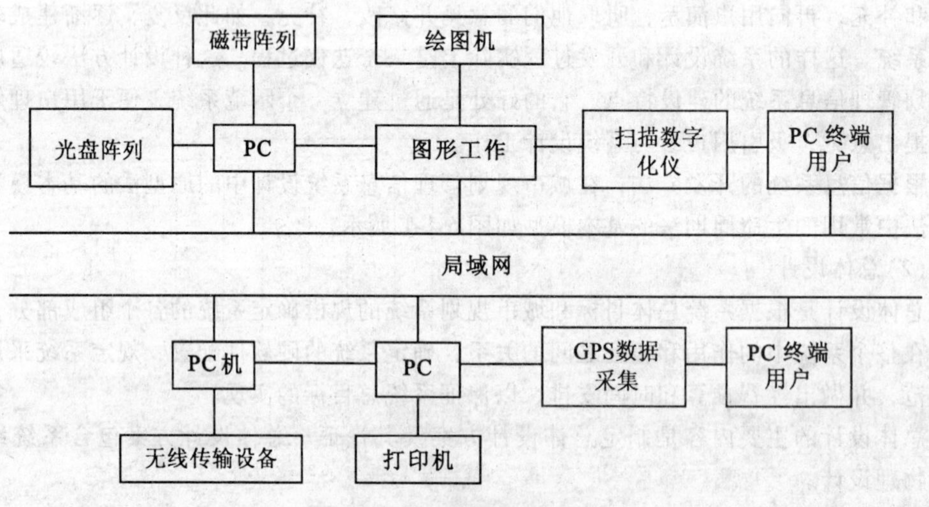


图 6-1-2　系统硬件配置图

• 软件

城市规划管理信息系统软件包括系统软件和应用软件两大部分。前者主要指计算机操作系统软件，后者包括地理信息系统软件(即各种商品化的基于 PC 机或图形工作站的地理信息系统软件工具)和在此基础上专为某一个城市地理信息系统二次开发的软件(包括各种功能模块和各种应用用户界面)。

数据采集与输入：主要用于对图形、图像、统计数据和文件等不同类型数据源的分析、预处理、数字化(输入计算机)和编辑。

数据存储与管理：主要用于建立数据库以及根据不同用途的需求对数据库进行有效的管理。

数据处理和分析：根据建立系统的总目标和系统不同用户的需求，建立或运用数据处理的算法以及专题性和综合性的分析评价模型，进行相应的处理和分析，并可与用户不断地进行交互和修改，以形成用户需求的结果。

成果生成与输出：根据用户需求，将数据处理和分析的结果形成图形、图像、数字、统计表格或辅助决策方案等不同形式的成果，以多种方式输出，提供用户使用。

• 数据库

数据库是城市规划管理信息系统的核心组成部分，一个系统可以具备一个或多个数据库。按数据类型及应用功能可将数据库分为基础数据库和专题数据库两大类，它们都包含空间数据和空间定位型关系数据。

• 人员

与一个城市规划管理信息系统有关的人员包括系统设计开发人员、系统运行和维护管理人员、操作人员和最终用户等。

②子系统划分和功能分析

通常，一个城市规划管理信息系统由若干子系统组成，子系统划分如图 6-1-3 所示。

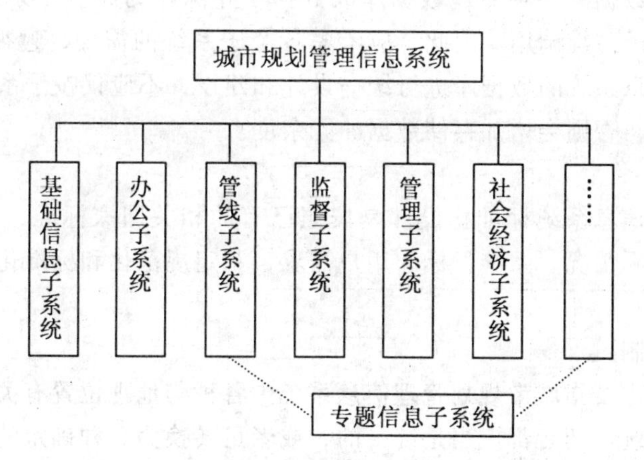


图 6-1-3　城市规划管理信息系统子系统划分

上述这些子系统可以分为两大类，即基础信息子系统和专题信息子系统。基础信息子系统是城市规划管理信息系统中所有其他子系统的公共基础，用于存储、管理和应用基础信息，为其他各个子系统提供统一的空间定位基础和专题信息的空间载体；其他子系统均属于专题信息子系统，用于存储、管理和应用某一类专题信息，这些子系统借助统一的空间定位基础信息，实现专题信息之间的配准和叠加分析处理。一个城市规划管理信息系统必然包含一个基础信息子系统和一个或几个专题信息子系统。

由于城市规划管理信息系统对城市规划、管理和决策等有重要作用，它与办公自动化系统和管理信息系统等也会有密切的关系。在某些情况下，需要设置它们之间的接口，实现相互访问和信息共享；也可将办公自动化系统作为城市规划管理信息系统的一个组成部分，使两者集成为一个有机整体。

(b)物理设计

依据逻辑设计的结果进行物理设计。城市规划管理信息系统物理设计主要是确定系统的物理结构、使用的技术手段、所需要的条件和资源以及实施的步骤和时间进度等。具体包括数据库实体设计、标准化设计、软硬件配置、系统开发计划、经费预算和组织实施等。

①数据库设计

城市规划管理信息系统的数据库依其信息内容可分为两大类：基础信息数据库和专题信息数据库。这里只介绍数据库的类型，详细设计在后面一节介绍。

基础信息数据库是空间型数据库，它的主要内容是城市大比例尺地形图(1∶500，1∶1000或1∶2000)的数字化数据，辅之以其他基础性社会经济信息。专题信息数据库可以是空间型数据库，也可以是空间定位型关系数据库，主要是用专题信息数据(图形或/和统计数据)建成的数据库。依其不同专题内容又可进一步细分为若干子库(或分库)，如城市规划管理信息数据子库、市政管线信息数据子库、地籍信息数据子库、房产管理信息数据子库、交通管理信息数据子库和建筑管理信息数据子库等。

基础信息数据库除作为基础信息子系统的主要组成部分外，还与专题子系统连接，向它们提供有关基础数据。各种专题数据库或数据子库除作为相应子系统的主要组成部分外，也可能被其他子系统调用。因此，应考虑各个子系统的需要，遵循共享数据库原则，对城市规划管理信息系统的数据库进行统一设计和建设，不应仅按子系统需求分别设计和建设各自的数据库，否则会增加存储数据的冗余度。

②标准化设计

城市规划管理信息系统标准化设计是按照已有的相关国家标准、行业标准和地方标准，针对城市的实际情况、系统目标和用户需求，制定规范化和标准化文件。

具体内容包括：

• 地理定位控制

地理定位控制主要指城市规划管理信息系统中各种与地理位置有关的信息的平面控制系统和高程控制系统，两者都应当是统一的，或者可转换为一种确定的定位控制系统。统一的地理定位控制是各类城市地理信息空间定位、相互拼接和配准的必备条件。

平面控制系统是最基本的地理空间定位系统之一，用于确定各种自然和社会经济要素的平面空间地址，即地理平面位置，正确反映真实世界中各种实体之间的平面位置关系。

现有各种城市地形图和有关数据所采用的平面控制系统可能是多种多样的，除地理坐标系统(即经度、纬度)外，大致有全国统一平面直角坐标系统和独立坐标系统两大类。独立坐标系是由各城市自行确定的以某一特定点为原点的平面直角坐标系统。一般说来，独立坐标系与全国统一坐标系通过已知参数的平移和/或旋转运算，可以互相转换。设计城市规划管理信息系统时，应当选定一个平面控制系统作为整个系统的统一的平面控制基础。如果选用独立坐标系，还应确定它与全国统一坐标系间的转换参数。用于建设该城市规划信息系统的各种地形图、专题地图和其他有关数据均应归一到这个统一的平面系统中。

高程控制系统是地理空间定位的另一重要系统，用于确定各种自然和社会经济要素相对于某一起始高程平面的高度(即高程)。高程控制系统与上述平面控制系统结合，可用来正确反映真实世界中各个实体之间的三维空间关系。

高程坐标系也有全国统一高程系和独立高程系之分。独立高程系与全国统一高程系之间通过已知的高程改正参数，可以互相转换。设计城市规划管理信息系统时，应当选定一个高程系统作为整个系统的高程控制基础。如果选用独立高程系，应确定它与全国统一高程系间的高程转换参数。所有地形图以及与高程有关的各种专题地图和其他数据，均应归一到这个统一的高程系统中。

区域多边形控制系统：在城市规划管理信息系统中常需要按特定的多边形区域对信息进行检索和分析，例如按行政单元分析人口分布特征，按开发区分析社会经济活动，等等。这就要求系统设计统一规定的区域多边形系统。不同城市的区域多边形划分可以不同。常用的有按行政区划分的市、区(县)、街道办事处和居民委员会区域的多边形系列；按建筑群体划分的小区和街区多边形；按活动性质划分的开发区、金融贸易区、商业区、文化区、旅游区和居住区多边形，等等。应当规定各种多边形区域的界线、名称、类型和代码，形成统一的区域多边形控制系统。

- 图形数据的分类与编码

依据下列现有国家标准和相关标准，确定统一的图形数据分类与编码：

GB 14804—93《1∶500，1∶1000，1∶2000 地形图要素分类与代码》；

GB/T13923—92《国土基础信息数据分类与代码》；

GB/T 2260—2002《中华人民共和国行政区划代码》；

GB/T 10114—2003《县以下行政区划代码编码规则》；

GB/T 14395—2009《城市地理要素——城市道路、道路交叉口、街坊、市政工程管线编码结构规则》；

GBJ 137—90《城市用地分类与城市规划建设用地标准》；

SL249—1999《全国河流名称代码》等。

对于没有国家标准或尚未颁布国家标准的地理要素，参照行业标准进行编码。

关于图形数据的分类及编码的原则、方法将在后面的内容中讲解。

- 属性数据指标体系

属性数据指标体系的标准化设计包含两方面的内容，一是针对某类图形数据的属性信息所作的属性项设计，二是确定每个属性项的属性值指标。属性项设计是与业务管理内容紧密结合的，一般也应有一套标准，但针对不同的城市，不同管理等级的用户，其项目多少可以选择。一般都依据现有的国家标准、行业标准或地方标准来确定本城市、本系统所涉及的属性项和属性值的标准分级或指标值。

• 数据分层方案

各类数据库或数据子库的数据，应根据具体情况和用户需求，采用分层的方式存放。分层存放有利于数据管理和对数据的多途径快速检索与分析。

数据分层的原则为：同一类数据放在同一层；相互关系密切的数据尽可能放在同一层；用户使用频率高的数据放在主要层，否则，放在次要层；某些为显示绘图或控制地名注记位置的辅助点、线或面的数据，应放在辅助层；基础信息数据的分层较细，各种专题信息数据则一般放在单独的一层或较少的几层中。

基于上述原则，制定出统一的数据分层方案，规定统一的层名、层号和数据内容等。表6-1-1给出了一个城市规划管理信息系统基础信息子系统的分层示例。

表6-1-1　基础信息子系统分层示例

| 层　号 | 层　名 | 代　码 |
|---|---|---|
| 1 | 建筑物 | B |
| 2 | 地形 | T |
| 3 | 管线 | E |
| 4 | 其他点状要素 | P |
| 5 | 其他线状和面状要素 | L |
| 6 | 辅助点和线 | F |
| 7 | 汉字注记 | A |

• 数据文件命名规则

城市规划管理信息系统包含有大量的数据文件。为保证对数据文件进行有效管理和便于查询检索，使其不发生混淆现象，应按一定规则对文件命名。

文件名称应能清晰地反映数据库的代码以及数据的层名、层号、图幅号和数据加工处理的阶段等。下面是建议的文件命名结构，如图6-1-4所示，其中：

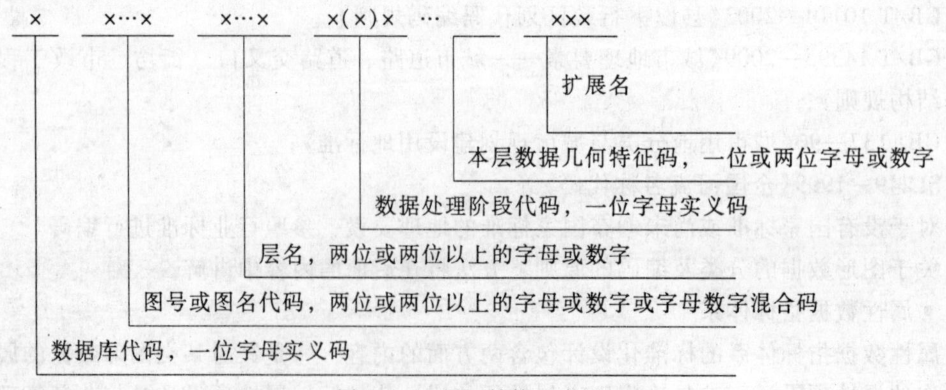


图6-1-4　通用结构示意图

图中数据库代码用于标识该数据文件属于哪一个数据库。用一位具有实义的字母标识城市规划管理信息系统中的数据库，如表6-1-2所示。数据处理阶段是指该数据文件中的数据在建库过程中所处的处理阶段，用一位具有实义的字母予以标识，如表6-1-3所示。

表6-1-2　**系统中的数据库**

| 数据库名 | 代　码 |
| --- | --- |
| 基础数据库 | J |
| 城市规划数据库 | G |
| 综合管网数据库 | Z |
| 地籍数据库 | D |
| … | … |

表6-1-3　**数据文件中的处理阶段**

| 数据处理阶段 | 代　码 |
| --- | --- |
| 手扶数字化原始数据 | D |
| 扫描原始数据 | S |
| 经过编辑数据 | E |
| 经过投影变换数据 | P |
| 已建立拓扑关系数据 | T |
| 已接边数据 | M |
| 已完成处理数据 | F |

实际工作中可以根据规模不同，对上述文件命名规则适当简化。同时为防止文件名称过于冗长，可以分两级管理，即将数据库代码、图号或图名代码作为主目录名，其他部分作为主目录下的文件名。

● 统计单元

统计数据是城市规划管理信息系统不可缺少的组成部分，特别是很多专题信息，都是用统计办法采集数据的。需要根据城市特点，设计统一的空间定位统计单元，并相应地在统计表中增加统计单元代码数据项。空间定位统计单元可以是规则的格网，也可以是根据一定条件划定的多边形，视不同的数据内容而定。空间定位统计单元应当是稳定的和标准化的。

● 技术流程和质量控制

对一个城市规划管理信息系统而言，其系统建设的整个流程及每个阶段的质量检查与质量控制应该是标准化的。标准技术流程是建立在实践基础上的、最优化的工艺技术过程，是保证系统建设进程和系统质量的重要手段。大规模系统还可根据设计方案编写技术实施方案，以控制和指导系统的开发工作。质量控制标准应该是多方面的，从系统设计、数据源、数据采集、数据处理直至系统开发完成，均应有严格的质量控制指标和检查措施。

不同子系统的质量控制指标是不一样的，但必须有一系列标准用于控制。

● 地理信息描述数据

地理信息描述数据是描述数据内容、质量、状况和其他特征的数据，简单地说，是关于数据的数据。

描述数据不同于数据字典。数据字典主要从数据存储的角度来描述数据，而描述数据描述的范围非常广泛。如描述一个字段时，描述数据不仅要描述其存储的信息，还要说明其来源和可靠性等。描述数据可以在数据、数据集、数据集系列这三个层次上实施。描述数据也是一种数据，形式上与其他数据没有区别，可以以数据存在的各种形式存在，它是城市规划管理信息系统数据的必要组成部分。

地理信息描述数据是按一定标准采集与组织的，描述数据标准通过定义共同的术语、定义、元素、子集和扩充方法等，规范各种数据集的描述数据内容，使地理信息数据得到更好的应用与有效的检索，即数据生产者能更好地组织和管理数据，用户可得到关于数据集的信息，以便找到能满足其需求的数据。

地理信息描述数据一般包括以下内容：数据集标识信息、数据质量、数据源和处理说明、数据内容摘要、数据空间参照系统、数据分类、数据分发信息以及与描述数据有关的其他信息等。

③软、硬件配置

系统的软、硬件配置应技术上稳定可靠、投资少、见效快、立足现在和顾及发展的原则，并根据实际的情况选择配置方案。

• 硬件配置

城市规划管理信息系统硬件视城市和系统规模可有大、中、小三种配置：

◇ 大的系统可以采用一台服务器和多台图形工作站及 PC 机联网，根据数据量配置较大容量的磁盘，并配置若干台手扶跟踪数字化仪、扫描数字化仪和绘图机等外部设备；

◇ 中等系统可以用图形工作站作为服务器，与若干台 PC 机联网。工作站配置较大容量的磁盘，并配置适当数量的手扶跟踪数字化仪或一台扫描数字化仪以及绘图机等外部设备。

◇ 小规模系统用一台 PC 机或若干台 PC 机联网，配置适当规模的磁盘，并根据近期和中长期的需要，配置手扶跟踪数字化仪或扫描数字化仪。一般应考虑配置一台绘图机。

• 软件配置

软件包含计算机操作系统软件、地理信息系统基础软件和应用分析模型软件等。操作系统软件既要与所选计算机相匹配，又需要支持所选地理信息系统基础软件。地理信息系统应用软件多为引进一套商品化的通用的地理信息系统基础软件，并在此基础上进行二次开发。因此，在选择理信息系统基础软件时，应选择成熟的、功能和性能都能满足系统建设需要的软件，它应具有良好的开放性和兼容性，有良好的扩充功能，便于进行二次开发；软件技术支持服务好，能不断进行版本升级；能支持汉字处理，且具有较高的性能价格比。表 6-1-4 对国内外的一些 GIS 软件进行了比较。

④系统开发计划、经费预算和组织实施

• 开发计划

应当按照系统工程的方法，将系统开发的最终目标划分为若干实施阶段，制定出切实可行的开发阶段计划。一般来说，第一阶段先开发统一空间基础信息的基础信息子系统和数据库，同时开发一两个重要的、急需的专题子系统，如城市规划管理、用地管理、市政管网等。在功能上，首先要实现对数据的查询检索以及事务处理、信息咨询、数据提供和计算机制图等一般性通用功能；第二阶段开发其余专题子系统，扩展系统功能并开发分析应用模型；第三阶段进一步完善系统功能，实现系统集成和与城市规划管理相关部门的联网，最终构成城市综合性管理信息系统。

表 6-1-4　　　　国外一些 GIS 软件性能比较

| 产品名 | 生产厂家 | 计算机平台 | | | 操作系统 | | | | 数据结构 | | | | | 栅格矢量综合 | | | 标准支持 | | | |
|---|---|---|---|---|---|---|---|---|---|---|---|---|---|---|---|---|---|---|---|---|
| | | 小型机 | 工作站 | PC | UNIX | NT | Windows | DOS | 栅格 | 拓扑矢量 | 非拓扑矢量 | TIN | 3D | 栅→矢 | 矢→栅 | 矢栅叠量 | X-WINODW | SQL | SDTS | ISO |
| MGE | Intergraph(美) | ✓ | ✓ | ✓ | ✓ | ✓ | ✓ | ✓ | ✓ | ✓ | ✓ | ✓ | ✓ | ✓ | ✓ | ✓ | ✓ | ✓ | ✓ | ✓ |
| ARC/INFO | 环境系统研究所(美) | ✓ | ✓ | ✓ | ✓ | | | ✓ | ✓ | ✓ | ✓ | ✓ | ✓ | ✓ | ✓ | ✓ | ✓ | ✓ | ✓ | ✓ |
| iero Statior | icrostation(美) | | ✓ | ✓ | ✓ | ✓ | ✓ | ✓ | ✓ | ✓ | ✓ | ✓ | ✓ | ✓ | ✓ | ✓ | ✓ | ✓ | ✓ | ✓ |
| RDAS IM AGINE | ERDAS(美) | | ✓ | | ✓ | | | ✓ | ✓ | ✓ | ✓ | | | ✓ | ✓ | ✓ | ✓ | | | |
| FRAMME | Intergraph(美) | | ✓ | ✓ | ✓ | ✓ | ✓ | ✓ | ✓ | ✓ | ✓ | ✓ | ✓ | ✓ | ✓ | ✓ | ✓ | ✓ | ✓ | ✓ |
| GDS | EDS(美) | ✓ | ✓ | | ✓ | | | | ✓ | ✓ | ✓ | ✓ | ✓ | ✓ | ✓ | ✓ | ✓ | ✓ | ✓ | ✓ |
| Genamap | Genasys(澳大利亚) | | ✓ | ✓ | ✓ | | | | ✓ | ✓ | ✓ | ✓ | ✓ | ✓ | ✓ | ✓ | ✓ | ✓ | | |
| Mapinfo | Mapinfo(美) | | | ✓ | ✓ | | ✓ | ✓ | | | ✓ | | | | ✓ | | | ✓ | | |
| Systomy 9 | Computervision(mei 美) | | ✓ | ✓ | ✓ | | | ✓ | ✓ | ✓ | ✓ | ✓ | ✓ | ✓ | ✓ | ✓ | ✓ | ✓ | | |

• 经费预算

城市规划信息系统的经费主要用于购置软、硬件，采集数据和建立数据库，开发地理信息系统应用软件和分析应用模型，运行和维护系统，更新和扩充数据、软件或硬件，以及管理开支等。

• 组织实施

城市规划管理信息系统的建设应当在主管部门的统一领导下进行。最好成立由主管部门行政领导和技术负责人组成的领导小组，该小组协调各部门之间的各种关系，并聘请地理信息系统专家，实现对系统开发的指导和监督，并及时处理技术问题和非技术问题。城市规划管理信息系统的基础信息子系统必须优先统一开发，这个基础信息子系统使用的基础数据应由专业部门提供，它具有标准化和权威性。城市规划管理信息系统的专题信息子系统是由各专业主管部门联合共同建设，以使其具有权威性。各种专题数据库应当由各个专业子系统共享，所需的基础信息则应来自统一建设的基础数据库。

(c)总体设计方案论证

城市规划管理信息系统总体设计方案应包括总体设计方案文本及其附件，如图形信息分类代码表、属性信息指标体系等。总体设计方案需经专家论证委员会论证通过才可付诸实施。

专家论证委员会的职责是通过阅读文本和听取设计人员的报告，从技术角度对总体设计方案进行审查，评价设计目标是否符合用户需求，技术路线是否合理先进，技术措施是否可行，设计有无重大技术问题，软硬件配置、进度指标和经费预算是否恰当等，并提出补充修改的意见。

(3)子系统设计

城市规划管理信息系统子系统设计是根据总体设计方案确定的目标和阶段开发计划，子系统进行的详细设计用于指导子系统的开发。

子系统设计阶段的用户需求调查要充分利用以前调查分析的结果，特别是与子系统主题相关的部分，并对用户再作进一步的专题性调查，弄清用户在相应专题方面的业务情况和对系统的应用要求，将此作为子系统设计的依据。

子系统设计的内容主要包括：子系统逻辑结构设计、数据库设计、功能模块设计和用户界面设计等。

• 子系统逻辑结构

每个子系统的逻辑结构要包括硬件、软件、数据库和人员。应根据一个子系统的功能和规模，具体确定设备及软件的类型和数量。

基础信息子系统数据库为其他各专题子系统共享；专题子系统数据库由专题数据子库和基础数据子库构成，前者除图形数据外，还包括专题属性数据(多数为空间定位型关系数据)，后者则是从基础信息子系统数据库提取相关数据派生的。

人员包括子系统设计开发人员、子系统运行和维护管理人员、操作人员及最终用户等。专题子系统逻辑结构还需要熟悉本专题业务的专业人员参与设计和开发。

• 子系统数据库设计

城市规划管理信息子系统数据库设计的主要内容包括：数据源的分析与选择；确定数据采集方式和数据更新的技术方法；数据采集前的预处理；数据采集技术要求和技术规定；数据编辑处理和拓扑关系建立；属性项的选择、定义和属性文件的建立，与已有关系数据库的连接；数据质量控制和检查验收规定；平面坐标的配准、投影参数设置、与国家统一坐标系间的转换；数据接边处理；其他有关问题，包括数据字典、描述数据库、符号库的设计与建立等。

• 子系统功能模块设计

每个子系统除应具有如数据输入、图形或属性信息的查询检索、数据处理与分析、坐标变换和投影转换、图形图表显示或输出以及数据更新等通用功能外，还应针对各个不同的专业设计专题应用和辅助业务管理功能。如土地管理子系统应具备辅助土地管理事务处理的功能，包括办文管理、划地方案制定、征地拆迁和批约、地价测算、土地利用现状评价和土地利用预测，等等。

每一项管理业务均要按照规范化工作流程设计出功能模块，进行开发。

### 6.1.3 系统实施与维护

按照已经论证通过的总体设计方案进行有计划、分步骤的系统实施工作。

实施过程中，要考虑系统开发模式，常见的开发模式有下列三种：完全自主开发；全盘委托开发；联合开发。开发模式选择要因地制宜，不同城市可以采用不同的模式，同一城市的不同子系统亦可采用不同的开发模式。同时，还要考虑系统的维护。系统实施与维护主要从系统安全和评价两个方面考虑。

1. 系统安全

(1)系统的安全隐患

系统的安全性包括系统数据的安全性、系统软件的安全性和系统硬件的安全性。系统作为一个基于网络的开放式信息系统，在系统安全性方面主要存在有三种隐患：非故意的人为破坏：主要是指系统的合法使用人员因使用不当或正常使用但因系统设计缺陷造成的对系统安全性的破坏，通常这种情况是最常见的，主要是造成系统数据的损坏；故意的人为破坏：分为内部合法使用者、非法使用者以及外部使用者主观故意地对系统的破坏，对系统的破坏将是非常严重的，对系统的数据、软件和硬件都有可能造成损坏；非人为的破坏：主要是指由于外界的电力、气候、自然灾害以及机房环境、设备等原因引起的对系统的破坏。

同时，根据系统的保护对象，系统的安全问题又可分为数据安全、软件安全和设备安全。数据安全问题包括防止数据被非法查看、非法复制、非法修改等；软件安全问题则包括非法使用、非法复制和修改等；设备安全则主要是保证设备的正常运行。

系统的安全体系设计必须针对系统的安全隐患及可能的破坏结果，从技术手段和管理措施两方面着手，构筑一套保证系统数据、软件和硬件安全运行的体系。

(2)数据安全性指标体系

系统数据定义：系统数据是指建立信息系统时所用到的或系统建立后生成的所有以纸张、磁带、磁盘或其他电子、电磁为媒体的图形、文档、数据库记录和软件。

数据保护定义：系统数据保护就是指未经许可不提供任何计算机程序、不可进行任何计算机数据库和系统操作、不可获得任何系统的数据。另外，未经许可不可进行任何形式临时再生产，不可进行任何转换、改编等修改，不可进行任何形式复制和分发，不可进行任何通信和发表。同时在许可使用的情况下，还可限制使用的范围、权限以及使用手段。

数据安全性指标是在系统建立时设置安全机制，建立的数据安全指标。

2. 系统评价

系统评价是从技术和经济两大方面对所设计的城市规划管理信息系统进行功能和效益评价。系统评价的内容包括：

(1)系统效率

系统的各种功能指标、技术指标和经济指标均是系统效率的反映。例如系统能否及时地向用户提供有用信息？所提供信息的质量如何？系统操作是否方便？等等。

(2)系统可靠性

可靠性是指系统在运行时的稳定性，如是否很少发生事故，即便发生事故是否也能很快恢复。还包括系统的数据文件和程序是否妥善保存，以及系统是否具有后备体系等。

(3)系统可扩展性

城市规划管理信息系统从调查和收集空间数据开始，然后开发系统原型，逐步修改完善，演化到兼有管理和决策功能的高级阶段。因此，要在已开发系统上增加功能模块，必须在系统设计时留有接口。否则，当数据量增加或功能增加时，系统就可能要被推倒重建。

(4)系统可移植性

可移植性是评价城市规划管理信息系统的一项重要指标。地理信息系统的软件和数据库，不仅在于它自身结构的合理，而且还在于它对环境的适应能力，即它们不仅能在一类机器上使用，而且还能在其他型号的设备上使用。要做到这一点，系统必须按国家规范标准设计，包括数据表示、专业分类、编码标准、记录格式、控制基础，等等，都需要按照统一的规定，以保证软件和数据的匹配、交换和共享。

(5)系统效益

系统的效益包括经济效益和社会效益。城市规划管理信息系统开发阶段和运行初期着重从社会效益上进行评价，例如信息共享的效果，数据采集和处理的自动化水平，地学综合分析的能力，系统决策的定量化和科学化，系统应用的模型化，系统解决新问题的能力，等等。其经济效益是在长时间内，随着功能的完善，数据的完备和使用水平的提高，逐渐体现出来的。

## 6.2 城市规划数据库的设计

城市规划数据库是专门用来存放与城市规划有关数据和信息的数据库。而城市空间数据又分为矢量和栅格数据，同时各种数据又具有空间和属性的特征，有的还有时间特征，各种特征的信息可能要用不同的结构来表达。各类数据的开发可能是使用不同的 GIS 软件来完成的，导致数据的格式也可能各不相同，一个数据库可能要求容纳各种各样的数据类型和格式。

城市规划数据库的设计应该既考虑数据的特征，又兼顾城市规划应用的特殊目的。按照应用目的设计的数据库是根据城市规划编制和城市规划行政主管单位的使用目的来对数据库进行设计的，若对数据的考虑加强一些，便可以使设计出的数据库既充分利用技术上的优势，又能兼顾用户的应用目的。

### 6.2.1 设计目标及要求

1. 满足用户要求

设计者必须充分理解用户各方面的要求与约束条件，尽可能精确地定义系统的需求。

2. 良好的数据库性能

城市规划数据库性能包括多方面的内容，在数据存储方面，既要考虑数据的存储效率又要顾及存取效率(尤其是对空间数据)；在应用方面，随着城市建设速度和城市规划理念更新的加快、城市规划行政体制和法律体系的逐步完善，设计的数据库不仅要能满足当前应用之需要，还要能满足一个时期内的需求可能；在系统方面，当软件环境改变时，容易修改和移植。另外，还要有较强的安全保护功能。但是，上述性能往往有些冲突，设计时必须从多方面考虑，对这些性能做出最佳的权衡。

3. 对现实世界模拟的精确程度

城市规划数据库也是通过数据模型来模拟现实世界的信息类别与信息之间的联系。模拟现实世界的精确程度取决于两方面的因素：一是所用数据模型的特性；二是数据库设计质量。

4. 能被数据库管理系统接受

城市规划数据库设计的目的，是建立数据库管理系统支持下能运行的数据模型和处理模型。

### 6.2.2　设计过程

数据库的设计方法，随数据库的类型、大小、复杂程度和使用周期等因素的不同而不同(Healey，1991)。为了能将所有的数据有效、合理地存储在数据库中，并能够满足用户的要求，在设计过程中通常有一些共同的步骤和思路。一般来说，无论哪一种数据库设计，都分成以下几个步骤(ESRI，1992)：①需求分析；②可行性分析；③概念设计；④详细设计；⑤自动化方案制订；⑥试点项目实施；⑦数据库总体实施。

下面就其中的重点问题进行阐述。

1. 数据源调查和评价

数据源调查和评价的主要内容包括：能获得哪些数据；这些数据可划分为几个类型；它们之间有何联系；哪些是基础数据，哪些是可以由基础数据生成的合成数据和综合数据。在进行业务现状和数据现状分析的同时，也应估计将来可能出现的变化与发展。

(1)数据源

数据是任何信息系统的核心，在考虑 UPMIS 的系统目标时，需要对数据进行评估、分类和登记。城市规划中的数据源包括来自城市空间数据集的多种类型的数据，如各类地图、遥感图像、文字报告、统计数据等。

(2)数据的分类

从表现形式上，数据可划分为字符型数据、数值型数据、日期型数据、图形型数据和多媒体数据 5 类；从数学性质上看，可划分为名义型数据、有序型数据、间隔型数据和比例型数据 4 类。

2. 数据评价

数据的评价包括以下三个方面：

(1)数据一般状况评价

• 数据的目前状态：数据是否已有电子版，或是否有机构正在生产数据电子版。若有电子版数据，则要考虑数据格式、拓扑关系、数据分辨率、数据覆盖面的完整性、数据的可获得性、自动化过程实施和元数据信息的完全性。

• 数据是否为一种标准形式：该类数据是否为国家、地方以及行业的标准。

• 数据是否可以直接被 GIS 使用：常常某些数据需要经过一定的处理以后才能与数据库中定义的数据相符合，这样可能会对整个数据库的实施带来影响。

• 数据的原始性：有些数据是由其他更原始的数据推导、综合而来，要注重使用更原始的数据，即第一手数据。

• 数据的可替代性：常常对一种所需要的数据来说，会有多种来源，有些容易获得，有些则较难，在决定使用哪一种时，应该将各种可能来源的数据均加以收集并仔细比较，再做定论。

• 数据与其他数据的一致性：覆盖的地区是否一致，比例尺是否相同，数据的地理控制点是否符合数据库的要求，在整个地区是否一致，投影是否与要求符合等。

• 数据的共享性：数据能否被其他系统使用，是否可以进行格式转换。

(2)数据空间特征

• 空间特征的表达方式。例如，城市可以当做点或多边形；地形数据既可以是等高线式的矢量表达方式，又可以是栅格的数字高程模型。因此，要比较各种特征是否符合特定的要求。

• 空间特征的连续性和闭合性。在很多数字形式的 CAD 数据中，很多线性特征的表达(如铁路线)是不连续的，有些面状的地理特征是不封闭的。这时需要对不连续、不闭合的情况进行自动或半自动地处理，以保证各个特征的连续性和闭合性。

• 表示规则的比较。不同数据集在对同一类型的地理特征进行表示时，可能使用不同的规则。例如河流信息，有些是用双线表示，有些则只有单线。对于油井，有些是用多个点聚集表达，有些则是用多个多边形表达其覆盖的范围。

• 空间数据地理控制信息的比较。不同数据集使用不同类型的大地控制系统，通常可能有：①GPS 点；②大地控制测量点；③人为划分的地理位置点，例如图幅角点等；④道路等线性特征的交叉点。不同的方法代表不同的精度，在详细设计过程中，控制点精度的比较和评价是重要的一环。

• 空间地理数据的系列性。在空间数据收集过程中，常常会遇到不同地区同一类型数据的比例尺不同或覆盖有交叉重叠的情况。这就要决定不同地区的信息衔接问题，边界匹配有可能会出现问题。决策时不仅要考虑到整个数据库的质量，还要兼顾实施的难易。

• 分类方法的比较和评价。不同数据集对同一类型的数据通常使用不同的分类方法。例如同样是道路，不同的生产厂家会根据其要求进行级别分类。有时两种数据的这种差异不论是从空间图形的角度还是从属性信息的角度都可能会大到几乎无法匹配的地步，因此分类方法是详细设计过程中应该引起重视的一项。

• 地理参考系统的一致性。同一地区，不同地理特征的地理参考系统可能会由于比例尺、原始信息、年代的不同而出现不匹配的现象。例如一个流域的山谷脊线应与一个地区的等高线走向一致。又如一个河流又是行政边界时，它将会出现在水系层和行政边界层上，但若两者的地理参考不匹配的话，则会产生出很多冗余信息。

(3)数据属性特征

• 属性的存在性。很多空间数据并不具有属性数据或不直接拥有所需要的属性数据。

在详细设计过程中，对各数据层均要评价其属性数据的存在性。

• 属性数据与空间位置的匹配。很多属性数据以表格报告的方式存在，而没有图形信息与其直接匹配，所以有时需要使用编码的方法将属性数据的位置数据自动或半自动地产生出来。

• 属性数据的编码系统。不同来源的同一类数据的编码系统常常不同，需要加以比较，并根据应用的要求来决定使用哪种。有时也可能要求结合起来使用。

• 属性数据的现势性。各类属性数据随着时间的变化有所变化，在数据库详细设计过程中，对每层数据的属性数据的现势性应加以严格的考虑，以保持整个数据库的现势性。

3. 数据的组织和分析

收集到各种信息后，接下来是对信息的组织和分析，然后将结果表达出来。信息表达的方式通常有表、清单、数据流程图、数据字典等，具体包括以下 6 种：现有机构的组织结构图；现有机构的功能示意图；现有机构的人员组织及功能示意图；现有数据内容及来源清单；现有数据及其功能参照表；现有软件硬件设备关系图。除了对现存的状况进行综合分析外，还要将计划的将来状态表示出来，这应包括人员培训计划、GIS 的输出产品、实施的进度计划三种。

通常各种分析的结果要写成报告，并提出改进的可行性方案。需求分析结果报告通常要包括以下几个部分：

(1)机构运作的逻辑数据流程图

该流程图通常是集部门组织结构和功能于一体。除了各种主要数据处理过程以外，还包括数据的输入和输出、各功能的接口界面和数据转换。在需求分析报告中，一般要有现有机构的运作和未来机构的动态流程图两种。

(2)GIS 功能加入后的各种产品

各类 GIS 产品通常可以包括地图、报表、文件、应用软件包、屏幕查询或更新的数据库等。

(3)硬件资源表

该表可列出现有的硬件资源清单，通常包括：硬件名称、操作系统、主要功能、所属部门、运行状况等。

(4)软件资源表

软件资源表列出所有的或未来的软件资源清单。该表通常包括：软件名称、所属单位、操作平台、主要功能、参与的应用、运行状况等。

(5)专业人员清单

该清单是机构内专业技术人员一览表，主要包括：人员名称、所属部门及职务、主要职责范围、技术优势、经验等。

(6)数据功能参照表

该表表示各类功能与各种数据之间的关系，它可以帮助分析数据重要性的优先程度。只要功能的优先程度得以确定，那么从表中很容易得知相应数据的优先程度。表 6-2-1 为数据功能参照表样本。

表 6-2-1　　　　数据功能参照表样本

| 功能 | 总体城市规划 | 地籍图 | 土地利用图 | 街区图 | 交通城市规划图 | 税务数据库 | … |
|---|---|---|---|---|---|---|---|
| 总体城市规划 | O |  | O |  |  | I | … |
| 交通城市规划 |  |  |  |  | O |  | … |
| 土地利用城市规划 |  |  | O |  |  |  | … |
| 地籍管理 |  | I/O |  |  |  |  | … |
| … | … | … | … | … | … | … | … |

注：表中 I 代表输入(Input)，O 代表输出(Output)；有时某数据可能既是输入又是输出，则用 I/O 表示。

(7)数据来源清单

数据来源清单列出一个机构内所有数据的来源、格式、目前完善程度等有关信息。样本见表 6-2-2。

表 6-2-2　　　　数据来源清单样本

| 编号 | 数据名称 | 部门来源 | 主要形式 | 数据格式 | 完整性 | 主要特征 | 主要属性 | 来源比例尺 | 数据量 | 地图投影 | 精度 | 元数据 | 备注 |
|---|---|---|---|---|---|---|---|---|---|---|---|---|---|
| 1 | 土地利用 | 土地利用 | 地图 | DXF | 中等 |  |  |  |  |  |  |  | 需要更新 |
| 2 | 等高线 | 基础部 | 航空影像 | DXF | 很好 |  |  |  |  |  |  |  |  |
| 3A | 普查北京 | 普查组 | 图表 | DBF | 很好 |  |  |  |  |  |  |  |  |
| 3B | 普查上海 | 普查组 | 图表 | DBF | 很好 |  |  |  |  |  |  |  |  |
| 4 | … | … | … | … | … |  |  |  |  |  |  |  |  |

从表中可以看到同一类型的数据集可以使用同一主编号，例如普查数据都用 3 为主编号，各不同地区用英文字母区分，这样可以使后续分析更简便。该表还可以提供有关哪些部门生产哪些数据的信息。

(8)部门功能清单

部门功能清单列出所有参与的部门及它们的主要功能。通常这些信息均可以从用户处获得，只要将所有获得的信息全部列出即可。表 6-2-3 是该清单的样本。

表 6-2-3　　　　部门功能清单

| 部门 | 联系人 | 联络信息 | 下属部门 | 主要任务 | 日常责任范围 |
|---|---|---|---|---|---|
| 城市规划局 | 李玉 | … | 用地处 | 城市规划用地审批 | … |
| 城市规划局 | 王玲 | … | 建设工程处 | 建设工程项目审批 | … |

4. 数据流程图

数据流程图(Data Flow Diagram, DFD)是系统分析的重要工具，其作用一是给出了系统整体的概念，二是划分了系统的边界。数据流程图描述了数据流动、存储、处理的逻辑关系，也称为逻辑数据流程图。这种流程图一般要表达以下内容：对于整个数据流程的每步过程，数据的输入是如何转换成数据的输出；每项处理均要用标号标明，并有部门的注明；各主要处理均应当以任务的形式出现；各主要处理的步骤应简单明了地注明。

(1)数据流程图的基本组成

系统部件包括系统的外部实体、处理过程、数据存储和系统中的数据流 4 个组成部分，如图 6-2-1 所示。系统分析时用数据流程图来模拟这些部件及其相互关系。数据流程图中用特定的符号来表示这些部件。

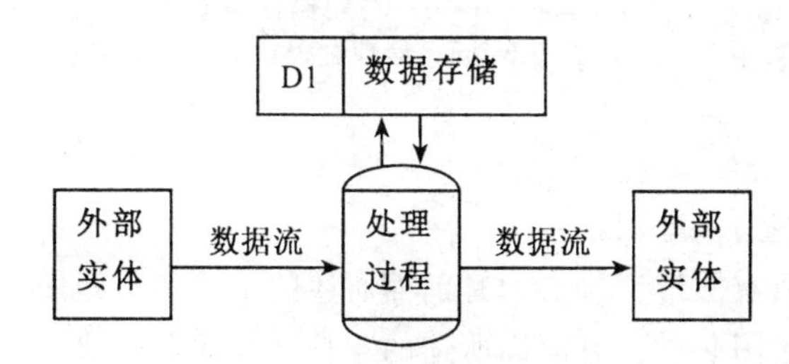


图 6-2-1　数据流程图的基本构成

①外部实体

外部实体指系统以外和系统有联系的人或事物，它说明了数据的外部来源和去处，属于系统的外部和系统的界面。例如，用户单位中的其他用户或与系统有关的其他人员等属于外部实体。外部实体是支持系统数据输入或数据输出的实体，支持系统数据输入的实体称为源点，支持系统数据输出的实体称为终点。在数据流程图最高层上，所有的源点和终点都是构成系统环境的因素。通常外部实体用矩形框表示，框中写上外部实体名。为了区分不同的外部实体，可以在矩形的左上角用一个字符表示，同一外部实体可在一张数据流程图中出现多次，这时在该外部实体符号的右下角画上小斜线表示重复，如图 6-2-2 所示。

②处理过程

处理指对数据逻辑处理，也就是数据变换，它用来改变数据值。低层处理是单个数据上的简单操作，而高层处理可扩展成一张完整的数据流程图。例如数据分析是一系列系统活动，即一系列系统处理的集合。而每一种处理又包括数据输入、数据处理和数据输出等部分。在数据流程图中，处理过程用带圆角的矩形表示，矩形分 3 个部分，如图 6-2-3 所示，标识部分用来标识一个功能，功能描述部分是必不可少的，功能执行部分表示功能由谁来完成。

③数据流

数据流是指处理功能的输入或输出。它用来表示一中间数据流值，但不能用它来改变数据值。数据流是模拟系统数据在系统中传递过程的工具。在数据流程图中，用一个水平箭头或垂直箭头表示数据流，箭头指出数据的流动方向，箭头旁注明数据流名称。

④数据存储

数据存储表示数据保存的地方，系统处理从数据存储中提取数据，也将处理后的数据返回数据存储。与数据流不同的是，数据存储本身不产生任何操作，它仅仅响应存储和访问数据的要求。在数据流程图中，数据存储用右边开口的长方条表示，在长方条内写上数据存储名字。为了区别和引用方便，左端加一小格，再标上一个标识，用字母 D 和数字组成，如图 6-2-4 所示。每一数据存储文件有唯一名称。

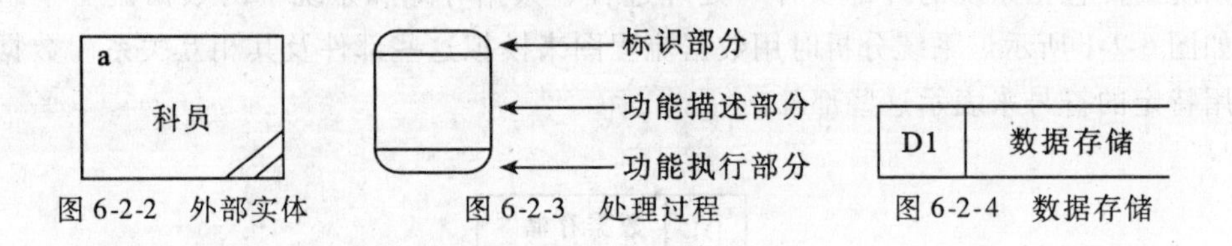


图 6-2-2　外部实体　　图 6-2-3　处理过程　　图 6-2-4　数据存储

(2)数据流程图的绘制

①绘制数据流程图的基本原则

• 数据流程图上所有图形符号必须是前面所述的 4 种基本元素。

• 数据流程图的主图必须含有前面所述的 4 种基本元素，缺一不可。

• 数据流程图主图上的数据流须封闭在外部实体之间，外部实体可以是一个或多个。

• 处理过程至少有一个输入数据流和一个输出数据流。

• 任何一个数据流子图必须与它的父图上的一个处理过程对应，两者的输入数据流和输出数据流必须一致，即所谓“平衡”。

• 数据流程图上的每个元素都必须有名字。

②绘制数据流程图的基本步骤

总的来说，在了解系统要求的前提下，从当前系统(人工系统)出发，由外往内，自顶向下，对当前系统进行描述，然后再按照系统的目标要求，逐步修正，使其功能完善化、处理精细化，其具体步骤大致如下：

• 把一个系统看成一个整体功能，明确信息的输入和输出。

• 找到系统的外部实体。一旦找到外部实体，则系统与外部世界的界面就可以确定下来，系统数据流的源点和终点也就找到了。

• 找出外部实体的输入数据流和输出数据流。

• 在图的边上画出系统的外部实体。

• 从外部实体的输入流(源)出发，按照系统的逻辑需要，逐步画出一系列逻辑处理过程，直至找到外部实体处理所需的输出流，形成封闭的数据流。

• 将系统内部数据处理分别看做整体功能，其内部又有信息的处理、传递、存储过程。

• 如此一级一级地剖析，直到所有处理步骤都很具体为止，并按照前面所述的原则进行检查和修改。

③绘制数据流程图应注意的问题

• 关于层次的划分

随着处理的分解，功能越来越具体，数据存储、数据流越来越多。究竟怎样划分层次，划分到什么程度，没有绝对的标准，一般认为展开的层次与管理层次一致即可，也可以划分得更细。处理块的分解要自然，注意功能的完整性，一个处理框经过展开，一般以分解为4～10个处理框为宜。

• 检查数据流程图

开始分析一个系统时，尽管对问题的理解有不正确、不完美的地方，但还是应该根据理解，用数据流程图表达出来，进行核对，逐步修改，获得较为完善的流程图。

• 提高数据流程图的易理解性

数据流程图是系统分析员调查业务过程，与用户交换思想的工具。因此，数据流程图应简明易懂。这也有利于后继的设计，有利于对系统说明书进行维护。

5. 数据字典

所谓数据字典，是在新系统数据流程图的基础上，进一步定义和描述所有数据的工具，包括一切动态数据(数据流)和静态数据(数据存储)的数据结构和相互关系的说明，是数据分析和相互关系的说明，是数据分析和数据管理的重要工具，是系统设计阶段进行数据库(文件)设计的参考依据。

数据字典通常包括数据项、数据结构、数据流、数据存储和处理过程5个部分。其中数据项是数据的最小组成单位，若干个数据项可以组成一个数据结构，数据字典通过对数据项和数据结构的定义来描述数据流、数据存储和逻辑内容。

### 6.2.3　概念设计

数据库概念设计是从抽象的角度来设计数据库，是从用户的角度对现实世界的一种信息描述，它独立于任何DBMS软件和硬件。概念设计的结果是对现实世界或地质实体的信息化概念模型。它由构造实体的基本元素以及反映这些基本元素之间联系的信息所组成。

概念结构独立于数据库逻辑结构，也独立于支持数据库的DBMS。它是现实世界与机器世界的中介，一方面能够充分反映现实世界，包括实体和实体之间的联系，同时又易于向各种数据模型转换。

1. 概念结构设计的方法

设计概念结构通常有4类方法。

①自顶向下。即首先定义全局概念结构的框架，然后逐步细化。如图6-2-5(a)所示。

②自底向上。即首先定义各局部应用的概念结构，然后将它们集成起来，得到全局概念结构。如图6-2-5(b)所示。

③逐步扩张。即首先定义最重要的核心概念结构，然后向外扩充，以滚雪球的方式逐步生成其他概念结构，直至生成全局概念结构。如图6-2-5(c)所示。

④混合策略。即将自顶向下和自底向上相结合，用自顶向下策略设计一个全局概念结构的框架，以它为骨架集成由自底向上策略中设计的各局部概念结构。

其中最经常采用的策略是自底向上方法，即自顶向下地进行需求分析，然后再自底向上地设计概念结构。

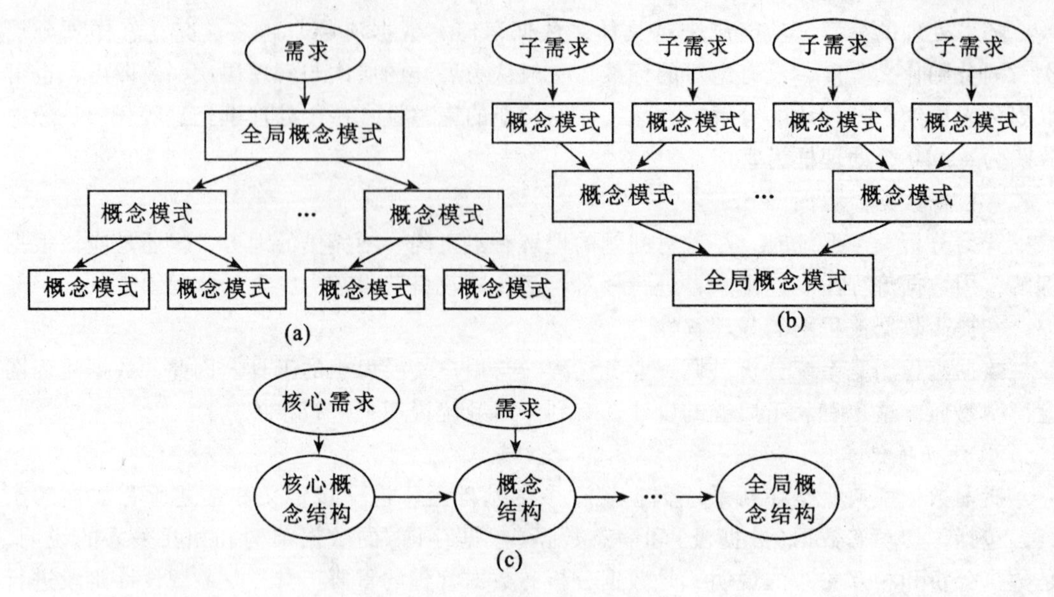


图 6-2-5　概念结构设计方法

2. 实体-关系模型

实体-关系模型，即 E-R 模型，是用实体关系来表示数据的模型，它的一个主要用途便是可以清楚地表达实体间的关系。尤其在实体很多、关系很复杂的情况下，E-R 模型可以清楚地理出其中的关系来。读者可以通过学习第二章内容了解如何建立 E-R 模型。这里重点说明分 E-R 图和基本 E-R 图的关系。

(1)分 E-R 图

设计分 E-R 图的第一步是要根据系统的具体情况，在多层的数据流图中选择一个适当层次的数据流图，让这组图中每一部分对应一个局部应用，即以这一层次的数据流图为出发点，设计分 E-R 图。

(2)基本 E-R 图

各个局部应用所针对的问题不同，且通常是由不同设计人员完成分 E-R 模型设计，这就导致各个分 E-R 图之间必定存在许多不一致的地方。因此合并 E-R 图时，首先必须着力消除各个 E-R 图中的不一致，以形成一个能为全系统中所有用户共同理解和接受的统一的概念模型，其次必须消除冗余数据和冗余关系。

(3)空间数据的 E-R 模型

表示概念模型最有力的工具是 E-R 模型，用它来描述现实地理世界不必考虑信息的存储结构、存取路径及存取效率等与计算机有关的问题，比一般的数据模型更接近于现实地理世界，具有直观、自然、语义较丰富等特点，在城市规划数据库设计中得到了广泛应用。图 6-2-6 就是一个空间数据 E-R 模型的例子。

3. 确定数据库地理实体类型

系统分析中必须定义实体模型的基本类型，确定描述这些实体模型的数据项及流程，

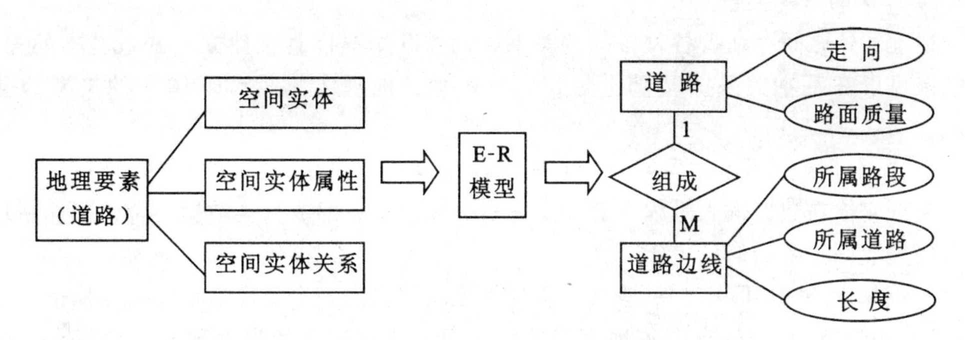


图 6-2-6　用 E-R 模型表示空间实体及其关系

进而弄清这些实体模型间的联系，为最终建立数据模型奠定基础。

地理信息的分类是对地理实体的一种抽象和概括，它决定了数据质量层次的划分。在确定地理信息的分类时，其分类体系的设计应能包含所有所需的数据和资料信息。图 6-2-6以道路为例，用 E-R 模型表示空间实体及其关系的地理要素分类体系，确保地理信息多用户、多领域共享。在 UPMIS 系统设计与建立中，常将城市规划信息区分为基础信息和专题信息。基础信息是指在描述或分析专题信息时要经常用到的，用于确定专题信息的地理位置时的参考地理要素信息，例如，地形、道路、居民点、水系等。对此类数据信息分类数目的多寡一般应以各种比例尺地理基础图式规范为基本依据。根据具体的应用目的或实际情况，可酌情扩充。地理信息的类型一旦确定，数据库中允许存在的数据类型或数据文件数目也就确定了。分类体系的确定为地图数据的定性标识和制订编码系统奠定了基础。建立标准的、统一的分类编码体系可以实现数据共享，减少人力、物力、财力的重复浪费，为数据交流带来极大的方便。

#### 4. 地理实体属性范围

实际上，实体与属性是相对而言的，很难把它们截然分开。同一事物在一种应用环境中作为“属性”，在另一种应用环境中就必须作为“实体”。一般说来，在给定的应用环境中：属性不能再具有需要描述的性质，即属性必须是不可分的数据项，不能再由另一些属性组成；属性不能与其他实体具有联系。联系只发生在实体之间。

确定实体的属性域的目的在于规定每个实体应包含哪几类属性信息。一般而言，城市规划涉及的空间实体可包括如下几类属性信息。

①几何类型信息：如点状物体、线状物体、面状物体、复杂物体、三维物体等。

②分类分级信息：说明物体的类型归属，用特征码或地理标识码表示。如城市空间基础信息可分为水系、地形、道路、居民地等。各大类中还可区分为亚类，而同一类中还可分级。

③数量特征信息：描述物体的大小或其他可以度量的性能指标。如长度、宽度、高度、深度、密度等。

④质量描述信息：说明物体的质量构成。如某建筑的材料组成等。

⑤名称信息：物体的专有名称。此类信息对某些实体具有标识作用。

5. 实体间的基本关系

在地理实体之间存在着各种各样的关系，而 GIS 中只能直接建立一些最基本的关系，其他关系可以在基本关系的基础上导出。一般地，地理实体具有下述 3 种类型的基本关系。

①定性(分层或分类)关系：每个地理实体必须至少属于分类系统中的某一类。即系统要将全部实体在数据输入过程中自动地进行分类组织，形成分类数据集合，确保用户按类别直接提取所需要的信息子集。

②定位关系：在 GIS 中，对地理信息的处理和编辑的一个特殊而重要的操作是按指定范围(常为矩形范围)来处理有关地理实体的信息，这是空间数据处理的一个特点。此类定位关系的建立为复杂的空间操作(如拓扑关系处理)奠定了基础。

③拓扑关系：拓扑关系是指网络结构元素(节点、弧段、面域)间的邻接、包含、关联等关系。有的 GIS 是将它作为基本关系直接建立，有的则是以定位关系为基础，间接导出实体间的拓扑关系。

### 6.2.4 逻辑设计

1. 概述

数据库结构设计是数据库设计的核心，UPMIS 的设计过程实际上就是将反映城市规划研究区有关的数据，按所需求的数据逻辑结构组织成符合某个特定数据库管理系统数据模式的过程。逻辑结构设计的任务是运用 DBMS 提供的工具和环境，将对现实世界抽象得到的概念模型转换成相应的 DBMS 的数据模型，用逻辑数据结构来表达概念模型中所提出的各种信息结构问题，并用数据描述语言描述出来。因此，逻辑设计是整个数据库设计的基础。其目的是要规划出整个数据库的框架，回答数据库能够做什么的问题。

在逻辑设计之前需要明确两个内容：宏观地理定义和数据模型，随后再分别对空间数据和属性数据进行逻辑设计。

2. 宏观地理定义

宏观地理定义通常包括以下三个内容：比例尺、地图投影和坐标系统。

(1)比例尺

比例尺是指地图和地表上长度的对应关系，它是地图或数据精度和详细程度的标志。小比例尺的地图通常要比大比例尺地图的精度低。数据库的比例尺通常取决于用户对数据精度的要求。

实际上，一旦地理数据被输入到数据库中，用户可以将数据用任何比例尺进行显示，即认为数字化的数据是没有比例尺的。但是用于产生这些数字化数据的原始图件是有比例尺的，原始图件比例尺的大小决定着一个数据库的精度。因为相同幅面太小的小比例尺地图覆盖的面积要比大比例尺地图大，而大比例尺地图包含的信息则比小比例尺的地图详细。

在决定一个数据库的比例尺时，不一定整个数据库均使用同一标准，根据数据的种类及其在 GIS 中的用户要求，各地理特征可以不同的比例尺而存在。当一个 GIS 应用会同时需要大小比例尺数据的情况下更应如此。但用户应该了解在使用不同比例尺的原始数据做

GIS分析的时候，分析结果的精度是与更小比例尺数据的精度一致的。

(2)地图投影和地理坐标系统

地图投影是一种系统的方法来测量和参考地球上的某一位置。在考察了空间GIS数据库的比例尺和分辨率以后，下面需要考虑的则是采用一种什么样的坐标系统来表达原始数据。一个坐标系统的选择会影响到整个空间数据库的数据变形。通常空间数据可以用地理坐标系统和笛卡儿平面坐标系统来表达。地图投影的目的就是将球面上的各个位置通过一定的数字模型转换到这种二维平面上。GIS数据库中地图投影的选择是一个关键部分，因为它影响到数据库使用的有效性。

建立数据库相对于投影和坐标系统选择的一般原则主要包括下面几个方面：

①在经常需要投影变换而且覆盖面积较大的情况下，应该使用地理坐标系统。

②笛卡儿坐标系统对于小面积和一个固定的坐标系最为适合。

③根据研究区的形状来选择变形最小的投影。

④如果有地区标准，则应该使用地区标准。

⑤如果研究区的面积因素很重要时，可以考虑使用一种等面积的投影进行面积计算，而数据在存储时可以使用另外的一种投影。(见表6-2-4)

表6-2-4　**地图比例尺与投影的关系**

| 同等幅面的地图 | | 比例尺 | |
|---|---|---|---|
| | | 大(1：20万) | 小(1：100万) |
| 在地球上覆盖的面积 | | 小 | 大 |
| 位置精度 | | 高 | 低 |
| 坐标系统 | | 平面 | 球面更为合适 |
| 比例尺(与地面比较) | | 接近 | 相差很远 |
| 综合的程度 | | 小 | 大 |
| 特征表达 | 面形(面) | 面状  | 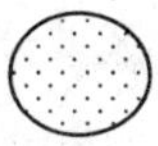 点状 |
| | 线形(面) | 多边形街道 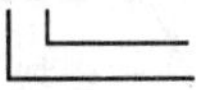 | 线形街道  |
| | 点形(面) | 点 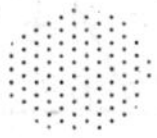 | 多边形  |

3. 空间数据的逻辑设计

(1)空间数据逻辑划分

UPMIS具有处理数据量大、结构复杂等特点，为了便于管理和应用开发，经常在设计时将整个系统划分为一些子系统，与此相适应，数据库也被划分为若干子库。此外，对于一些比较大的或比较复杂的子数据库还要进一步划分。逻辑设计的主要任务是将空间数据分析阶段所得到的地理数据重新进行分类、组织，如图6-2-7所示，从用户观点描述空间数据库的逻辑结构。在逻辑设计过程中，分两步进行，一是图块结构的设计，即按数据的空间分布将数据划分为规则的或不规则的块。二是图层信息的组织，即按照数据的性质分类，将性质相同或相近的归为一类，形成不同的图层。图块结构和图层结构是空间数据库在纵、横两个方向的延伸，同时空间数据库是两者的逻辑再集成。

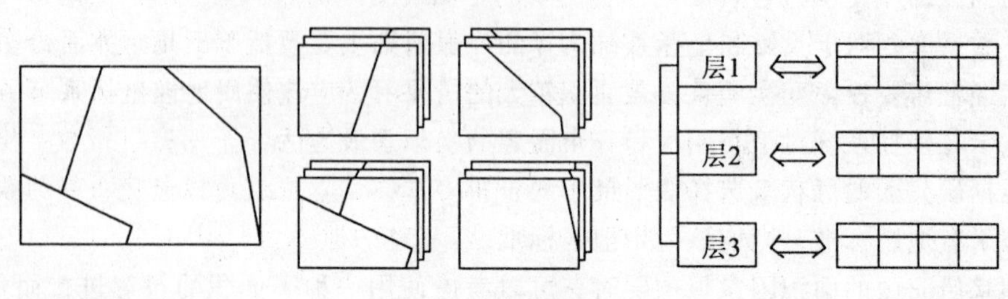


图6-2-7　空间数据组织

①图块结构设计

在空间数据库中，地图以文件形式存放，然而集中存放地图却受诸多因素的限制。

其一，磁盘容量。地图的比例尺越大，覆盖的地理范围就越广，因而在计算机中需要保存巨量甚至海量(可达到MB，GB)的地理数据，然而磁盘的容量往往是有限的，不可能将数据全部集中存放在一个数据文件中。

其二，查询分析效率。对地理数据的查询分析一般是在某个局部范围内展开。如果数据文件很大，将直接影响到数据的读取执行速度。

其三，数据库维护。一旦系统出现故障或用户操作不慎，将破坏整个地理范围内的数据，因此不便于对数据库进行维护。

考虑到以上因素，为了在计算机中对大容量的空间数据进行有效的组织，需要将所研究的地理区域分割成两个或多个独立的块。如图6-2-8所示，然后对这些图块建立空间索引。

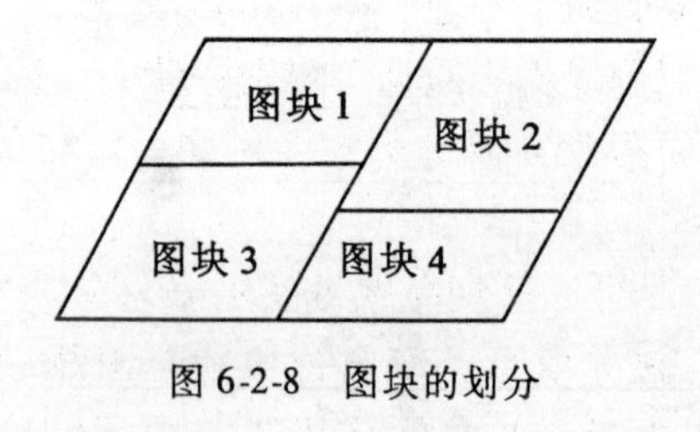


图6-2-8　图块的划分

②图层信息组织

为了提高地图中各个要素的检索速度，便于数据的灵活调用、更新及管理，在空间数据库中，往往将不同类、不同级的图元要素进行分层存放，每一层存放一种专题或一类信息。按照用户一定的需要或一定的标准把某些相关图元要素组合在一起成为图层，它表示地理特征以及描述这些特征的属性在逻辑意义上的集合。在同一层信息中，数据都具有相同的几何特征和相同的属性特征。

对地图进行分层管理是计算机对图形管理的重要内容。以层的管理形式效率最高。分层便于数据的二次开发与综合利用，实现资源共享，也是满足多用户不同需要的有效手段，各用户可以根据自己需要，将不同内容的图层进行分离、组合和叠加，形成需要的专题图件，甚至派生出满足各种专题图幅要求的不同底图。例如，某一地区的地形图按照要素的特性分成公路层、水系层、地貌层等。由于某种需要，要制作此地区水系分布图，那么就可以方便地把水系层及有关的要素提取出来，保存为一个文件，这样大大节省了时间及费用，并提高了工作效率。对于共用的要素，可以单独作为一个图层进行数字化，然后将其添加到要编辑的任何文件中去，制作不同的专题图，这样就可以避免重复的数字化工作。假设 $L_i(1, 2, \cdots, n)$ 为任一数据层，则一幅完整的地图为 $L=L_1 \cup L_2 \cup \cdots \cup L_n$，如图6-2-9所示。

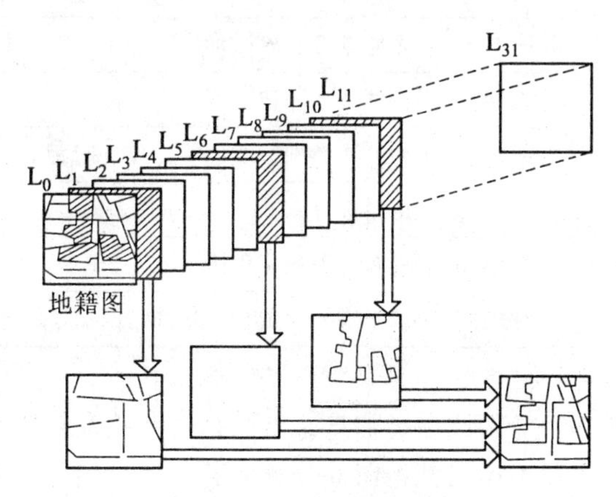


图6-2-9 数据分层原理

在图6-2-9中，数据层L是研究区域的所有信息总和，这一数据层在数据库中不独立存放，主要原因是数据量过大，而且不便于操作和处理。它实际上是一个理论数据层。实际的做法是按数据的逻辑类型分成若干数据层分别存储。当进行空间分析或处理时，可以提取有关的若干数据层叠加而得到需要的数据。例如，$L_1 \cup L_6 \cup L_{11}$ 就构成这一区域的地图状况图。

数据分层可以按专题、时间、垂直高度等发生来划分。按专题分层就是每层对应一个专题，包含一种或几种不同的信息。专题分层就是根据一定的目的和分类指标对底图上专题要素进行分类，按类设层，每类作为一个图层，给每一个图层赋予一个图层名。分类可以从性质、用途、形状、尺度、色彩等5个方面考虑。表6-2-5是图层划分的例子。

表 6-2-5　　地形图和地籍管理的图层划分实例

| | | | |
|---|---|---|---|
| 地形图 | 点要素层 | 地形层 | 等高线注记、地貌特征点、高程注记 |
| | | 居民点层 | 居民地符号及注记 |
| | | 境界层 | 境界线注记 |
| | | 地物层 | 独立地物符号 |
| | | 控制点层 | 规矩线、三角点 |
| | 线要素层 | 等高线 | 首曲线、计曲线 |
| | | 境界线 | 国界、省界、县界、行政区划界 |
| | | 交通线 | 铁路、公路、其他道路 |
| | | 水系层 | 单线河、双线河 |
| | | 控制线层 | 图廓线、经纬网、方厘网 |
| | 区(面)要素层 | 湖泊层 | 湖泊面域 |
| | | 双线河层 | 双线河面域 |
| 地籍管理 | 点要素层 | 界址点层 | 界址点号、界标种类 |
| | | 注记层 | 各种文字注记 |
| | 线要素层 | 界址线层 | 界址线类别、线位置、界址间距等 |
| | | 房屋层 | 房屋边界 |
| | 区(面)要素层 | 宗地层 | 权属、面积、用途、四至(东至、南至、西至、北至)、地类 |
| | | 街坊层 | 若干宗地组成相应街坊 |

表中每一图层存放一种专题或一类信息，有些是几种关系密切的相关要素组合在一起构成一个图层，有些是按照不同属性把图件分解成若干个只代表个别属性的图层，所有点图元(包括注释)层有一个对应的点数据文件，所有线图元层有一个对应的线数据文件，所有区图元层有一个对应的区数据文件。在具体数字化时，分得粗好还是分得细好，必须根据应用上的需要、计算机硬件的存储量、处理速度以及软件限制来决定。并不是图层分得越细越好，分得过细不利于管理，不利于考虑要素间相互关系的处理；反之分得过粗，编辑时要素间互相干扰，不利于某些特殊要求的分析、查询。

数据分层时要考虑的问题如下：

- 数据具有同样的特性，也可以说是数据有相同的属性信息。
- 按要素类型分层，性质相同或相近的要素应放在同一层。
- 即使是同一类型的数据，有时其属性特征也不相同，所以也应该分层存储。
- 分层时要考虑数据与数据之间的关系，如哪些数据有公共边，哪些数据之间有隶属关系等，很多数据之间都具有共同或重叠的部分，即多重属性的问题，这些因素都将影响层的设置。
- 分层时要考虑数据与功能的关系，如哪些数据经常在一起使用，哪些功能起主导作用。考虑功能之间的关系，不同类型的数据由于其应用功能相同，在分析和应用时往往会同时用到，因此在设计时应反映出这样的需求，可以将此类数据设计为同一专题数据层。

• 分层时应考虑更新的问题，数据库中各类数据的更新可能使用各种不同的数据源，更新一般以层为单位进行处理，在分层中应考虑将变更频繁的数据分离出来，使用不同数据源更新的数据也应分层进行存储，以便于更新。

• 比例尺的一致性。例如，植被类型在不同年份的考察中可能有不同的结果，而且考察的尺度范围也不同，所以在这种情况下通常会以两种层来存储。

• 同一层数据会有同样的使用目的和方式。

• 不同部门的数据通常应该放入不同的层，这样便于维护。

• 数据库中需要不同级别安全处理的数据也应该单独存储。

• 分层时应顾及数据量的大小，各层数据的数据量最好比较均衡。

• 尽量减少冗余数据。

同一类型的数据可能会有不同的拓扑关系。如水系可能既会有线性的(河流)，又会有面状的(湖泊)。通常只需进行特殊的限制，这些不同拓扑类型的同类数据不必分开存储。

表 6-2-6 是空间数据库分层的一个例子。

表 6-2-6　**数据库分层实例**

| 层 | 特殊拓扑类型 | 属性项 | 注记文字 |
|---|---|---|---|
| 街区网络 | 线状矢量 | 街名<br>地址的编号范围<br>街边类型 | 有 |
| 土壤类型 | 面状矢量 | 土壤类型<br>土壤子类 | 无 |
| 林业植被类型 | 面状矢量 | 植被复合类型<br>面积 | 无 |
| 数字地形模型 | 栅格 | 高程 | 无 |
| 坡度 | 栅格 | 坡度 | 无 |
| 坡向 | 栅格 | 坡向 | 无 |
| 水渠 | 线、面状矢量 | 长度、水渠各水量级别 | 有 |
| 流域 | 面状矢量 | | |
| 地区影像图 | 栅格 | 灰度 | 无 |

同时需要说明的是，空间数据库在分层的基础上，还可以分片。分片类似于模拟地形图的分幅。但片的形状并不一定要求是矩形的或梯形的，所有的片合并起来应能覆盖整个数据的地理区域。由于空间数据库的检索常常要通过地理位置作为索引，所以将数据分片有利于建立优化的索引系统，达到数据空间位置的适配性和属性的一致性。此外，合理的分片还能实现较好的数据管理与维护。

数据分片时应考虑的一些问题如下：

• 存取数据的要求，确定典型用户常用的查询范围。

• 选择适当的数据量，每片中包含的数据量既不宜过大也不宜过小。过大则增加处理的时间，过小则会给管理和查询带来不便。

• 分片时往往需经过典型试验以确定最佳方案。

③城市分区

根据城市规划、管理和决策的需要，在建立 UPMIS 时，有必要将整个城市区域划分成若干种区域多边形，作为信息存储、检索、分析和交换的控制单元，也可作为空间定位的统计单元。这就要求系统设计规定统一的区域多边形控制系统，并规定各种多边形区域的界线、名称、类型和代码。不同城市区域多边形的划分可以不同，划分原则应考虑各个城市原有的习惯和数据基础，常用的有按行政区划、经济活动性质、建筑群体、市政管理、自然界限等。城市分区也常常用于统计单元。

• 行政分区

据国家标准 GB 2260—91《中华人民共和国行政区划代码》规定，以县级(市辖区、地辖市、省直辖县级市、旗)为基本单元，包括县(市辖区、地辖市、省直辖县级市、旗)、地区(州、省辖市、盟)、省(自治区、中央直辖市)和国家四级，而且对县级以上的行政单元都进行了严格和科学的编码。县以下行政区的代码可以根据国家标准 GB 0114—88《县以下行政区划代码编制规则》自行编制。

城市有大有小，规模和行政等级不一。一般地，行政区可分为市、区(县)、街道(乡)三级，亦可划分到居民委员会一级。因此可根据城市的实际情况按照行政分区进行编码。下面以武汉市为例来按照行政分区的情况进行分区。

武汉市包括江岸、江汉、硚口、汉阳、武昌、青山、洪山、蔡甸、江夏、东西湖、汉南 11 个城区，黄陂、新洲 2 个郊区。各区下辖街道办事处、镇和乡，其中街道办事处可以在乡镇的管辖之下，全市共有 10 个街道办事处、41 个镇、34 个乡。

• 城市管理分区

一般而言，一个城市的管理包括：城市规划管理、城市建设管理、城市交通和邮电管理、城市公用事业管理、城市房地产管理、城市环境管理、城市经济建设管理、城市科教文化与社会管理以及城市治安法制管理等。

a)市政管理分区

市政是指城市管理工作，包括工商业、交通、卫生、基本建设、文化教育等。除了城市行政分区外，市政管理分区可分为三大类。

城市建设类：城市规划分区、市政管网系统分区(包括：雨水系统分区、污水系统分区、煤气分区、热力系统分区、电信分区等)。

城市管理类：城市居民管理分区、交通管理分区、财政和税务分区、工商管理分区、粮食管理分区、医疗卫生分区等。

城市治安、安全类：派出所及治安组织管理分区、消防分区、防空分区等。

b)交通管理分区

城市交通管理实行交通大队、交通中队、交通支队三级管理。交通管理分区以交通大队、中队、支队所辖范围划分。

c)邮政分区

全国邮政分区，分为省、邮区、邮局、支局和投递局五级，并进行了全国统一编码。

我国邮政编码采用四级六位数编码结构，前两位数字表示省(直辖市、自治区)；前三位数字表示邮区；前四位数字表示县(市)；最后两位数字表示投递局(所)。如图6-2-10所示。

对一个城市来说，一般是一个邮区，有一个或两个邮政局，下设支局和投递局。因此，城市邮政分区可按邮政区、邮电支局和投递局的管辖范围分区，并采用全国统一邮政编码。

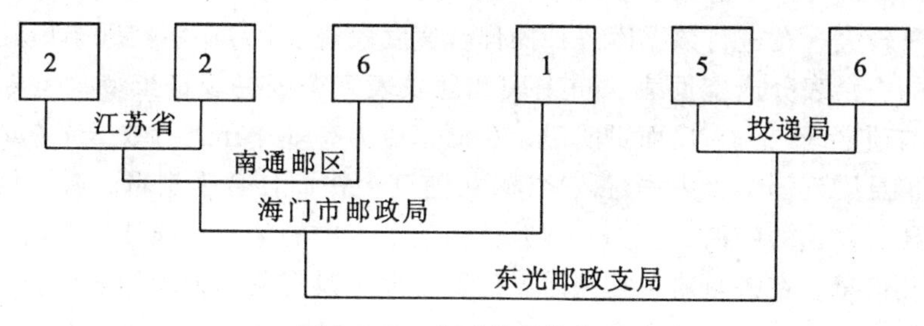


图 6-2-10　邮政编码结构图

(2)空间数据逻辑数据结构

地理信息系统中逻辑空间结构主要有两大类，即栅格结构和矢量结构(关于两者的特点和比较在第 5 章有所论述。)分析所建系统中空间数据需要以怎样的结构进行组织，将影响系统建立的平台或数据模型的选择。

4. 属性数据的逻辑设计

(1)概述

概念结构是各种数据模型的共同基础。为了能够用某一 DBMS 实现用户需求，还必须将概念结构进一步转化为相应的数据模型。这正是数据库逻辑结构设计所要完成的任务。

从理论上讲，设计逻辑结构应该选择最适于描述与表达相应概念结构的数据模型，然后对支持这种数据模型的各种 DBMS 进行比较，综合考虑性能、价格等各种因素。从中选出最合适的 DBMS。但在实际当中，往往是已给定了某台机器，设计人员没有选择 DBMS 的余地。目前 DBMS 产品一般只支持关系、网状、层次 3 种模型中的某一种，但关系模型居多。对某一种数据模型，各个机器系统又有许多不同的限制，提供不同的环境与工具。所以设计逻辑结构时一般要分 3 步进行：

①将概念结构转化为一般的关系、网状、层次模型；

②将转化来的关系、网状、层次模型向特定 DBMS 支持下的数据模型转换；

③对数据模型进行优化。

(2)属性表与属性关系的设计

属性是空间实体的特征反映。空间实体的属性特征有质量特征、数量特征和关系特征等。一般来说，属性数据是非空间型的，如名称、类别等。但有的属性数据与实体的空间特征有关，如面积、周长、密度等。

属性值是指存储在数据库中属性的值。它赋给属性特定的数量或质量指标。

在关系数据库中，数据库的文件单元是属性表。属性表是属性值的二维表格表示形式，一般属性表中的行表示实体目标，列表示属性值，而表与表之间则维持着某种关系，即以相互关联的两个表均存在的某一公共项来维持，这项叫做关键项(Primary Key)。使用关系表对一个数据库的设计是很关键的，因为它影响到整个数据库运作的行为和效果。地理数据库中的空间和属性数据之间的关系就是靠关键项来维持的。

表6-2-7中的(a)是一个表，在这个表中存储了所有的属性信息，因此无相应的关系表。而(b)表中则将一个表分成3个子表，各个子表均与主表有直接或间接的关系。比较(a)和(b)的情况，(a)中的关系很简单，但因为所有的信息均存放在一个表中，则此表内容繁多，容量较大，在进行数据库各种操作时速度较慢。(b)中将空间与属性信息分开存储，将原来的一个表分成空间表、户主表和地块表3个表，表格虽多，但各表内容都不多，而且项与项之间的关系反而更明确，存储也更为有效；在进行数据库查询和更新时需要哪个表的信息则到哪个表中进行，比(a)的速度会快而且合乎逻辑。属性信息与空间信息分开存储还有其他的好处，例如，假若空间信息表中的某一特征被错误地删除，则属性表中还存有其信息，在进行质量控制时，便可以通过没有关联记录的情况找出这种错误。

表6-2-7　　数据库中关系表示意图

| 空间参数 | 地块编码 | 户主 | 地址 | 电话 | 购买日期 | 价格 | 土地利用类型 | 土地利用状态 | 面积 | 购买日期 |
|---|---|---|---|---|---|---|---|---|---|---|
| | | | | | | | | | | |

(a)

空间表

| 空间参数 | 地块编码 |
|---|---|
| | |

户主表

| 地块编码 | 户主 | 地址 | 电话 |
|---|---|---|---|
| | | | |

地块表

| 地块编码 | 土地利用类型 | 土地利用状态 | 面积 | 价格 | 购买日期 |
|---|---|---|---|---|---|
| | | | | | |

(b)

(3)E-R图向数据模型的转换

一些早期设计的应用系统中还在使用网状或层次数据模型。而新设计的数据库应用系统都普遍采用支持关系数据模型的DBMS，所以这里只介绍E-R图向关系数据模型的转换原则与方法。

关系模型的逻辑结构是一组关系模式的集合，而E-R图则是由实体、实体的属性和实体之间的联系3个要素组成的。所以将E-R图转换为关系模型实际上就是要将实体、实体的属性和实体之间的联系转化为关系模式。

### 6.2.5　物理设计

1. 概述

数据库物理设计的任务是使数据库的逻辑结构能在实际的物理存储设备上得以实现，

建立一个具有较好性能的物理数据库。数据库物理设计主要解决以下 3 个问题：恰当地分配存储空间；决定数据的物理表示；确定存储结构。

存储空间的分配应遵循两个原则：①存取频度高的数据存储在快速、随机设备上，存取频度低的数据存储在慢速设备上；②相互依赖性强的数据应尽量存储在相邻的空间上。

数据的物理表示可分为两类：数值数据和字符数据。数值数据可以用十进制形式或二进制形式表示，字符数据可以用字符串的方式表示，有时也可以利用代码值的存储代替字符串的存储。为了节约存储空间，常常采用数据压缩技术，这在设计地理数据库时尤为重要。

2. 确定数据库的物理结构

设计数据库物理结构要求设计人员首先必须充分了解所用 DBMS 的内部特征，特别是存储结构和存取方法；充分了解应用环境，特别是应用的处理频率和响应时间要求；充分了解外存设备的特性。

数据库的物理结构依赖于所选用的 DBMS，依赖于计算机硬件环境，设计人员进行设计时主要需要考虑以下几个方面。

①确定数据的存储结构。确定数据的存储结构时要综合考虑存取时间、存储空间利用率和维护代价等三方面的因素。

②设计数据的存取路径。在关系数据库中，选择存取路径主要是指确定如何建立索引。

③确定数据的存放位置。为了提高系统性能，数据应该根据应用情况将易变部分与稳定部分、经常存取部分和存取频率较低部分分开存放。

④确定系统配置。DBMS 产品一般都提供了一些存储分配参数，供设计人员对数据库进行物理优化。初始情况下，系统都为这些变量赋予了合理的默认值。但是这些值不一定适合每一种应用环境，在进行物理设计时，需要重新对这些变量赋值，以改善系统的性能。

3. 空间数据库的物理设计

(1)构造数据模型

物理设计的主要任务是使空间数据库的逻辑结构能在实际的物理存储设备上得以实现，即进行数据库物理结构的设计和物理建库。建立一个具有较好性能的物理数据库，其关键在于构造一个数据模型。

空间物理数据库采用层次模型组织方式，如图 6-2-11 所示。图中地图作为树的根，表示一个完整的地理数据库，地图中的地物要保持存储、表达的完整性和一致性。根据图块的划分原则，将空间数据分为若干个图幅，图幅构成树的节点。为了在地图中有效地组织和表达空间地理实体，按照地物的大小对其分级抽取，对不同大小地理的几何对象表示进行整理分层，层中每种类型的要素均由不同的文件来定义，每种要素构成树的叶节点，由此形成内部空间索引系统。

具体地，物理建库的一般过程为：建立图块工作区；建立空间数据库的库体框架；建立层框架；数据采集、入库。

(2)矢量和栅格数据文件

①矢量格式

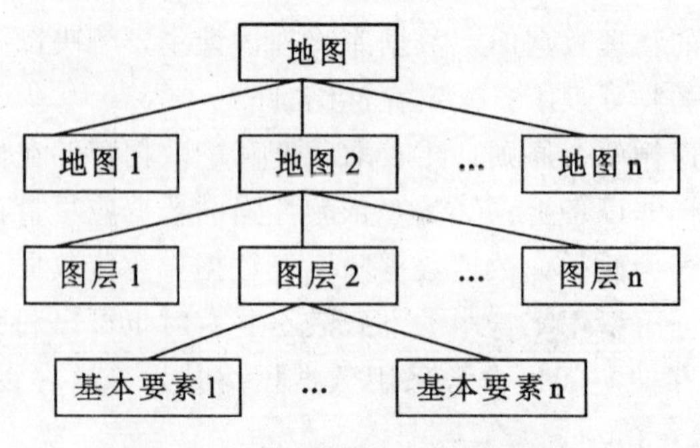


图 6-2-11　空间数据库的物理结构

矢量格式分为两种，表 6-2-8(a)对应于多边形图形文件，表 6-2-8(b)对应于线状(包括点状)图形文件，如等高线图、水系图、构造图、交通图等。记录头占用 24 个逻辑单元，第 25 个逻辑单元以后开始记录空间坐标数据，每个逻辑单元为 4 个字节。对多边形图要求记录每个边界弧段沿其前进方向的左、右多边形编号，以建立完整的拓扑结构；线、点图形文件只记录每条线(或每个点)的编号。多边形编号和线、点的编号可以作为指向属性记录的指针，可以是特征值，如等高线的高程等。

表 6-2-8　　矢量记录格式

| 逻辑单元号 | 记录头(96 个字符) | |
|---|---|---|
| 25 | 线标识 | 系统线号 1 |
| 26 | 左多边形码 | 右多边形码 |
| | X 坐标 | Y 坐标 |
| | … | … |
| | 线标识 | 系统线号 2 |
| | 左多边形码 | 右多边形码 |
| | X 坐标 | Y 坐标 |
| | … | … |
| | 结束记号 | |
| | 2 字节 | 2 字节 |

(a)

| 逻辑单元号 | 记录头(96 个字符) | |
|---|---|---|
| 25 | 线标识 | 特征码 |
| 26 | X 坐标 | Y 坐标 |
| | … | … |
| | 线标识 | 特征码 |
| | X 坐标 | Y 坐标 |
| | … | … |
| | 结束记号 | |
| | 2 字节 | 2 字节 |

(b)

②栅格格式

原始的栅格格式数据文件为简单的逐行、逐列、逐点记录多栅格像元的值，每个像元值占 2 字节，为 0 ~ 32767 的整数，采用这种简单的结构便于与用户程序和遥感系统共享，又可以用多种高级语言处理。所有数据采用二进制记录方式。

由于栅格数据需占用大量的存储空间，为减少冗余，通常采用一种无误差压缩编码——游程编码(RLC)，记录特征游码和游程长度。对于专题地图游程编码平均压缩比可达 1∶10。RLC 文件数据组织如表 6-2-9 所示，文件记录头占 10 个逻辑记录单元，每个逻辑单元为 4 个字节，2 个用来记录特征码，即所在位置的地理实体编码；另 2 个记录游程长度。

表 6-2-9　游程编码文件记录格式

| 逻辑单元号 | 记录头 | |
|---|---|---|
| 1 | 特征码 | 游程长度 |
| 2 | 特征码 | 游程长度 |
| … | … | … |
| | 结束标记 | |

4. 属性关系数据库文件

实体的属性通常用关系数据库存储。属性数据文件的记录头记录了该数据文件的记录总数(即所对应的专题图件上的类别总数)、头结构长度、对应于每个图类的记录长度以及各个属性字段的信息。头结构的长度为：32+属性字段数×32+2

每个字段的信息由 32 个字节描述。

0～10 字节　　字段名；

11 字节　　字段型(C 或 N，以 ASCII 码表示)

12～15 字节　　字段数据地址；

16 字节　　字段长度；

17 字节　　小数位数；

18～31 字节　　未用。

①各记录的第一个字节是一个空格符；

②各个字段的数据连续地存放在各个记录中，没有任何分隔符和终止符；

③字符型和数字型数据都以 ASCII 码存放。

属性数据文件由于采用如表 6-2-10 所示关系表格结构，用户易于理解和掌握，也便于制表输出。表 6-2-11 为各类属性数据文件的初始结构，由图形数字化系统自动产生。

表 6-2-10　属性数据关系结构表

| 类别码 | 面积或长度 | 属性 1 | 属性 2 | … | 属性 n |
|---|---|---|---|---|---|
| $N_1$ | $A_1$ | $V_{11}$ | $V_{12}$ | … | $V_{1n}$ |
| $N_2$ | $A_2$ | $V_{21}$ | $V_{22}$ | … | $V_{2n}$ |
| … | … | … | … | … | … |
| $N_m$ | $A_m$ | $V_{m1}$ | $V_{m2}$ | … | $V_{mn}$ |

表 6-2-11　属性数据文件初始结构表

| 文件类型 | 字段名 | 字段类型 | 长度 | 小数位 |
|---|---|---|---|---|
| 多边形 | 类别码 | N | 5 | 6 |
| | 面积 | N | 13 | |
| 线 | 类别码 | N | 5 | 6 |
| | 长度 | N | 13 | |
| 点 | 类别码 | N | 5 | |

5. 空间数据、非空间数据的连接与管理

(1)空间数据与非空间数据的连接

属性数据库设计是指属性数据文件设计、属性数据库结构设计、属性数据管理系统的功能设计和相应软件编写等。目前有的系统把属性数据与图形数据组织在数据文件的同一个记录中。这种方式既不灵活，又造成很大的冗余；更多的系统则把属性数据以单独的数据文件方式与图形数据文件并存于文件系统中。其优点是对于某些特定的个体应用比较简单，且容易操作，但局限性很大，结构不灵活，难以实现数据共享。属性数据库设计时应当和空间图形数据库综合考虑，其数据结构应既能表达实体的数据特征，又能满足使用方便、灵活性好、冗余度小、管理程度高、逻辑操作方便等要求。因此，目前较为流行的设计是面向对象的设计方法和混合数据结构设计。常用的属性数据库管理系统的逻辑结构如图 6-2-12 所示。

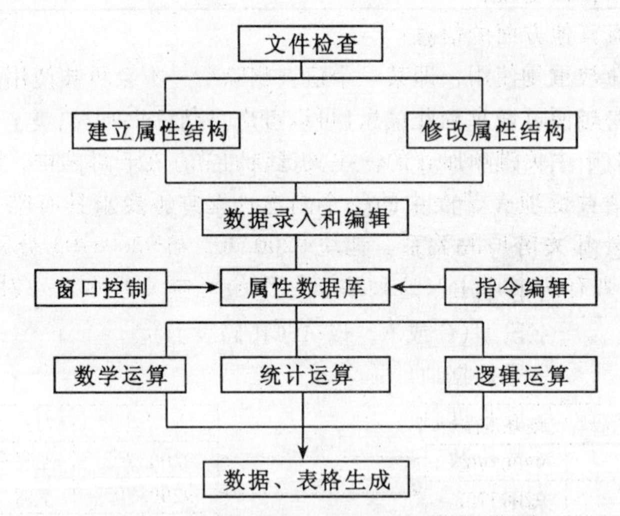


图 6-2-12　属性数据库管理系统逻辑结构图

在 GIS 中常用的关系数据库管理系统有 DBASE、Oracle、SQL Server、Informix、INGRES、INS、INFO 等。属性数据库管理均采用现有的数据库管理系统和空间信息数据库的结合来实现 GIS 数据的管理。

一个大的空间数据库通常将空间数据与属性数据分别存储。空间数据通常由各种 GIS 软件提供的数据模型方式存储，而属性数据则使用 RDBMS 存储，两者通过关键项进行连接，或通过指针连接。

属性数据与空间数据常规的连接方法是通过一定标识码进行，图 6-2-13 是这种方法的图解关系。

关系表之间的关系是靠关键项来维系的。关键项有两种，即主关键项和外部关键项。主关键项是用来定义存在性和唯一性的，即一个地理特征存在的话，主关键项将在该关系表中加入一个记录，而且只加入这一个记录，没有重复。通常在定义一个关键项时，它应该是个没有实际意义的项。

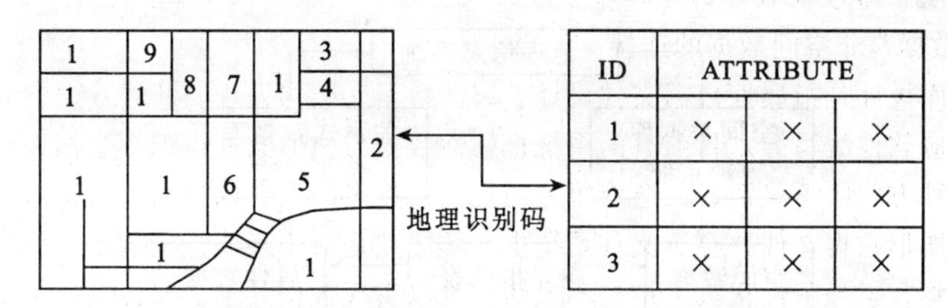


图 6-2-13　空间数据与非空间数据的标识码连接

一个好的关键项有以下特征：

①唯一性：在每个表中，每个记录的关键项均必须是唯一的；

②不变性：从来不会被更改；

③纯粹性：不含有其他方面的信息；

④不重复性：不会被重复使用，即某一个值被删除后，不会再被使用；

⑤可获得性：需要时便可以拿到此信息（可以考虑自己产生）。

外部关键项是相对于主关键项而言的。主关键项通常存在于母表中，而外部关键项则存在于子表中。它是主关键项在子表中的一个副本，但它不要求具有唯一性。图 6-2-14 中表示了主关键项与外部关键项的关系。地块 92003702 和 92003703 分别都只有一个户主，而地块 92003704 则有两个户主，这种多于一个的对应关系称为一对多（用 1 ∶ m 表示）的关系。

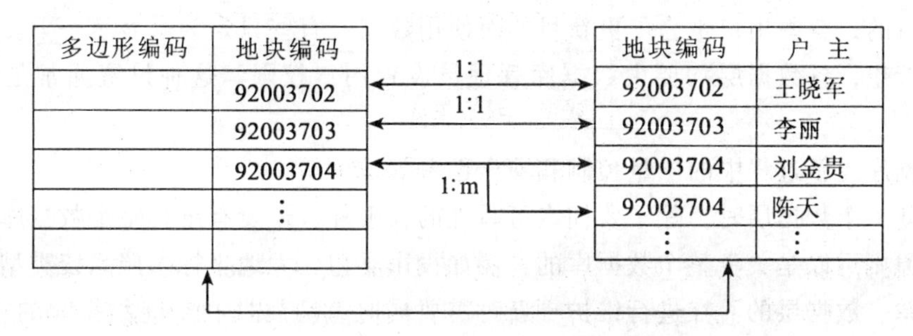


图 6-2-14　主关键项和外部关键项的关系

另一种连接方式是指针表连接方法，其原理是在空间数据库与非空间数据库之间建立一个自定义的指针表，它记录了一系列空间数据与非空间数据相关的信息索引。所有涉及空间数据和非空间数据的操作都通过指针表实现。例如要删除某一实体目标，只需进行以下操作：

①在空间数据库中删除该目标；

②从指针表中找到此目标对应在非空间数据库中的指针，再根据指针删除属性值。

图 6-2-15 是这种连接方式的 GIS 系统结构图。

（2）关系式数据管理系统（RDBMS）对属性信息存储软件的选择

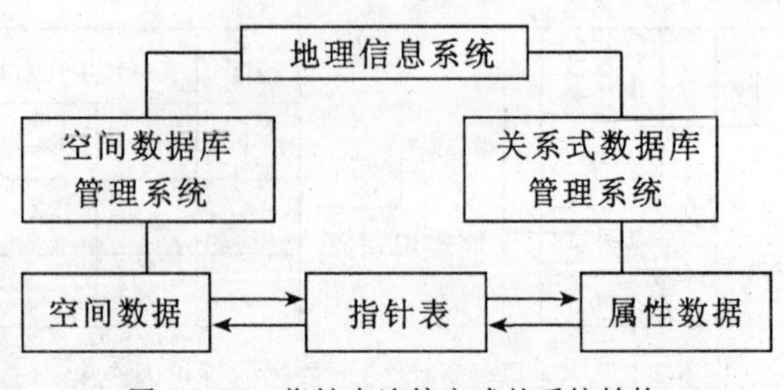


图 6-2-15　指针表连接方式的系统结构

对于大型 UPMIS 而言，其属性信息很庞大，需要强有力的 RDBMS 系统来进行管理和查询。其优势主要是：

①单独对属性信息的存储，可以使整个数据库的独立性提高。属性数据库可以单独地进行使用、维护和管理。

②可以充分利用 DBMS 系统的各种高级功能。

③属性数据库部分可以与其他 GIS 软件的空间数据部分结合使用，不受开发软件的限制。目前市场上的各种 GIS 软件均与 DBMS 相连接，因而可以单独存储属性数据。

(3)空间数据库的管理

空间数据库的管理可以包括以下几个方面：

①数据使用权限的设置

通常一个空间数据库是应当允许许多用户同时使用同一种数据的。但不同的用户可能有不同的目的，有些用户是为了更新目的而使用数据，有些只是为了显示一下。从数据库安全角度着想，各数据层均要由数据库管理员设置用户权限，这种设置通常是允许读或写的。

②数据库更新过程中的质量控制和安全性考虑

在更新一个数据层时，除了要拥有可写性的权限外，还要有维护整个数据库的一些原则。这种原则可以是关于整个数据库的，例如投影类型、大地坐标参照系统类型等；也可以是针对单一数据层的。在进行维护更新时需要同时考虑属性和空间数据间的相互关系。例如空间数据修改后，可能相应的属性信息也要进行相应的变动；在更新时首先应该将该数据层锁住，以免其他有权限的用户进行类似的处理。

③数据库的恢复能力

许多商业数据库管理系统均提供重新运行(Roll-Back)的功能。该功能允许数据库能够回到某一状态，忽略某一时间以后的各种修改，因此重新运行功能是评价数据库功能强弱的因素之一。

④合理管理单元的设定

空间数据是有地域差别的。一个数据库所覆盖的面积可能会很大，在管理和维护中可能只会需要很小的一部分。因此为了管理和维护的方便，有些 GIS 软件将数据库的地理区域按某种方式划分成更小的单元。例如，一个省的数据库可以用县作为管理单元、一个市的数据库可以用区作为管理单元。另外这种划分也可以使用规则的形状，例如某种格网系统。在管理单元设定时，应主要考虑下面三个因素：单元是相对较稳定的；单元所覆盖的各地区的地理特征相差不多；单元在管理和维护中划分得较合理，使很重要的地理特征不至于划分在不同的单元之中。

⑤数据库系统的网络考虑

分布式计算机的环境和能力给更有效地结合各种技术来共同建立一个共用的用户环境提供了可能和工具。以城市环境 GIS 为例，两个城市可以使用一个文件服务器，由各有关单位来共同建立一个共用的城市信息数据库，这个数据库使用商业化的关系数据库管理系统技术。计算机辅助设计技术和图像处理技术，矢量和栅格等各类数据以及各种数据采集设备，都可以与该网络互联。不同类型的数据仍然由不同的部门进行数据生产、维护和更新等。但是，其他的各个有关部门，例如城市规划、市政工程、设施管理、土地利用、城市交通、公共教育等，均可以使用这些数据。这种维护方式既可以保证数据的现势性，又可以保证数据的安全性，从而减少重复的数据生产。各个部门所需要不同的输出设备，例如打印机、绘图仪等均可以接入网络，并可以安置在不同部门。部门与部门之间可以相互协调对整个的资源进行使用，同时平均使每个用户对 GIS 系统建立的价格也相对降低。

6. 评价物理结构

数据库物理设计过程中需要对时间效率、空间效率、维护代价和各种用户要求进行权衡，其结果可以产生多种方案。数据库设计人员必须对这些方案进行细致的评价，从中选择一个较优的方案作为数据库的物理结构。

评价物理数据库的方法完全依赖于所选用的 DBMS，主要是从定量估算各种方案的存储空间、存取时间和维护代价入手，对估算结果进行权衡、比较，选择出一个较优的合理的物理结构。如果该结构不符合用户需求，则需要修改设计。

### 6.2.6 实施规划

1. 概述

数据库的详细设计完成后，要根据数据库的详细设计来制定自动化或半自动化的实施规划。实施规划的主要目的是：建立数据自动化处理方法；实施质量控制的原则标准；建立一个实施进度和预算评估的跟踪系统；将整个城市规划实施与整个地理信息系统的实现相结合起来。

在数据库自动化实现时可有下列考虑：

(1)分阶段的实施计划

对于一个较大型的数据库，数据层的开发过程可以分阶段进行。根据数据原始资料的可获得性和各数据层的主次关系分阶段开发，将整个计划以表格的方式表达，使之一目了然。

(2)自动化方法的设计

在数据库实施过程中需要实现的自动化过程可能是以下几种：

①数据原始资料的采集：如 GPS 数据的采集和摄影测量数据的采集。

②数据的数字化过程：图形数据的数字化和属性数据的输入等。

③数据的转换过程：现存的数据格式转换成数据库所需要的格式和定义。

2. 数据采集过程的自动化设计

第4章已经详细介绍了空间数据的获取和采集方法，这里将重点了解属性数据的自动化处理。

属性数据的数字化通常有4种方法：①键盘输入法；②使用光学的字符识别技术；③在数字化或矢量化的过程中赋值；④人工编辑。人工编辑是使用一些分析方法进行自动赋值。例如利用计曲线的已知值来给相间的首曲线进行内插赋值。

3. 数据库的质量控制

GIS数据库的质量控制通常包括空间数据和属性数据的质量检测。下面对这两种不同质量控制类型的内容和方法分别加以简要介绍。

(1)空间数据质量控制

其内容主要包括下面几个方面：

①空间位置的几何精度；

②空间地理特征的完整性；

③空间特征表达的完整性；

④空间数据的拓扑关系；

⑤空间数据的地理参考系统是否正确，是否满足整个数据库使用的最低要求；

⑥空间数据所使用的大地控制点的正确与否；

⑦边界匹配如何。

(2)属性数据质量控制

其内容主要包括下面几种：

①属性表的定义是否符合数据库的设计；

②主关键项的定义和唯一性怎样；

③各项的值是否在有效范围以内；

④各属性表的外部关键项是否正确；

⑤关系表之间的关系表达是否正确；

⑥各数据项是否完整。

(3)常用的质量控制方法

表6-2-12中将各种质量控制的内容与方法进行了小结，供读者参考。表中的字母分别对应于上面提到的各种空间和属性质量控制方法。图件方法是将空间和属性数据通过制图的方式表达出来。这些图可以使用与原始图一致的比例尺和注记、符号等，绘制在透明纸上，然后与原始图件进行重叠比较。图件法使用很多很广，是检查空间数据位置精度的有效方法。图件法是一种人工检查的方法，费时费力。除此之外还有许多其他的使用程序的自动质量检查方法，例如有效值法通常用于属性数据的有效值检查，如果属性数据是电压的话，它的有效值通常应该是200V、110V、6V、9V、12V等；如果属性数据是城市用地，那么有效值只可能是居住、绿化、商业金融业用地、道路广场，等等。频率方法主要用于主关键项、外部关键项等的检查，如果一个表中某一项的值都要求是唯一的，则此时频率法是最有效的检查方法。

表 6-2-12　**各种质量控制方法比较**

| 项目 | | 图件 | 有效值 | 频率 | 包含 | 统计 | 匹配检查 | 程序 | 报告检查 |
|---|---|---|---|---|---|---|---|---|---|
| 空间 | a) | × | | | | | | | |
| | b) | × | | | | | | | |
| | c) | × | | | | | | | |
| | d) | | | | | | | × | × |
| | e) | | | | | | | | × |
| | f) | × | | | | | | | |
| 属性 | a) | | | | | | × | × | |
| | b) | | | × | | | | | × |
| | c) | × | | × | × | × | | | |
| | d) | | | | | | | × | × |
| | e) | | | | | | | | × |
| | f) | × | | × | | × | | × | |

统计方法主要使用如均值、方差、最大值、最小值、中值等常用的统计方法来检查属性数据的内容。包含法用来检查数据项的值是否在一定的范围内，它与有效值方法类似，区别主要在于它通常用来检查连续性的数据，而有效值方法主要用来检查离散型数据。数据表的定义是否正确，是否符合数据库设计的要求，可以使用匹配方法来检查。匹配法将标准的数据表定义与实际的数据表定义写成同一种数据格式，例如文本数据格式，然后使用程序。该方法是数据库结构检查的常用方法。程序法通常是一种很灵活的质量检测方法，它可以或多或少地被应用于任何一类质量检查。它要求实施者会使用某一种或多种程序语言。最后一种方法即报告法通常用于给用户提供质量检查报告，该报告可以根据各不同项目的具体要求而定。

目前各种商业的 GIS 软件均提供一些基本的质量控制的功能，使用户可以根据自己的要求进行裁剪或二次开发。这种质量控制方面的工具可以以一种标准的方式制定出来，对整个数据库进行自动检测。

4. 开发进度的监控

当数据库规模很大时，常常需要多人参与开发，如何监控整个开发速度便是一个很重要的环节。如何进行监控有许多方式可以使用，常用的与数据库开发有关的两种方法是进度表法和区域图表法。

(1)进度表法

进度表法(表 6-2-13)是将各步骤的进度详细列出，制定出每步骤的起始和终止日期。这种方法可以从表中一览整个数据库开发的进度安排。

表 6-2-13　　　　　　　　　　**进度表法例示**

| 图幅 | 预处理 | | 数字化 | | 属性数字化 | | 制图 | | 质量控制 | | 拼接 | | 质量控制 | | … | |
|---|---|---|---|---|---|---|---|---|---|---|---|---|---|---|---|---|
| 日期 | 起 | 终 | 起 | 终 | 起 | 终 | 起 | 终 | 起 | 终 | 起 | 终 | 起 | 终 | 起 | 终 |
| 1 | 6<br>1 | 6<br>6 | 6<br>6 | 6<br>16 | | | | | | | | | | | | |
| 2 | | | | | | | | | | | | | | | | |
| 3 | | | | | | | | | | | | | | | | |

(2)区域图表法

区域图表法是将整个的工作区按格网分成小区后，以各小区作为工作的基本单元来安排进度(图 6-2-16)。对于整个过程的各个阶段使用不同的图案来表达，这样整个数据库开发实施的目前状况从图中便一目了然，而且可以通过对方格的数量占总方格的百分比来计算出整个项目的完成状况。

与进度表法相比，该方法更适用于数据库实施以后进度完成状况的监督，而前者则更适用于进度的计划。两者若同时使用，便可相辅相成、相得益彰。

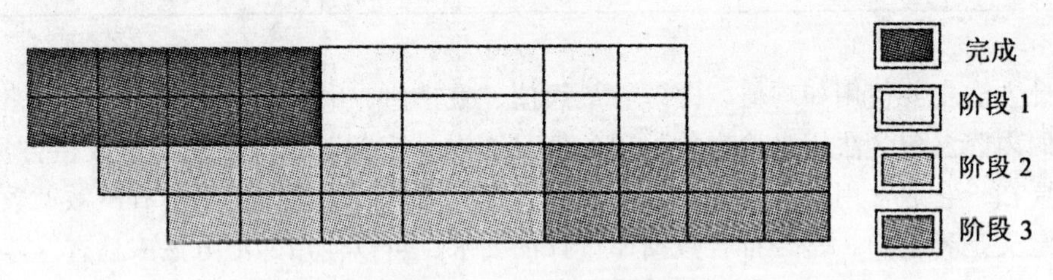


图 6-2-16　区域图表实例

除此以外，在整个自动化实施过程中，有必要对下面几个方面加以注意：

①每个层的自动化方案和实施的细节过程图；

②人员需求和分配；

③人员的发展和评价；

④硬件和软件等系统方面的准备；

⑤开发的时间和经费的预算；

⑥管理方面的要求等。

5. 试点项目

当整个 GIS 系统开发设计完成以后，在进行大量生产作业之前，有必要先选择一个小的样区来做一个试点。

试点项目的主要目的有 3 个：

①测试数据库设计的合理性，包括其功能是否全面、行为是否能够满足需要、灵活性是否合理等；

②测试自动化部分是否有效，包括其过程步骤设计是否有效、时间和价格的预算是否合理、系统的运行是否有效、软硬件设备的支持性是否满足要求等；

③测试产品的合格性，包括地图、报告和各种数据产品是否满足要求等。

试点项目实施的主要过程如下：

①定义试点项目的范围；

②决定人员及进度安排；

③试点项目的展示和验收；

④根据试点项目的结果对数据库设计和实施计划进行修改；

⑤正式数据库实施。

# 第7章 城市规划数据库的发展趋势

城市规划数据库是数据库技术在城市规划领域的应用结果，其发展趋势一方面要映射数据库技术的最新研究进展，另一方面应体现数据库技术发展对城市规划、建设与管理应用需求的适应和满足。

## 7.1 数据库技术的发展

### 7.1.1 概述

数据库技术产生于20世纪60年代中期，到目前已经历了3代演变，发展了以数据建模和DBMS核心技术为主，内容丰富的一门学科，带动了一个巨大的软件产业——DBMS产品及其相关工具的发展。

数据库技术是计算机科学技术中发展最快的领域之一，也是应用最广泛的技术之一，目前它已成为计算机信息系统与应用系统的核心技术和重要基础。

数据模型是数据库系统的核心和基础。按照数据模型的进展，数据库技术可以相应地分成3个阶段，即第一代的网状、层次数据库系统，第二代的关系数据库系统，以及发展到今天以第三代数据库系统为核心的数据库大家族。数据库技术与网络通信技术、人工智能技术、面向对象程序设计技术、并行计算技术等互相渗透，互相结合，成为当前数据库技术发展的主要特征。

现代应用促使数据库技术得到了飞速的发展，具体表现在以下几点：

(1)更强大的数据建模能力：数据模型是帮助人们研究设计具有静态与动态特性及完整性约束条件的一类集合。

(2)更加完善的体系结构：针对不同的应用特征和要求，人们开发了不同的数据库系统的体系结构。这些体系结构种类繁多，但都遵循一定的模式："相关技术"+"数据库技术"。

(3)更加强大的查询功能：关于数据查询的发展，主要集中在两个方面。一是对查询功能的扩充，通过特定的查询语言，可以查询超媒体信息。此外，也形成了一系列的查询技术，如：实时查询技术、关联查询技术、时间索引技术等。二是查询策略的优化，如：语义查询优化、时间查询优化、整体查询优化等。

(4)更加强大的数据存储与共享能力：随着现代应用数据复杂性的递增，数据存储技术日趋完善，除了可存储各种基本类型的数据外，还可存储不同于传统含义的数据，如：过程、规则、事件及控制信息；不仅可以存储传统的结构化的数据，还可以是非结构化和超格式的数据；不仅是单一介质的数据，还可以是多介质的数据。随着分布式技术和网络技术的发展，数据库的共享能力也越来越强，共享的数据库可分布在世界各地。

(5)更加强大的事务管理：现代数据库技术包括从事务的模型、特征直到实现的技术。具体表现在：复杂事务模型具有内部构造和相互间通信与合作的事务。

图 7-1-1 从数据模型、新技术内容、应用领域三个方面阐述了新一代数据库系统。

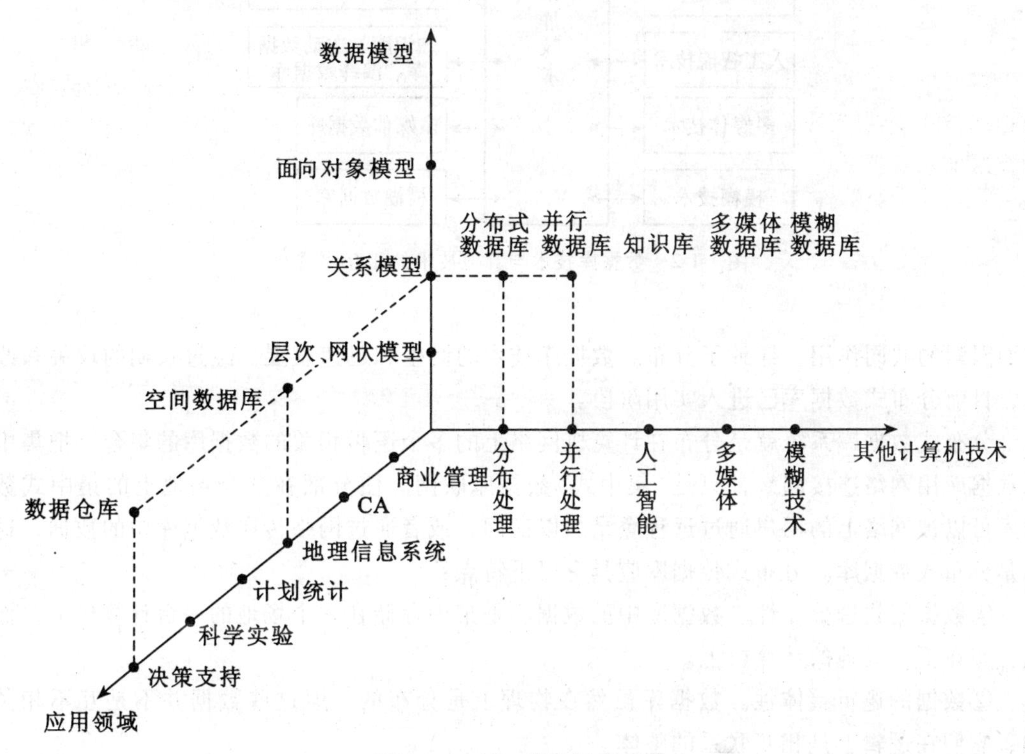


图 7-1-1　新一代数据库系统

### 7.1.2　数据库技术与相关技术的融合

数据库技术发展的基础可以概括为两种原动力，即技术发展和应用需求的推动。其中，技术发展一方面是指数据库技术本身方法理论的发展，另一个重要的方面是与其他学科的内容、技术的结合。在结合中涌现出各种新型的数据库(如图 7-1-2 所示)。

下面以几个新型数据库为例，描述数据库技术如何吸收、结合其他技术而成为数据库领域的众多分支和研究课题，并极大地丰富和发展了数据库技术。

1. 分布式数据库

分布式数据库系统(Distributed Database System)是集中式数据库技术与计算机网络技术相结合的产物。20 世纪 70 年代中期以来，一方面地理上分散的大公司、企业、团体、组织迫切要求既能统一处理又能独立操作其分散在各地的数据库，另一方面集中式数据库技术与计算机网络技术已经发展成熟，再加上硬件技术进一步发展、价格不断下降，这三

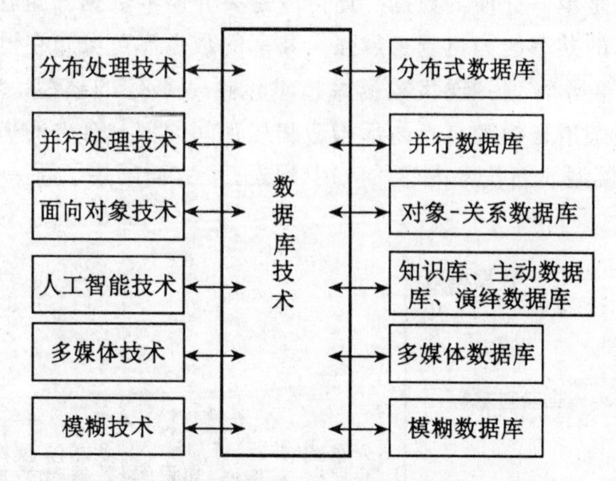


图 7-1-2　数据库技术与其他技术的相互渗透

方面因素的共同作用，导致了分布式数据库技术的诞生和迅速发展。经过长期的攻关和改造，目前分布式数据库已进入实用阶段。

分布式数据库系统就是分布在计算机网络上的多个逻辑相关的数据库的集合。把集中式数据库用网络连接起来，只是(集中式)数据库联网。使分散在各个场地上的集中式数据库可以被网络上的用户通过远程登录加以访问，或者通过网络传递数据库中的数据，这就是分布式数据库。分布式数据库应具有以下特点：

①数据的物理分布性。数据库中的数据不是集中存储在一个场地的一台计算机上，而是分布在不同场地的计算机上。

②数据的逻辑整体性。数据库虽然在物理上是分布的，但这些数据并不是互不相关的，它们在逻辑上是相互联系的整体。

③数据的分布独立性(也称分布透明性)。分布式数据库中除了具有数据的物理独立性和逻辑独立性外，还有数据的分布独立性。即在用户看来，整个数据库仍然是一个集中的数据库，用户不必关心数据的分片，不必关心数据物理位置分布的细节，也不必关心数据副本的一致性，分布的实现完全由系统来完成。

④场地自治和协调。系统中的每个节点都具有独立性，能执行局部的应用请求；每个节点又是整个系统的一部分，可通过网络处理全局的应用请求。

⑤数据的冗余及冗余透明性。与集中式数据库不同，分布式数据库中应存在适当冗余以适合分布处理的特点，提高系统处理效率和可靠性。但分布式数据库中的这种数据冗余对用户是非透明的，即用户不必知道冗余数据的存在，维护各副本的一致性由系统来负责。

例如，假设一个公司拥有 4 个子公司，总公司与各子公司各有一台计算机，并已联网，每台计算机带有若干终端(如图 7-1-3 所示)。场地 A 为公司的总部，位于场地 B 的公司负责制造和销售其产品，位于场地 C、D、E 的公司负责销售其产品。各场地都存储了本场地雇员的数据，场地 B 存储了产品制造情况的数据，场地 B、C、D、E 存储了本场地销售、库存情况的数据。可执行的全局应用包括：总公司汇总销售情况、总公司汇总库存情况、公司间的人员调动等；可执行的局部应用包括：场地 B 检查产品制造情况、场地 E 统计本子公司雇员的平均工资等。这是一个典型的分布式数据库系统。

分布式数据库系统的上述性质和特点决定了其具有以下优点：

①分布式控制。分布式数据库的局部自治性使得系统不仅能执行全局应用，而且能执行局部应用，这样就可以把一组用户的常用数据放在它们所在的场地，并进行局部控制，以减少通信开销。例如，图 7-1-3 中，场地 B 的用户经常用到产品制造情况的数据，于是可以把这些数据放在场地 B。

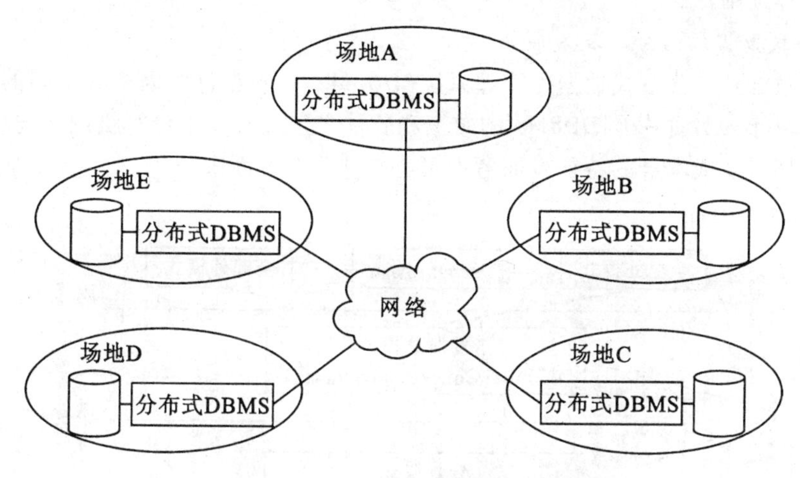


图 7-1-3　分布式数据库结构示意图

②数据共享。分布式数据库系统中的数据共享有两个层次：局部共享和全局共享。即各场地的用户可以共享本场地局部数据库中的数据；全体用户可以共享网络中所有局部数据库中的数据(包括存储在其他场地的数据)。

③可靠性和可用性得到加强。由于存在冗余数据，当一个场地出现故障时，系统可以对另一场地上的相同副本进行操作，不会因一处故障造成整个系统瘫痪。同时系统还可以自动检测故障所在，并利用冗余数据修复出故障的场地的数据，这种检测和修复是联机完成的，能够提高系统的可用性，这对实时应用尤为重要。

④性能得到改善。由于用户的常用数据放在用户所在场地，从而既缩短了系统的响应时间，又减少了通信开销；由于冗余数据的存在，系统可以选择离用户最近的数据副本进行操作，也缩短了响应时间和减少了通信开销；由于每个场地只处理整个数据库的一个部分，因此对 CPU 和 I/O 服务的争用不像集中式数据库那么激烈；由于一个事务所涉及的数据可能分布在多个场地，因此增加了并行处理事务的可能性。

⑤可扩充性好。分布式数据库系统的内在特点决定了它比集中式数据库更容易扩充。并且由于分布式数据库系统具有分布透明性，使得这种扩充不会影响已有的用户程序。

但是分布式数据库系统也存在着一些缺点，诸如系统复杂、增加开销(包括硬件开销、通信开销、冗余数据的潜在开销等)。

2. 分布式数据库的体系结构

集中式数据库系统的体系结构是一种三级模式结构，由外模式、模式和内模式组成。分布式数据库系统的体系结构则是：(若干个)局部数据模式+(一个)全局数据模式。

如图 7-1-4 所示。其中局部数据模式是各局部场地上局部数据库系统的结构模式，它具有集中式数据库系统的三级模式结构；全局数据模式是用来协调各局部数据模式使之成为一个整体的模式结构，它具有 4 个层次，即全局外模式、全局概念模式、分片模式和分布模式。

由于以上 4 个模式较为复杂，也不是本书讨论的重点，有兴趣的读者请参看有关书籍中对它们的详细阐释。

3. 分布式数据库的分类及发展

分布式数据及其分布式数据库管理系统(DDBMS)，根据许多因素有不同的分类方法，总的原则是分布式数据库及 DDBMS 的数据和软件必定分布在用计算机网络连接的多个场地上。从应用需要或本身的特征方面考虑可将它从几个方面来分类：

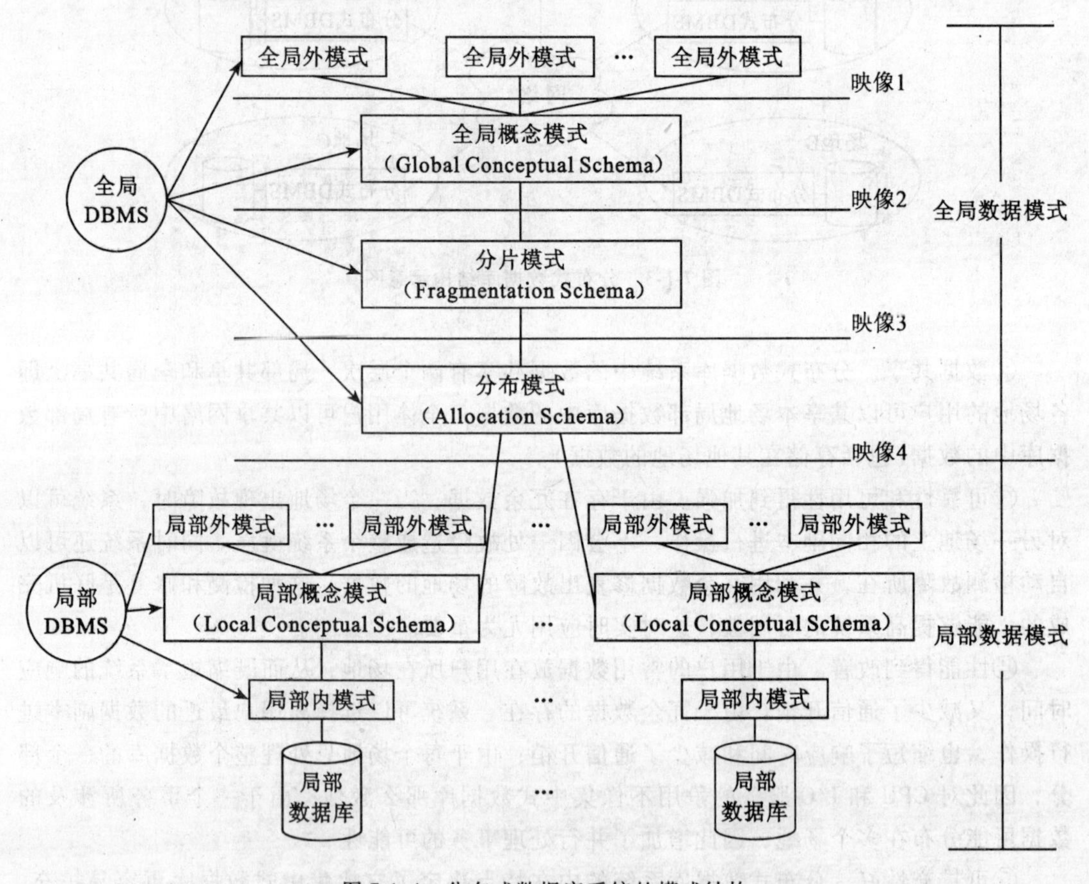


图 7-1-4　分布式数据库系统的模式结构

①按 DDBMS 软件同构度来分。同构型分布式数据库指所有服务器软件(或每个

LDBMS)和所有客户软件均用相同的软件：反之，则称为异构型分布式数据库。

②按局部自治度来分。若对 DDBMS 的存取必须通过客户软件，则系统称为无局部自治；若局部事务允许对服务器软件进行直接存取，则系统称为有一定的局部自治，一个极端的 DDBMS 常称为联邦型 DDBMS 或称为多数据库系统(Multidatabase System)。

③按分布透明度来分。若用户可以对集成模式操作而不需要涉及任何片段、重复、分布等信息，则这类 DDBMS 称为有高度分析透明(或高度模式集成)；若用户必须知道所有关于片段、分配、重复等信息时，则这类 DDBMS 没有分布透明，没有模式集成度。当然 DDBMS 可以提供介于这两者之间即提供部分分布透明。

新应用的出现，如办公自动化系统(OA)，计算机集成制造系统(CIMS)，计算机辅助设计(CAD)，人工智能(AI)等，要求 DBMS 不断增加新功能，尤其是知识库和面向对象数据库的研究。对于分布式数据库而言，产生了新的分布式研究：分布式知识库系统和分布式面向对象数据库。计算机技术，如并行多处理机、超高速网络的出现，也促进了分布式数据库系统向更广阔的领域发展，如平行数据库的研究。

4. 异构分布式数据库

异构分布式数据库是指对已经存在的多个异构数据库，在尽可能少地影响其本地自治性的基础上，构造具有用户所需要的某种透明性的分布式数据库，以支持对物理上分布的多个数据库的全局访问和数据库之间的互操作性。虽然分布式数据库系统的应用已经成为可能，然而现有的大量的数据库系统不可能全部丢弃而开发全新的分布式数据库系统，而且目前仍有大量的数据库不是以关系方式存储的。具体地说，以下几个方面促使异构分布式数据库的发展成为必然。

(1)同一组织内不同数据库的形成

一般说来，一个组织内每一个部门都有着各自的信息要求且有特定的应用。每一个部门根据自己应用的特性去选择一个适当的数据库管理系统支持自己的应用。各部门采用的数据库系统对整个组织来说，它们以不同的数据模型描述数据，分别以不同语言书写事务，以不同机制对访问进行控制，必然导致组织内异构数据库的形成。

(2)同一组织内不同数据库的共享

同一组织内不同部门的特定应用所涉及的数据可能是相同的，为了使分散在不同部门的数据有效使用，要求实现数据共享。事实上同一组织内数据共享是信息时代一个组织内数据处理的最主要的特征。

(3)同一组织内要求计算机硬件、软件及人才资源的共享

分布在同一组织内的异构数据库系统中的每一个局部数据库系统均有自己的运行环境、软件系统及相应的技术人员，必然造成软、硬件及人才资源的重复。同时当需解决数据共享问题时，很难确定由哪一个部门的数据库系统解决问题，部门间为完成数据共享所做的通信及协调工作很难实现。

综上所述，人们迫切需要研究一种异构数据库系统，以满足实际应用的需要。这类异构数据库系统通常是若干个相关数据库的集合，有的称为多数据库系统。一般地，多数据库系统中的各个数据库在建立多数据库系统前早已存在，在加入多数据库系统之后仍应具有自治性。通常，将多数据库系统中的各个数据库称为参与数据库。当然参与数据库也可

以全部在同一场地，也可以分布在多个不同的场地；参与数据库可以是同构的亦可以是异构的。

目前包括已有的数据库和新的数据库系统的异构数据库系统已经开发出来。在这些系统中每一个局部数据库系统都有着各自独立的运行环境，具有特定的完整性和安全性限制，它们在各自的应用中高效运行且保证各自完整性限制和安全性限制。然而它们是异构的。为了保证各自的应用、安全性及完整性限制，它们必须具有各自的数据模型、数据语言及数据库管理系统。由于运行环境的不同，它们也具有自己的计算机硬件、软件和专业人员。在异构数据库系统中最具代表性的是联邦数据库系统，它是一种分布式多数据库系统。

5. 联邦数据库

在异构数据库的联邦数据库(Federated Database)系统中，首先要实现不同数据库间的数据共享及软、硬件和人力资源的合并，而这种合并不会破坏各局部数据库系统的自治性。为此，先讨论联邦数据库系统应满足的基本要求：第一，联邦数据库系统中各数据库均属同一组织，该组织要求实现组织内各数据库的数据共享以便处理组织内事务，新的应用能从共享数据库上开发出来；第二，组织内每一个数据库均拥有独立的应用特征，并保证各自数据完整性及安全性限制要求，异构数据库中数据共享由各个数据库系统控制，即各局部数据库自治；第三，为了高效地达到数据库系统数据共享及访问控制的目的，组织内各异构数据库系统必须协调控制。

异构数据库系统数据共享必然导致新的单一的体系结构的产生，以取代多个独立的分散的应用环境，或者说要实现异构数据库系统的互操作性或多数据库系统的互操作性。因此，联邦数据库系统作为异构分布式数据库系统的一个重要领域应具有的基本功能是：实现联邦系统中数据的共享；联邦数据库应能实现数据的透明访问；同时保证联邦数据库系统中各局部数据库系统的自治能力。为了保证用户可以方便地共享数据，联邦数据库系统还应提供多种数据模型及多种数据语言以及它们间的转换能力。为了实现局部数据库系统的自治，联邦数据库系统应提供一种高效正确的数据访问机制以及协调访问的并发控制机制。

值得强调的是，用以构成联邦数据库系统的各局部数据库系统可以包括最新的数据库系统(如面向对象的数据库管理系统)，亦包括传统的数据库系统(如关系数据库系统、层次数据库系统等)。不管是新的数据库系统还是传统的数据库系统，其中的细化这里均不加以叙述。

6. 对象-关系数据库

鉴于传统的关系数据库系统在解决新兴应用领域中的问题时倍感吃力，而面向对象的数据库系统目前还存在着种种问题，因此人们开始研究一种中间产品，将关系数据库与面向对象数据库结合，即所谓的对象-关系数据库系统(Object Relation Database System, ORDBS)。

(1)对象-关系数据库的特点

对象-关系数据库系统兼有关系数据库和面向对象数据库两方面的特征，即它除了具有原来关系数据库的种种特点外，还具有以下特点：

第一，支持复杂的数据类型和数据结构，如：变长数据、图形、动画、CAD/CAM、CASE等，并允许用户扩充可公用的基本数据类型、函数和操作符。

第二，能够在SQL中支持复杂对象，即由多种基本类型或用户定义的类型构成的对象。

第三，继承机制、信息隐藏与抽象技术支持软件重用，具有优良的应用开发环境。这是面向对象技术最有发展前景的特性。能够支持子类对超类的各种特性的继承，支持数据继承和函数继承，支持多重继承，支持函数重载。

第四，能够提供功能强大的通用规则系统，而且规则系统与其他的对象-关系特征是集成为一体的，例如，规则中的事件和动作可以是任意的SQL语句，可以使用用户自定义的函数，规则能够被继承等。新的约束、触发和规则被定义，以支持复杂的数据结构和操作，保证数据的完整性。

第五，具有导航式查询和关联式查询以及实时交互能力。

第六，支持分布式计算及独立于平台的大型对象存储，以适应大规模的分布式计算的要求。

第七，支持工程事务管理，改进传统的并发控制策略，可进行版本管理和模式修改。

第八，从DDL到DML，再到数据库设计都有固定的标准或规则。

(2)对象-关系数据库系统的实现方法

实现对象-关系数据库系统的方法主要有以下5类。

①从头开发对象-关系DBMS。这种方法费时费力，不是很现实。

②在现有的关系型DBMS基础上进行扩展。扩展方法有两种：

- 对关系型DBMS核心进行扩充，逐渐增加对象特性。这是一种比较安全的方法，新系统的性能往往也比较好。

- 不修改现有的关系型DBMS核心，而是在现有关系型DBMS外面加上一个包装层，由包装层提供对象-关系型应用编程接口，并负责将用户提交的对象-关系型查询映像成关系型查询，送给内层的关系型DBMS处理。这种方法的系统效率会因包装层的存在受到影响。

③将现有的关系型DBMS与其他厂商的对象-关系型DBMS连接在一起，使现有的关系型DBMS直接而迅速地具有对象-关系特征。连接方法主要有两种：

- 关系型DBMS使用网关技术与其他厂商的对象-关系型DBMS连接。但网关这一中介手段会使系统效率打折扣。

- 将对象-关系型引擎与关系型存储管理器结合起来。即以关系型DBMS作为系统的最底层，具有兼容的存储管理器的对象-关系型系统作为上层。

④将现有的面向对象型DBMS与其他厂商的对象-关系型DBMS连接在一起，使现有的面向对象型DBMS直接而迅速地具有对象-关系特征。连接方法是将面向对象型DBMS引擎与持久语言系统结合起来。即以面向对象的DBMS作为系统的最底层，具有兼容的持久语言系统的对象-关系型系统作为上层。

⑤扩充现有的面向对象的DBMS，使之成为对象-关系型DBMS。

目前许多著名的关系数据库系统的最新版本都是对象-关系型数据库系统。如

INFOMIX9.0，ORACLE 8.0 等。

7. 主动数据库

传统数据库系统是被动系统，它只能被动地按照用户给出的明确请求执行相应的数据库操作，很难充分适应这些应用的主动要求，因此在传统数据库基础上，结合人工智能技术和面向对象技术提出了主动数据库(Active Database)。

主动数据库的主要目标是提供对紧急情况及时反应的能力，同时提高数据库管理系统的模块化程度。主动数据库通常采用的方法是在传统数据库系统中嵌入ECA(即事件-条件-动作)规则，在某一事件发生时引发数据库管理系统去检测数据库当前状态，看是否满足设定的条件，若条件满足，便触发规定动作的执行。这种方法实际上为系统提供了一个"自动监视"机构，它能主动地检索特性，使数据库的存取控制、例外处理、主动服务和复杂的演绎推理功能等以一种统一的机制实现，并方便地实现实时数据库、合作数据库、动态数据库和演绎数据库等。

主动数据库是目前数据库技术中一个活跃的研究领域，近年来的研究已取得了很大的成果。当然，主动数据库还是一个正在研究的领域，不少技术问题还有待进一步研究解决。

8. 多媒体数据库

媒体是信息的载体。多媒体是指多种媒体，如数字、文字、图形、图像和声音的有机集成。其中数字、字符等称为格式化数据，文本、图形、图像、声音、视频等称为非格式化数据，非格式化数据具有数据量大、处理复杂等特点。多媒体数据库(Multimedia Database)实现对格式化和非格式化的多媒体数据的存储、管理和查询，其主要特征包括：能够表示多种媒体的数据；能够协调处理各种媒体数据，正确识别各种媒体数据之间在空间或时间上的关联；提供比传统数据管理系统更强的适合非格式化数据查询的搜索功能；提供各种事务处理与版本管理能力。

当前的多媒体应用系统提供的大多是基于文件的管理方式，通用的多媒体管理软件的研究还在实验与发展之中。多媒体数据库技术是多媒体数据管理技术的主要和重要研究内容，多媒体数据库是与传统数据库不同的数据库，其主要特征是要实现对多种媒体的混合、扩充和变换。亦即多媒体数据管理要能实现：对多种媒体的统一管理，对媒体可以进行追加和变更，并能实现媒体间的相互转换。多媒体数据库要能使用户在对数据库的操作中，可最大限度地忽略媒体间的差别，即实现多媒体数据库的所谓媒体独立性。

多媒体数据库技术有很多关键技术，其关键内容之一是多媒体数据模型的建立，即多媒体的数据建模。它包括概念模型的建立、逻辑模型和物理模型的建立。

多媒体数据模型的实现可以通过不同的方法，并可根据对象系统的情况来选择。根据当前的技术发展，一般可供选择的方法有三种，即：①基于关系数据模型的方法；②基于语义数据模型的方法；③基于面向对象的数据模型方法。

多媒体数据库管理系统(MDBMS)是对多媒体数据进行管理的重要软件，它实现对多媒体数据的存储、管理和查询。现在人们把多媒体数据库管理系统的体系归纳为三种，即单一DBMS结构、主从DBMS结构和协同DBMS结构，也称为集中式结构、主从式结构和协作式结构。不同体系结构可以满足不同的应用需求。而根据多媒体应用需求和发展，分布式多媒体系统将会成为主要的应用形式。

总的来说，随着应用需求的不断增长和各种多媒体存储技术的飞速进步，多媒体技术将成为实现各种数据库的必要手段和物质基础。

9. 并行数据库

近年来，计算机体系结构的一个明显发展趋势是从单处理器结构向多处理器结构过渡，另一方面，计算机应用的发展已超过了单处理器处理能力的增长速度，数据库中数据量高速增长，使新一代数据库应用对数据库性能和可用性提出了更高的要求，因此将传统的数据库管理技术与并行处理技术结合的并行数据库技术已越来越为人们所瞩目。并行数据库系统(Parallel Database System)以高性能(线性加速比)、高可用性与高扩充性(线性伸缩比)为目标，充分利用多处理器平台的能力，通过多种并行性，在联机事务处理与决策支持应用两种典型环境中提供优化的响应时间与事务吞吐量。因此人们普遍认为，并行数据库系统必将成为未来的高性能数据库系统。

(1)并行数据库系统的体系结构

对应于并行计算机的三类体系结构，并行数据库系统的体系结构有以下三种：

①共享内存(Shared-Memory)结构，如图7-1-5(a)所示。在该结构中，共同执行一条SQL语句的多个数据库构件通过共享内存交换消息与数据。数据库中的数据划分在多个局部磁盘上，并可以为所有处理器访问。共享内存结构是单SMP硬件平台上最优的并行数据库结构。

②共享磁盘(Shared-Disk)结构，如图7-1-5(b)所示。在该结构中，所有处理器可以直接访问所有磁盘中的数据，但它们无共享内存。因此该结构需要一个分布式缓存管理器来对各处理器(节点)并发访问缓存进行全局控制与管理。多个DBMS实例可以在多个节点上运行，并通过分布式缓存管理器共享数据。共享磁盘结构是共享磁盘的硬件平台上最优的并行数据库结构。

③无共享资源(Shared-Nothing)结构，如图7-1-5(c)所示。在该结构中，数据库表划分在多个节点上，可以由网络的多个节点并行执行一条SQL语句，各个节点拥有自己的内存与磁盘，执行过程中通过共享的高速网络交换消息与数据。无共享资源结构是大规模并行处理(MMP)和紧耦合全对称多处理器(SMP)群集机硬件平台上最优的并行数据库结构。

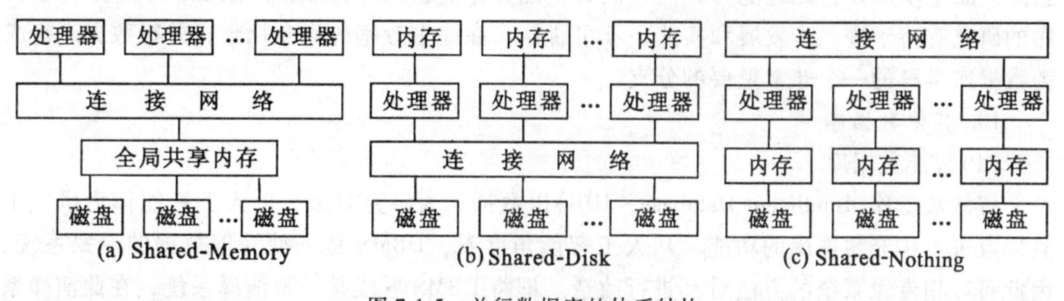


图7-1-5　并行数据库的体系结构

并行数据库系统的三种体系结构各有利弊。目前人们普遍认为，MPP 或 SMP 群集机平台上的无共享资源结构是并行数据库系统的优选结构，非常适合于复杂查询及超大型数据库应用。但同时它也是最难实现的结构。

(2)并行处理技术

一个理想的并行数据库系统应能充分利用硬件平台的并行性，采用多进程多线索结构，提供 4 种不同粒度的并行性：不同用户事务间的并行性、同一事务内不同查询间的并行性、同一查询内不同操作间的并行性和同一操作内的并行性。

事务间的并行性是粒度最粗也是最易实现的并行性。由于这种并行性允许多个进程或线索同时处理多个用户的请求，因此可以显著增加系统吞吐量，支持更多的并发用户。

同一事务内的不同查询如果是不相关的，它们并行执行必将提高效率，但由 DBMS 进行相关性判断比较复杂。

同一查询内的不同操作往往可以并行执行，即将一条 SQL 查询分解成多个子任务，由多个处理器执行。例如，下列查询操作

SELECT 部门号，职工号

FROM　部门，职工

WHERE　部门．部门号=职工．部门号

ORDER BY 部门号

可以分解为扫描部门表和职工表、对两表进行连接、对连接结果排序以及输出等 5 个子任务。前一子任务的输出即是下一子任务的输入，后一子任务等待前一子任务产生一定量的输出后(而不必等待前一子任务执行完毕)即可在另一处理器上开始执行。这种并行方式称为垂直并行或流水线并行。

操作内并行性的粒度最细，它将同一操作(如扫描操作、连接操作、排序操作等)分解成多个独立的子操作，由不同的处理器同时执行。例如，如果部门表划分到 4 个不同的磁盘上，则扫描部门表的操作就可以分解成 4 个子操作同时执行，从而大大加快了扫描部门表的操作。这种并行方式称为水平并行或划分并行。从广义上讲，事务间和查询间的并行性也属于水平并行。

并行数据库系统是新兴的数据库研究领域。目前国外已有一些并行数据库的原型系统，但尚无真正的并行数据库系统投入运行。即使近年来一些著名的数据库厂商开始在数据库产品中增加并行处理能力，但它们都不能算作真正的并行数据库系统。尽管并行数据库的研究有待于进一步发展和实践，不可否认，在注重效率的当今社会，并行数据库将成为数据库学科的一个非常重要的分支。

10. 其他数据库

(1)智能数据库

智能数据库(Intelligent Database，IDB)以数据库为研究对象，以人工智能作为研究工具以改进、扩充数据库的功能。从人工智能角度看，DBMS 是一种管理数据的专家系统，因此可以用专家系统的方法对其进行改造。即将 DBMS 看成是一种演绎系统，在此演绎系统中用知识表示方法来刻画模式和数据，用逻辑推理方法实现数据操纵、完整性、安全性等功能，同时改进与扩大数据库的功能，扩大数据库的存储容量。

随着计算机应用的发展要求所管理的对象能从数据扩大到知识，知识库管理系统(KBMS)应运而生，这将对知识工程、专家系统以及智能计算机的发展具有重大的意义。数据库系统是一种直接为用户服务的应用系统，因而其界面的友好性是极为重要的。近年来发展起来的数据库自然语言界面可为数据库系统提供较好的用户界面。总之，从数据库管理系统到其他用户界面，从系统到数据库设计都可以用人工智能的方法来实现。这样，原来数据库领域中分割的各部分在理论、方法、实现等各方面均可用人工智能将其统一起来，这是一种观念上、方法论上的重大突破，将为数据库的进一步研究与发展提供重要的支撑与基础。尽管许多相关问题仍未解决，但人工智能和数据库技术相结合肯定是数据技术未来发展的方向。

(2)模糊数据库

数据库是对客观世界的一部分(可能是一个企业、一个单位、一个或一组事物等)的一种抽象描述。各种数据是对客观世界中事物的属性、数量、位置和它们间相互关系的形式表示，是各种信息的载体。现有的各种代数的和逻辑的理论已为确定的或精确的客观事物的描述提供了方法，也为数据库各种模型的建立提供了必要的理论基础。然而，越来越多的人开始认识到，从某种意义上讲，现实世界中的绝大多数事物和现象是表达不完全、不确定或模糊不清的，一般很难采用一种基于二值逻辑和精确数学理论的数据模型来描述。而在作为客观世界的抽象描述的数据库中，如果不能表示模糊性和不完全性等概念将是一个很大的不足，因此为了把不完全、不确定或模糊性的数据引入数据库，有必要开展模糊模型的研究，通过建立一种抽象模型以便把世界描述得更加贴切逼真。

模糊数据库的理论和技术虽然经过几年来的研究和发展，一方面可以说已经取得了不少成果，如提出模糊关系推理语言，实现了部分模糊数据库管理系统的原型，在模糊查询、模式识别、咨询决策和知识处理等方面获得了成功的应用，等等。这表明所提出有关模糊数据库理论的正确性及处理方法与技术具有可行性。但另一方面，仍应该说至今关于模糊数据库的理论和技术的研究，无论在国内还是在国外，都尚处于初创阶段，远未达到成熟和完善，还有待做长期而深入的研究。

通过上述介绍，可以看到数据库技术和其他计算机技术的结合，大大丰富并提高了数据库的功能、性能和应用领域；大大发展了数据库的概念和技术。

数据库技术和其他技术相结合产生了众多新型的数据库系统，它们是新一代数据库大家族的重要成员。应该指出，它们之间并不是孤立的概念和系统。例如，分布式数据库系统强调了分布式的数据库结构和分布处理功能，而它支持的数据模型可以是关系模型、扩展关系模型、OO 模型或者某一特定数据模型；分布式数据库系统中集成的数据库也可以是空间数据库。又如主动数据库系统强调了数据库在反应能力上具有主动性、快速性和智能化的特性。其数据模型有的是在关系模型中加入事件驱动的主动成分，有的是研究用 OO 模型实现主动数据库，至于它的系统结构，可以是集中式的，也可以是分布式的。因此具体到某一应用系统中的数据库系统常常会兼有以上多种数据库系统的技术特性。

(3) 应用数据库

这类数据库在原理上也没有多大的变化。但是它们却与一定的应用相结合，从而加强了系统对有关应用的支撑能力，尤其表现在数据模型、语言、查询方面。它包括：数据仓库(Data Warehouse)、空间数据库(Spatial Database)、地理数据库(Geographic Database)、工程数据库(Engineering Database)、统计数据库(Statistic Database)、演绎数据库(Deductive Database)等。数据仓库与演绎数据库在商业应用领域使用十分广泛，通常利用数据仓库存放大量历史数据，再利用演绎数据库中所提供的数据挖掘和知识发现功能对数据仓库中的数据进行处理，产生知识和模式；空间数据库和地理数据库在测量、勘探、城建、卫星定位等领域使用广泛，典型的应用是GIS，GPS；工程数据库在工程领域使用较多，典型代表是支持CAD，CAM的数据库，尤其是CASE数据库；统计数据库在具有大量统计数据的领域使用广泛，是用来对统计数据进行存储、统计、分析的数据库系统。

## 7.2 面向城市规划领域的数据库新技术

当前数据库发展呈现出与多学科知识相结合的趋势，凡是有数据(广义)产生的领域就可能需要数据库技术的支持。各学科技术的内容与数据库相结合从而使数据库应用中新内容、新应用、新技术层出不穷，形成了当今数据库家族。当今面向各个应用领域的典型的数据库成员有：工程数据库，地理(空间)数据库，时态数据库，统计数据库，科学数据库，文献数据库，数据仓库等。其中一些数据库以及上一节介绍的各种多技术结合的数据库的产生、发展，将预示着城市规划数据库未来的发展方向和趋势。它们不仅适应于城市规划领域不断增长的需求，也有利于进一步推动城市规划管理信息系统的使用和完善。

### 7.2.1 空间数据库

空间数据库，是以描述空间位置和点、线、面、体特征的拓扑结构的位置数据及描述这些特征的性能的属性数据为对象的数据库。其中的位置数据为空间数据，属性数据为非空间数据。空间数据库的研究始于20世纪70年代的地图制图与遥感图像处理领域，其目的是为了有效地利用卫星遥感资源迅速制出各种经济专题地图，由于传统数据库在空间数据的表示、存储和管理上存在许多问题，从而形成了空间数据库这门多学科交叉的数据库研究领域。目前的空间数据库成果大多数以地理信息系统的形式出现，主要应用于环境和资源管理、土地利用、城市规划、森林保护、人口调查、交通、税收、商业网络等领域的管理与决策。

空间数据库的目的是利用数据库技术实现空间数据的有效存储、管理和检索，为各种空间数据库用户服务。目前，空间数据库的研究主要集中于空间关系与数据结构的形式化定义，空间数据的表示与组织，空间数据查询语言，空间数据库管理系统。

1. 空间数据模型

无论是层次模型、网状模型，还是关系模型，都是非空间数据最主要的数据模型。由于这些传统模型应用于空间数据库或地理数据库中存在各种局限性，它们都不是最适合存储空间数据的数据模型。

近年来，结合关系数据库和面向对象思想的对象-关系数据模型已经取代了传统的混合存储模型，成为GIS应用中构建数据库系统的主流技术。由于这种技术更为逼真地模拟了现实世界中空间实体的结构和相互关系，并且采用单一系统进行存储，因而消除了传统混合模型的缺点，更有利于对空间数据进行管理和维护。具体说来，这种结构存在如下特点：

(1)采用对象-关系数据模型的商业化的对象-关系数据库产品技术已经比较成熟，这就使得采用对象关系模型构造的数据模型可以直接在一个对象-关系数据库中进行存储、管理，并且由于采用了符合行业标准的开放式数据接口，使得数据的共享更加方便有效。

(2)由于采用了单独的数据库进行数据管理，使得对空间数据进行操作更加简单和方便，效率也大大提高。

(3)通过采用开放式的 SQL 平台以及大量空间操作函数的使用，能够开发出功能更加强大的应用系统，扩展了 CIS 应用的范围。

下面结合 OGC(OPEN GIS CONSORTIUM)给出的空间实体存储规范和 Oracle Spatial 的数据格式，论述基于对象-关系模型的空间数据存储模型。

如上所述，地理信息系统管理空间数据的方式经历了如下发展历程：最初采用基于文件管理的方式；之后随着数据库技术的发展成熟，出现了采用文件系统与关系数据库合作，由文件系统存储空间数据、关系数据库存储属性数据的混合管理模式；随着面向对象技术与数据库技术的结合，面向对象空间数据模型及实现系统已经提出，但由于面向对象数据库管理系统价格昂贵且技术还不成熟，目前在 GIS 领域不太通用，而基于对象-关系数据库系统的空间数据模型由于很好地体现了面向对象的思想，并且充分利用了现有数据库技术，因而成为 GIS 空间数据库发展的主流。

在新一代 GIS 的发展过程中，要求数据管理系统能够支持统一的海量数据的存储、查询和分析处理，包括支持 TB 级以上的空间数据存储；有效的空间、属性一体化管理、查询机制；面向问题的分析、处理手段和工具；以空间数据为基础的数据挖掘；联机事务处理(OLTP)和联机分析处理(OLAP)；扩充的、支持空间的“关系概念”与“关系运算”。随着计算机软硬件技术以及 GIS 理论研究的深入发展。以上目标会在不远的将来逐一得到实现。

2. 面向对象模型

随着 20 世纪 70 年代面向对象基本概念和方法的出现，空间数据的描述和管理面临新的环境和基础。从面向对象数据模型的 4 种核心概念与技术的分析，可以发现面向对象数据模型对空间数据的适应性。

(1)分类

分类是指把一组具有相同属性结构和操作方法的对象归纳或映射为一个公共类的过程。如城市用地可划分为行政区、商业区、居住区、文化区等若干类，其中就居住区类而论，每栋住宅作为对象又都有门牌号、地址、电话号码等相同的属性结构。同一个类中的若干个对象有相同属性结构和操作方法。属性结构即属性的表现形式相同，但它们具有不同的属性值。

(2)概括

概括是指将相同特征和操作的类再抽象为一个更高层次、更具一般性的超类的过程。子类是超类的一个特例。一个类可能是超类的子类，也可能是几个子类的超类。所以，概括可能有任意多层次。例如，建筑物是住宅的超类，住宅是建筑物的子类；但如果把对住宅的概括延伸到城市住宅和农村住宅，则住宅又是城市住宅和农村住宅的超类（如图7-2-1）。概括技术避免了说明和存储上的大量冗余，如住宅地址、门牌号、电话号码等是“住宅”类的实例（属性），同时也是它的超类“建筑物”的实例（属性）。因此，概况技术需要一种能自动地从超类的属性和操作中获取子类对象的属性和操作的机制来实现，即继承机制。

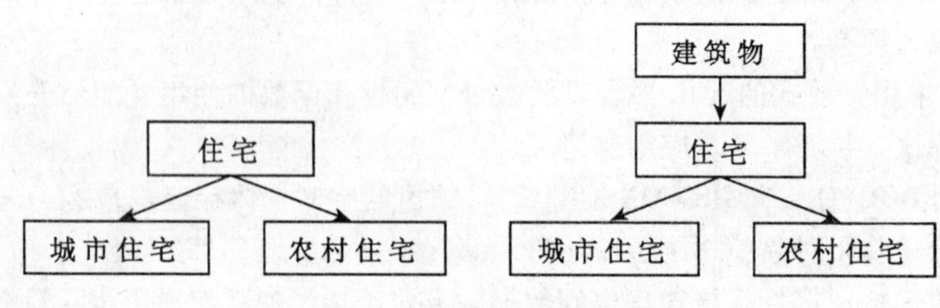


图 7-2-1　概括的多层特性

（3）聚集

聚集是指把几个不同性质类的对象组合成一个更高级的复合对象的过程。“复合对象”用来描述更高层次的对象，“部分”或“成分”是复合对象的组成部分，“成分”与“复合对象”的关系是“部分”的关系，反之“复合对象”与“成分”的关系是“组成”的关系。例如，医院由医护人员、病人、门诊部、住院部、道路等聚集而成。这对于表达复杂对象和揭示对象的组成关系有利。每个不同属性的对象是复合对象的一个部分，它们有自己的属性数据和操作方法，这些是不能为复合对象所公用的，但复合对象可以从它们那里派生得到一些信息。复合对象有自己的属性值和操作，它只从具有不同属性的对象中提取部分属性值，且一般不继承子类对象的操作。这就是说，复合对象的操作与其成分的操作是不兼容的。

（4）联合

联合是指将同一类对象中的几个具有部分相同属性值的对象组合起来，抽象成一个更高水平的集合对象的过程。“集合对象”描述由联合而构成的更高水平的对象，有联合关系的对象称为“成员”，“成员”与“集合对象”的关系是“成员”的关系。在联合中，强调的是整个集合对象的特征，而忽略成员对象的具体细节。集合对象通过其成员对象产生集合数据结构，集合对象的操作由其成员对象的操作组成。例如，一个渔场主有三个水塘，它们使用同样的养殖方法，养殖同样的水产品，由于渔场主、养殖方法和养殖水产品三个属性都相同，故可以联合成一个包含这三个属性的集合对象。

联合与概括在概念上不同。概括是对类进行抽象概括；而联合是对属于同一类的对象进行抽象联合。联合有点类似于聚集，所以在许多文献中将联合的概念附在聚集的概念中，都指使用传播工具提取对象的属性值。

继承和传播是面向对象的属性数据模型的核心工具，处于重要的地位。继承服务于概括，可以减少代码冗余，减少相互间的接口和界面。一类对象可继承另一类对象的特性和能力，子类继承父类的共性，继承不仅可以把父类的特征传给中间子类，还可以向下传给中间子类的子类。传播是一种作用于聚集和联合的工具，用于描述复合对象或集合对象对成员对象的依赖性并获得成员对象的属性的过程。它通过一种强制性的手段将成员对象的属性信息传播给复合对象。利用传播工具，复合对象的某些属性不需单独存储，可以从成员对象中提取或派生。成员对象的相关属性只能存储一次。这样，就可以保证数据的一致性，减少数据冗余。从成员对象中派生复合对象或集合对象的某些属性值，其公共操作有"求和"、"集合和"、"最大"、"最小"、"平均值"和"加权平均值"等。例如，一个国家最大城市的人口数是这个国家所有城市人口数的最大值，一个省的面积是这个省所有县的面积之和，等等。

继承和传播在概念和使用上都是有差别的。这主要表现在：①继承是用概括("即是"关系)体系来定义的，服务于概括，而传播是用聚集("成分"关系)或联合("成员"关系)体系来定义的，作用于联合和聚集；②继承是从上层到下层，应用于类，而传播是自下而上，直接作用于对象；③继承包括属性和操作，而传播一般仅涉及属性；④继承是一种信息隐含机制，只要说明子类与父类的关系，则父类的特征一般能自动传给它的子类，而传播是一种强制性工具，需要在复合对象中显式定义它的每个成员对象，并说明它需要传播哪些属性值。

(5)面向对象的空间数据模型

为了有效地描述复杂的事物或现象，需要在更高层次上综合利用和管理多种数据结构和数据模型，并用面向对象的方法进行统一的抽象。这就是面向对象数据模型的含义，其具体实现就是面向对象的数据结构。

面向对象的空间数据模型具有以下特点，其核心是对复杂对象的模拟和操作。

①可充分利用现有数据模型的优点。面向对象的数据模型是一种基于抽象的模型，允许设计者在基本功能上选择最为适用的技术。如可以把矢量和栅格数据结构统一为一种高层次的实体结构，这种结构可以具有矢量结构和栅格结构的特点，但实际的操作仍然是矢量数据用矢量运算，栅格数据用栅格算法。

②具有可扩充性。由于对象是相对独立的，因此可以很自然和容易地增加新的对象，并且对不同类型的对象具有统一的管理机制。

③可以模拟和操纵复杂对象。传统的数据模型是面向简单对象的，无法直接模拟和操纵复杂实体，而面向对象的数据模型具备对复杂对象进行模拟和操纵的能力。

面向对象的空间数据模型由面向对象的几何数据模型和属性数据模型组成。

①面向对象的几何数据模型

从几何方面划分，GIS 的各种地物对象为点状、线状、面状地物以及由它们混合组成的复杂地物。每一种几何地物又可能由一些更简单的几何图形元素构成。每个地物对象都可以通过其标识号和其属性数据联系起来。若干个地物对象(地理实体)可以作为一个图层，若干个图层可以组成一个工作区。在 GIS 中可以开设多个工作区。

在 GIS 中建立面向对象的数据模型时，对象的确定还没有统一的标准，但是，对象的建立应符合人们对客观世界的理解，并且要完整地表达各种地理对象及它们之间的相互关系。

如图 7-2-2，一个面状地物是由边界弧段和中间面域组成的，弧段又涉及节点和中间点坐标。或者说，节点的坐标传播给弧段，弧段聚集成线状地物或面状地物，简单地物聚集或联合组成复杂地物。

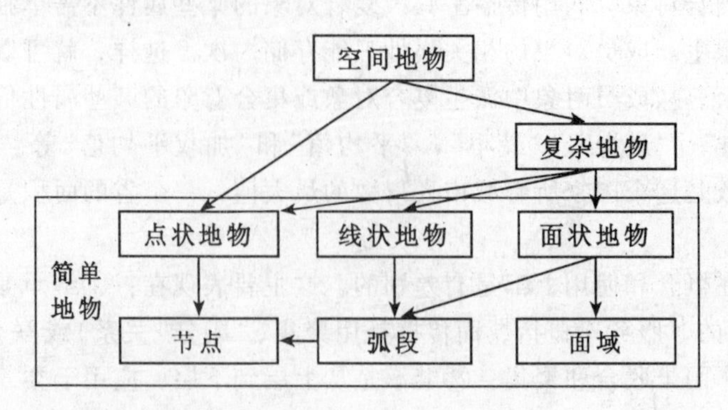


图 7-2-2　面向对象的几何数据模型

②面向对象的属性数据模型

关系数据模型和 RDBMS 基本上适应于 GIS 中属性数据的表达与管理。若采用面向对象的属性数据模型，语义将更加丰富，层次关系也更明了。可以说，面向对象的属性数据模型在包含 RDBMS 的功能基础上，增加了面向对象数据模型的封装、继承和信息传播等功能。

图 7-2-3 是以土地利用管理 GIS 为例的面向对象的属性数据模型。

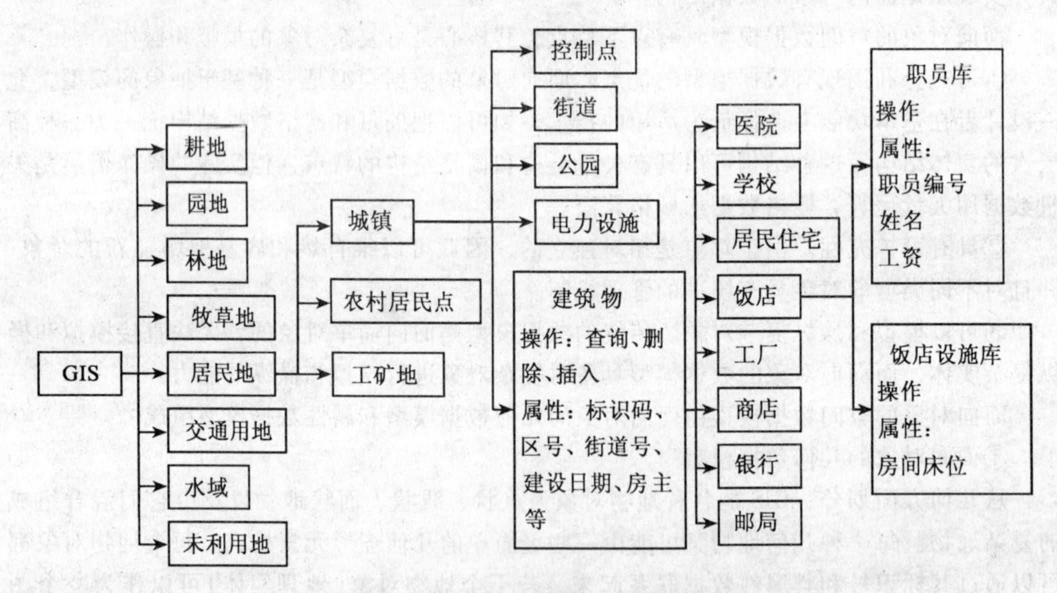


图 7-2-3　面向对象的属性数据模型

GIS 中的地物可根据国家分类标准或实际情况划分类型。如土地利用管理 GIS 中的地物可分为耕地、园地、林地、居民地、交通用地、水域等几大类。地物类型的每一大类又可以进一步分类，如居民点可分为城镇、农村居民点等子类。另外，根据需要还可将具有相同属性和操作的类型综合成一个超类，如工厂、农场、商店、饭店等属于产业，有收入、税收等属性，可将它们概括为一个更高水平的超类-产业类。由于产业不仅可能与建筑物有关，还可能包含其他类型如土地等，所以可将产业类设计成一个独立的类，通过行政管理数据库来管理。在整个系统中，可采用双重继承工具，当要查询饭店类的信息时，既要继承建筑物类的属性和操作，又要能够继承产业类的属性和操作。

属性数据库管理中也需用到聚集的概念和传播的工具，如在饭店类中，可能不直接存储职工总人数、房间总数和床位总数等信息，它可能从该饭店的对象职员和房间床位等数据库中派生得到。

目前对面向对象的空间数据模型的研究有面向对象的三维空间数据模型、面向对象的时空数据模型、基于面向对象与超地图原理的四维时空数据模型等，有兴趣的读者可以参看龚健雅教授主编的《当代 GIS 的若干理论与技术》一书。

### 7.2.2　工程数据库

工程数据库是一种能存储和管理各种工程图形，并能为工程设计提供各种服务的数据库。它适用于 CAD/CAM、计算机集成制造（CIM）等通称为 CAX 的工程应用领域。传统的数据库只能处理简单的对象和规范化数据，而对具有复杂结构和内涵的工程对象以及工程领域中的大量“非经典”应用则无能为力。工程数据库正是针对传统数据库的这一缺点而提出的，它针对工程应用领域的需求，对工程对象进行处理，并提供相应的管理功能及良好的设计环境。

工程数据库管理系统是用于支持工程数据库的数据库管理系统，基于工程数据库中数据结构复杂、相互联系紧密、数据存储量大的特点，工程数据库管理系统的功能与传统数据库管理系统有很大不同，主要应具有以下功能。

①支持复杂多样的工程数据的存储和集成管理；②支持复杂对象（如图形数据）的表示和处理；③支持变长结构数据实体的处理；④支持多种工程应用程序；⑤支持模式的动态修改和扩展；⑥支持设计过程中多个不同数据库版本的存储和管理；⑦支持工程长事务和嵌套事务的处理和恢复。

城市规划数据库是工程数据库的重要分支。在 CAD 系统中进行城市规划设计，实质上就是一种工程数据库运用，在这个系统中保存了有关城市规划设计的各种数据：日期、设计者、用地数据、设计模型等，以便于管理和检索，这是城市规划数据库一方面的应用。另一方面，就是结合城市规划管理的工作，将城市规划的成果与相应的管理业务结合起来构成城市规划与管理信息系统进行统一管理便于查询、检索。

在工程数据库的设计过程中，由于传统的数据模型难以满足 CAD 应用对数据模型的要求，需要运用当前数据库研究中的一些新的模型技术，如扩展的关系模型、语义模型、面向对象的数据模型。目前的工程数据库研究虽然已取得了很大的成绩，但要全面达到应用所要求的目标仍有待进一步深入研究。

### 7.2.3　统计数据库

统计数据是人类对现实社会各行各业、科技教育、国情国力的大量调查数据，是人类社会活动结果的实际反映，是信息行业的重要内容。采用数据库技术实现对统计数据的管理，对于充分发挥统计信息的作用具有决定性的意义。

统计数据具有层次型特点，但并不完全是层次型结构；统计数据也有关系型特点，但关系型也不完全满足需要；虽然一般统计表都是二维表，但统计数据的基本特性是多维的。例如，经济统计信息，由统计指标名称、统计时间、统计空间范围、统计分组特性、统计度量种类等相互独立的多种因素方可确切地定义出一批数据。反映在数据结构上就是一种多维性。由此，统计表格虽为二维表，而其主栏与宾栏均具有复杂结构。多维性是统计数据的第一个特点，也是最基本的特点。第二，统计数据是在一定时间(年度、月度、季度)期末产生大量数据，故入库时总是定时的大批量加载。经过各种条件下的查询以及一定的加工处理，通常又要输出一系列结果报表。这就是统计数据的“大进大出”特点。第三，统计数据的时间属性是一个最基本的属性，任何统计量都离不开时间因素，而且经常需要研究时间序列值，所以统计数据又有时间向量性。第四，随着用户对所关心问题的观察角度不同，统计数据查询出来后常有转置的要求。例如，若干指标的时间序列值，考虑指标之间的比例关系时常以时间为主栏、指标为宾栏；而考虑时间上的增长量、增长率时，又常以时间为宾栏、指标为主栏。统计数据还有其他一些特点，但基本特性是多维结构特性。

统计数据库是一种用来对统计数据进行存储、统计(如求数据的平均值、最大值、最小值、总和等)、分析的数据库系统。它向用户提供的是统计数字而不是某一个体的具体数据。统计数据库中的数据可分为两类：微数据(Micro Data)和宏数据(Macro Data)。微数据描述的是个体或事件的信息，而宏数据是综合统计数据，它可以直接来自应用领域，也可以是微数据的综合分析结果。

统计数据库与其他数据库不同，在安全性方面有一种特殊的要求，要防止有人利用统计数据库提供合法查询的时机获取他不应了解的某一个体的具体数据。

由于统计数据库具有一系列自有的特点，一般关系型数据库还不能完全满足它的需求。因此，如何使用 RDBMS 建立统计数据库，是一项具有特定技术要求的工作。

调查统计数据是城市规划数据库的数据内容中重要的一类，目前多以文件形式存储，或把某个统计结果作为属性项放到关系数据库中。显然在使用这类数据时，城市规划人员处于消极被动的地位，从而城市规划制定和管理决策中的许多分析预测工作得不到充分有效的开展。城市规划数据库需要具有统计数据库的使用功能和管理能力，才可能为城市规划管理信息系统的应用开辟崭新的天地。

### 7.2.4 智能数据库

尽管“智能数据库”(IDB)是刚发展起来的新兴领域，许多相关问题仍未解决，但人工智能(AI)和数据库技术相结合肯定是数据库技术未来发展的方向。目前，有关专家认为一个智能数据库至少应同时具备演绎能力和主动能力，即把演绎数据库和主动数据库的基本特征集成在一个系统之中，所以应具有下列特点：

①提供表达各种形式的应用知识的手段。

②为用户像专家系统一样提供解释。

③主动规则+恰当地为快速变化作出反应。

④更普遍，更灵活地实现完整性控制、安全性控制、导出数据处理、报警等。

### 7.2.5　数据仓库

传统的数据库技术是以单一的数据资源为中心，同时进行各种类型的处理，从事务处理到批处理，到决策分析。而计算机系统中存在着两类不同的处理：操作型处理和分析型处理。操作型处理也叫事务处理，是指对数据库联机的日常操作，通常是对一个或一组记录的查询和修改，主要是为企业的特定应用服务的，人们关心的是响应时间、数据的安全性和完整性。分析型处理则用于管理人员的决策分析。例如，DSS，EIS 和多维分析等，经常要访问大量的历史数据。两者的巨大差异使得操作型处理和分析型处理的分离成为必然。于是，数据库由旧的操作型环境发展为一种新环境：体系化环境。体系化环境由操作型环境和分析型环境(数据仓库级、部门级、个人级)构成。数据仓库是体系化环境的核心，它是建立决策支持系统(DSS)的基础。

1. 从数据库到数据仓库

数据库系统作为数据管理的手段，主要用于事务处理，在这些数据库中已经保存了大量的日常业务数据。传统的 DSS 一般是直接建立在这种事务处理环境上的。数据库技术一直力图使自己能胜任从事务处理、批处理到分析处理的各种类型的信息处理任务。尽管数据库在事务处理方面的应用获得了巨大的成功，但它对分析处理的支持一直不能令人满意，尤其是当以事务处理为主的联机事务处理应用与以分析处理为主的 DSS 应用共存于同一个数据库系统中时，这两种类型的处理发生了明显的冲突。数据仓库本质上是对这些存在问题的回答，但是数据仓库的主要驱动力是市场商业经营行为的改变。市场竞争要求捕获和分析事务级的业务数据，建立在事务处理环境上的分析系统无法达到这一要求。要提高分析和决策的效率和有效性，分析型处理及其数据必须与操作型处理和数据相分离。必须把分析数据从事务处理环境中提取出来，按照 DSS 处理的需要进行重新组织，建立单独的分析处理环境。数据仓库正是为了构建这种新的分析处理环境而出现的一种数据存储和组织技术。

2. 数据仓库的特点

数据仓库(Data Warehouse，DW)概念的创始人 W. H. Inmon 在 *Building Data Warehouse* 一书中列出了原始数据(操作型数据)与导出型数据(DSS 数据)之间的区别。其中主要区别如表 7-2-1。

W. H. Inmon 还给数据仓库作出了如下定义：数据仓库是面向主题的、集成的、稳定的、不同时间的数据集合，用以支持经营管理中的决策制定过程。面向主题、集成、稳定和随时间变化是数据仓库 4 个最主要的特征。

(1)数据仓库是面向主题的

它是与传统数据库面向应用相对应的。主题是一个在较高层次将数据归类的标准，每一个主题基本对应一个宏观的分析领域。比如一个保险公司的数据仓库所组织的主题可能为：客户，政策，保险金，索赔。而按应用来组织则可能是：汽车保险，生命保险，健康

表 7-2-1　　原始数据与导出型数据的区别

| 原始数据/操作型数据 | 导出型数据/DSS 数据 |
| --- | --- |
| ·细节的 | ·综合的，或提炼的 |
| ·在存取瞬间是准确的 | ·代表过去的数据 |
| ·可更新 | ·不更新 |
| ·操作需求事先可知道 | ·操作需求事先不知道 |
| ·生命周期符合 SDLC | ·完全不同的生命周期 |
| ·对性能要求高 | ·对性能要求宽松 |
| ·事务驱动 | ·分析驱动 |
| ·面向应用 | ·面向分析 |
| ·一次操作数据量小 | ·一次操作数据量大 |
| ·支持日常操作 | ·支持管理需求 |

保险，伤亡保险。可以看出，基于主题组织的数据被划分为各自独立的领域，每个领域有自己的逻辑内涵而不相互交叉。而基于应用的数据组织则完全不同，它的数据只是为处理具体应用而组织在一起的。应用是客观世界既定的，它对于数据内容的划分未必适用于分析所需。“主题”在数据仓库中是由一系列表实现的，即依然是基于关系数据库的。虽然，现在许多人认为多维数据库更适用于建立数据仓库，它以多维数组形式存储数据，但“大多数多维数据库在数据量超过 10G 字节时效率不佳”。一个主题之下表的划分可能是由于对数据的综合程度不同，也可能是由于数据所属时间段不同而进行的划分。但无论如何，基于一个主题的所有表都含有一个称为公共码键的属性作为其主码的一部分。公共码键将各个表统一联系起来。

同时，由于数据仓库中的数据都是同某一时刻联系在一起的，所以每个表除了其公共码键之外，还必然包括时间成分作为其码键的一部分。

(2)数据仓库是集成的

前面已经讲到，操作型数据与适合 DSS 分析的数据之间差别甚大。因此数据在进入数据仓库之前，必然要经过加工与集成。这一步实际是数据仓库建设中最关键、最复杂的一步。首先，要统一原始数据中所有矛盾之处，如字段的同名异义、异名同义、单位不统一、字长不一致等；并且将对原始数据结构作一个从面向应用到面向主题的大转变。

(3)数据仓库是稳定的

它反映的是历史数据的内容，而不是处理联机数据。因而数据经集成进入数据仓库后是极少或根本不更新的。

(4)数据仓库是随时间变化的

它表现在以下几个方面：首先，数据仓库内的数据时限要远远长于操作环境中的数据时限。前者一般在 5～10 年，而后者只有 60～90 天。数据仓库保存数据时限较长是为了适应 DSS 进行趋势分析的要求。其次，操作环境包含当前数据，即在存取一刹那是正确有效的数据。而数据仓库中的数据都是历史数据。最后，数据仓库数据的码键都包含时间项，从而标明该数据的历史时期。

3. 分析工具——数据仓库系统的重要组成部分

20世纪80年代，随着数据库技术的发展开发了一整套以数据库管理系统(DBMS)为核心的第四代开发工具产品，如FORMS，REPORTS，MENUS，GRAPHICS等。这些第四代开发工具有效地帮助了应用开发人员快速建立数据库应用系统，使数据库获得了广泛的应用，有效地支持了OLTP应用。人们从中认识到，仅有引擎(DBMS)和数据仓库是不够的，工具同样重要。数据分析工具的迅速发展正是得益于这一经验。

(1)联机分析处理技术及工具(Online Analytical Processing，OLAP)

自E. F. Codd首先完整地定义了OLAP和多维分析的概念，并给出了数据分析从低级到高级的4种模型以及OLAP的12条准则以来，OLAP技术发展迅速，产品越来越丰富。它们具有灵活的分析功能、直观的数据操作和可视化的分析结果表示等突出优点，从而使用户对基于大量数据的复杂分析变得轻松而高效。

目前OLAP工具可分为两大类，一类是基于多维数据库的，一类是基于关系数据库的。两者相同之处是基本数据源仍是数据库和数据仓库，是基于关系数据模型的，向用户呈现的也都是多维数据视图。不同之处是前者把分析所需的数据从数据仓库中抽取出来物理地组织成多维数据库，后者则利用关系表来模拟多维数据，并不是物理地生成多维数据库。

(2)数据挖掘技术和工具

数据挖掘(Data Mining，DM)是从大型数据库或数据仓库中发现并提取隐藏在内的信息的一种新技术，目的是帮助决策者寻找数据间潜在的关联，发现被忽略的要素，它们对预测趋势、决策行为也许是十分有用的信息。数据挖掘技术涉及数据库技术、人工智能技术、机器学习、统计分析等多种技术，它使DSS系统跨入了一个新阶段。传统的DSS系统通常是在某个假设的前提下通过数据查询和分析来验证或否定这个假设，而数据挖掘技术则能够自动分析数据，进行归纳性推理，从中发掘出潜在的模式；或产生联想，建立新的业务模型，帮助决策者调整市场策略，找到正确的决策。

有关数据挖掘技术的研究已从理论研究走向产品开发，虽然其工具产品尚不成熟，但其市场份额却在增加，越来越多的大中型企业开始利用数据挖掘工具产品分析公司的数据。

进入21世纪，信息集成、传感器数据库技术、网络数据管理、移动数据管理(笔记本电脑、手机)和微小型数据库技术不断开发和应用，并逐步面向市场。

### 7.2.6 总结

以上数据库不仅仅是面向城市规划领域的，它们也广泛地适用于其他特定领域，这些数据库系统也被称为特种数据库系统，都明显地带有该领域应用需求的特征。正是广泛应用需求的提出和特种数据库系统的研究，推动了新一代数据库技术的产生和发展。而新一代数据库技术也首先在这些特种数据库中发挥了作用，得到了应用。

从这些特种数据库系统的实现情况来分析，可以发现它们虽然采用不同的数据模型，但都带有OO模型的特征。具体实现时，有的是对关系数据库系统进行扩充，有的则是从头做起。人们会问，难道不同的应用领域就要研制不同的数据库管理系统吗？能否像第

一、二代数据库管理系统那样研制一个通用的能适合各种应用需求的数据库管理系统呢？这实际上正是第三代数据库系统研究探索的问题，或者说是第三代数据库系统的数据模型即面向对象数据模型研究探索的问题。人们期望第三代数据库系统能够提供丰富而又灵活的建模能力，强大而又容易剪裁、扩充的系统功能，从而能针对不同应用领域的特点，利用通用的系统模块比较容易地构造出多种多样的特种 DBMS。当然，如果这些期望能够成为现实，那么城市规划数据库和特种城市规划数据库管理系统将最大限度地提升城市规划管理信息系统的应用价值。

# 附录1　数据库设计范例

下面以图书馆为例说明数据库设计的两个步骤。

## 一、第一层级设计

以某图书馆为例，图书馆需要保留借书记录。每一名借书人由 borrower#标识，书的每一份副本由 accession#标识(图书馆中的每本书可能会有多个副本)。借书人的姓名和地址都被保留，以便在需要时(如过期提醒)联系。书本所需的信息是书名、作者、出版商、出版日期、国际标准代号(ISBN)、购买价和现价。一名借书者在某一时间内能借书的数量有限制，借书的多少取决于借书者是学生还是教师。预约借书的信息也应该被保留，图书馆只保留图书的原件。若图书再版，则原先版本的副本应收回。

第一层级设计步骤如下：

1. 绘制 E-R 草图

2. 制作事务的原始列表

(1)存储新借书人的详细信息；

(2)存储新收回图书的详细信息；

(3)借书的统计；

(4)记录图书的归还；

(5)删除借书人的信息；

(6)删除收回图书的详细信息；

(7)预约图书；

(8)删除预约；

(9)更新图书现价；

(10)发送借书逾期提醒。

3. 准备初步的属性列表

在本例中，可以初步判断有以下属性：

borrower #, accession #, borrower-name, borrower-address, title, author-name, publisher-name, publication-date, ISBN, purchase-price, current-price, loan-limit, borrower-status, loan-date, reservation-date。

许多属性都可以被视为复合属性。如 borrower-name、borrower-address、ISBN 等。如 ISBN 属性包含四个方面：注释出版、出版商、序列号和校验数位。ISBN 0-7131-2815-1 代表的是英文出版物，由 Edward Arnold(7131)出版，序列号为 2815，校验数位为 1。假如图书馆仅藏有英文版的图书，则第一项可以省略。由于校验数位仅作为校验使用，对于数据的结构来说并不重要，它们最好从第一层级设计中省略。剩下的两个方面的描述可以保留，属性被重新命名为ISBNX，表示它并不是一个完全的ISBN。

4. 编制初步的实体类型表

确定能够准确标识的实体类型，为每个实体类型选择标识符，表示给出表格框架。从前面的描述中可以判断Borrower和Copy适合作为实体类型，分别用borrower#和accession#标识。其实体表格分别为Borrower(borrower#，…)和Copy(accession#，…)。在此阶段有可能选择其他的实体类型，但目前只选择用两个实体。

5. 绘制准确的E-R图

这里必须给定实体、关系以及关系的类型和层级。根据规则：一名借书人可以借多本图书的副本，但是一本副本只能借给一名借书人。图书不一定被借出，借书人也不一定借了书。E-R图如图1(a)所示。

6. 检查并修改E-R图

这里检查和修改必须考虑所应该完成的事务。如步骤2所列出的事务(1)，(2)，(5)，(6)符合创建和删除Borrower和Copy记录值的需要，并且借书(事务(3)和(4))可以通过借书关系进行。事实上，处理过程并非如此简单，详细分析参见步骤11。current-price可能是Copy的一个属性，因此事务(9)可以处理。借书逾期提醒(事务(10))所需的信息可以通过使用Copy、Loan和Borrower获得。唯一的问题是预定(事务(7)、(8))。根据图1(a)的模型，由于借书者可能会预约很多书，同时一本书也可以被很多人预约，模型中一定会包含一个重复组。一个解决方案是在Borrower和Copy之间添加预约关系，但这样仍有问题，因为借书人不是预约一个副本，而是图书本身。

E-R图不支持预约事务说明了图书和副本的混淆。借出的是图书，而非副本。E-R图可以通过引入Book实体和Reservation关系对原来的E-R图进行修改，如图1(b)所示，但这样导致了Book和Copy间的连接陷阱。由于借书人归还副本时，必须检查是否任何人预约的图书都是这个副本，因此必须消除连接陷阱。可以通过关系Stock(如图1(c)所示)来连接Book和Copy以达到此目的。

7. 扩展表格框架

根据最新的E-R图，在步骤4的基础上对表格框架进行扩展，假设Book由ISBNX来标识，结果如下：

(1)实体表格

Borrower(<u>borrower#</u>，…)

Copy(<u>accession#</u>，ISBNX，…)

Book(<u>ISBNX</u>，…)

(2)关系表格

Loan(<u>accession #</u>，borrower#，…)

Reservation(<u>borrower#</u>，ISBNX，…)

关系Stock可以通过将ISBNX附加到实体表格Copy中来实现。

8. 属性分配

根据属性分配原则，将步骤2中所列的属性尽可能地分配到表格框架中去，分配结果

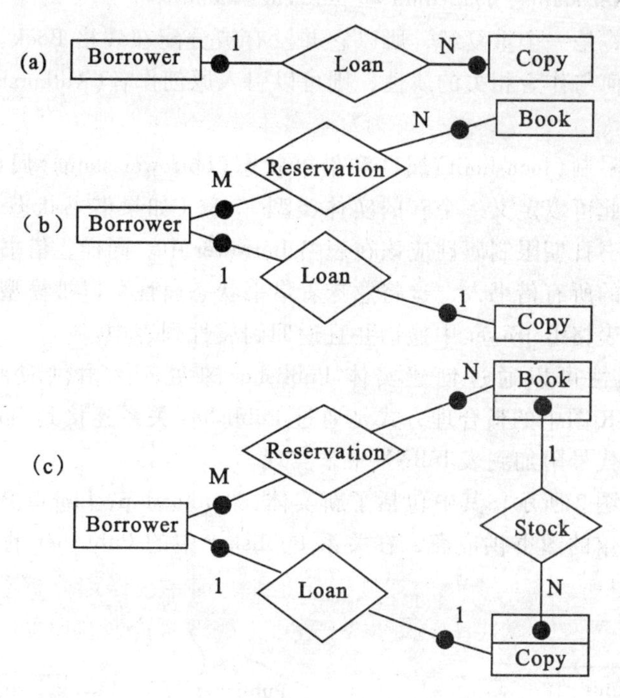


图1 步骤5和步骤6中E-R图绘制过程

如下：

Borrower(borrower#，borrower-name，borrower-address)

Copy(accession#，ISBNX，purchase-price)

Book(ISBNX，title，publication-date，current-price)

Loan(accession #，borrower#，loan-date)

Reservation(borrower#，ISBNX，reservation-date)

与步骤6中的假设相反，current-price 并不是 Copy 的属性。注意，如果借书日期限制(loan-limit)在借书状态(borrower-status)之前分配，它应被分配到 Borrower 中，但会因此撤销借书状态属性的分配，因为后者将是日期限制的决定因素而不是 Borrower 的候选标识符。同样的原因，若借书状态在借书日期限制之前分配，则两个属性也将被返回到属性列表中重新分配。

假设每本书只记录了一个出版商名称(publisher-name)，并将其分配到 Book 表格中。然而，出版商代号将是出版商名称的决定因素，而非 Book 表格的候选标识符。当一本书有多个副本时，出版商名称的属性值就会出现重复，那么，即使 accession#是出版商名称的决定因素，表格 Copy 也不是出版商名称合适的表格，因此现在 publisher-name 必须暂时保存在属性表中。

9. *扩充实体和关系类型*

由于存在无法分配的属性，因此要考虑增加新的实体和关系以满足需要，但是结果可能会导致以前的分配出现问题。因此需要重新返回步骤5。现在仍然未被分配的属性有

author-name，borrower-status，loan-limit 和 publisher-name。

因为作者姓名将是一个重复组，所以它并没有被分配在表格 Book 中。若不必存储除作者姓名之外的任何与作者相关的属性，则可以引入原创作者(Authorship)作为 Book 的子实体。

由于借书日期限制(loan-limit)属性和借书状态(borrower-status)属性不能同时被分配到 Borrower 中，因此可以定义一个新的实体类型 Limit。如果借书状态作为属性已经被忽略，则在此阶段借书日期限制属性应该在表格 Borrower 中。同样，借书日期限制属性可以应用于相同状态下的所有借书人，这将意味着借书状态属性可以被模型包含。因此借书日期限制属性必须从表格 Borrower 中撤销并且返回到属性列表中。

供应商名称属性可以通过创建实体 Publisher 来处理，由供应商代号来标识。将 Publisher 插入到 E-R 图中的最合理方式是通过 Publishes 关系连接到 Book。这种关系在表格中通过将供应商代号附加到表 ISBNX 中来实现。

最新的模型如图 2 所示，其中包括了新实体：Authorship，Limit，Publisher。假设存储的供应商只是图书馆的图书供应商，在关系 Publisher 中的 Publisher 的成员类型为完全限定性的。

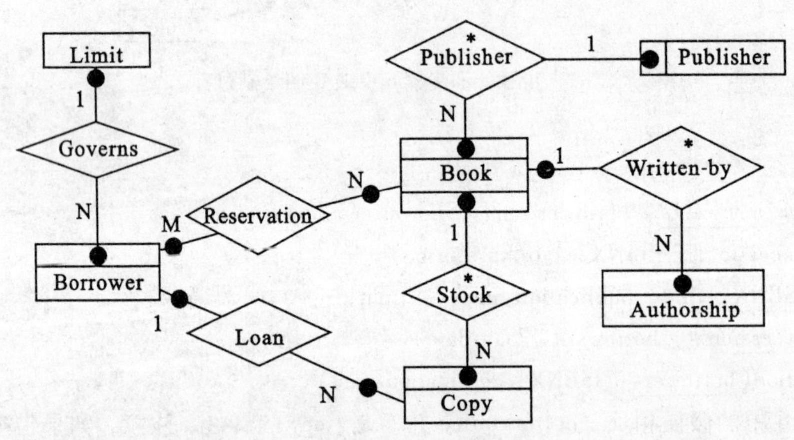


Borrower(borrower#，borrower-name，borrower-address，borrower-status)

Copy(accession#，ISBNX，purchase-price)

Book(ISBNX，title，publication-date，current-price)

Limit(borrower-status，loan-limit)

Authorship(ISBNX，author-name)

Publisher(publisher-code，publisher-name)

Loan(accession#，borrower#，loan-date)

图 2　已完成的第一层次 E-R 模型

10. 考虑新的属性和事务

考察在所研究的范围内是否存在新的属性和事务。如果有，就必须将它们加入到属性和事务列表中去，并且返回到步骤 6。

(1)存储新书的信息；

(2)删除书；

(3)通知借书人预约的书已到；

(4)改变借书人的状态；

(5)找出由指定作者写的书。

从表面上看，新模型可以支持以上这些事务。

11. 验证 E-R 模型

对最终的模型进行详细分析，使得所有的实体、关系、属性都是正确的，并且确保每一个事务都被支持。否则，在必要的情况下，可以返回步骤 1。

例如，属性 Loan 可通过添加新的 Loan 记录值实例来存储，同时检查 Borrower 和 Copy 表格，以确保 accession#和 borrower#是有效的。

再如，删除指定图书的最后一个副本意味着不仅删除了 Copy 记录值实例，而且删除了相关的 Book 记录值实例甚至 Publisher 和 Authorship 记录值实例，同时检验表格 Loan 和 Reservation，以防它们引用了该副本的 accession#或者 ISBNX。

一种用来检验在属性层次上所支持的所有事务的方法是绘制事务-属性表格，见表 1。表格中使用的代号为：D-delete(删除)、R-retrieve(恢复)、S-store(存储)、U-update(更新)。

根据 E-R 模型，表 1 指出行的实例，而不是表的实例。

星号表示在事务的特定阶段可能需要获取表格中的多行信息。数字下标表示表格获取信息的顺序。为实现查询和删除操作，下标用于作为插入表格入口的属性。为实现存储和更新操作，下标用于操作所包含的全部属性。在不同阶段接触同一表格的事务将需要多列信息。在此阶段，只关心模型是否能从逻辑上处理事务。这样，如果有一个事务要检查借书人的状态，给定属性 borrower#，尽管实际检索结果可能最终得到有关借书人详细信息的记录，但表中将只提供 borrower#和 borrower-status 的信息。

表 1　　事务-属性表

| 实体/关系 | 属性 | 事务 | | | | | |
|---|---|---|---|---|---|---|---|
| | | Loan | | Return | | Status | |
| Borrower | borrower# | $R_1$ | | $R_4$ | | $R_1$ | |
| | borrower-name | | | R | | R | |
| | borrower-address | | | R | | | |
| | borrower-status | R | | | | R | $U_2$ |
| Copy | accession# | $R_2$ | | $R_2$ | | | |
| | ISBNX | | | R | | | |
| | purchase-price | | | | | | |
| Book | ISBNX | | | $R_5$ | | | |
| | title | | | R | | | |
| | publication-date | | | | | | |
| | current-price | | | | | | |

续表

| 实体/关系 | 属性 | 事务 | | | | | |
|---|---|---|---|---|---|---|---|
| | | Loan | | Return | | Status | |
| Limit | borrower-status | $R_3$ | | | | | |
| | loan-limit | R | | | | | |
| Authorship | ISBNX | | | $R_6^*$ | | | |
| | author-name | | | R | | | |
| Publisher | publisher-code | | | | | | |
| | publisher-name | | | | | | |
| Loan | accession# | $R_4^*$ | $R_5$ | $D_1$ | | | |
| | borrower# | | $R_5$ | D | | | |
| | loan-date | | $R_5$ | D | | | |
| Reservation | borrower# | | | R | $D_7$ | | |
| | ISBNX | | | $R_3$ | $D_7$ | | |
| | reservation-date | | | $R_3$ | D | | |

下面简要说明表 1 中的三个事务。

(1) Loan

使用 borrower#作为 Borrower 的记录查询入口检查 borrower#的有效性，并查找 borrower status。使用 accession#作为 Copy 的记录查询入口检查 accession#的有效性。使用 borrower-status 作为 Limit 的记录查询入口查找 loan-limit。重复使用 borrower#作为 Loan 的记录查询入口查找出借书人共借了多少副本。若未超出借书日期限制(loan-limit)，存储一条新的 loan 记录值。

(2) Return

当执行事务 return 时，预约的信息就有用了。先删除借书记录，然后查找属性 accession#的 ISBNX，查找出最早预约图书的借书人姓名及地址，同时查找出图书名称与作者，最后删除预约。

(3) Status

使用 borrower#查找出借书人姓名(作为 borrower#准确性的检验)，并且检验借书人现在的状态。如有必要，更新借书人的状态。

12. 删除冗余实体

每一个实体表格都包含除标识符之外的至少一个属性，并且没有任何表格是冗余的。如果作者的标识符为作者姓名，并已经被选为实体类型，由于该实体仅包含作者姓名属性，则表格 Author 有可能被视为多余的。

## 二、第二层级设计

第二层级设计的实例请参见图2中的图书馆E-R模型。假设借书和还书的事务是非常重要的，并且如图2所示的流程那样处理。存储的经济性就不是非常重要，但是必须考虑经济性的问题。如果一些事务在在线工作时作为背景操作运行是非常有益的，那么在线操作的时间越短越好。

实际中的第二层级设计要比上面的说明和下面的描述复杂得多，为简洁起见，本节仅提供必须进行的一些计算种类。讨论是分开进行的，但可以看出，修改模型的一部分可能会影响其他部分修改的正确性。

(1) Loan表格

唯一的1∶M关系表格存在于Loan表格中。可以通过将borrower#和loan-date附加到Copy表格中删除Loan表格，如下所示：

Copy(accession#, ISBNX, purchase-price, borrower#, loan-date)

若被借出的副本占很高的比重，那么附加属性会降低存储需求，因为accession#在表Copy和Loan中都没有重复；但如果被借出的副本占很低的比重，那么存储需求会增加，因为此时大量的borrower#和loan-date的属性值为空。由表1可看出事务Loan操作速度变慢，因为计算借书人已经借出的副本数目必须访问更多的Copy记录值。对于Return操作，在第一层级模型中Loan记录实例的删除操作被已修改的模型中Copy记录的更新操作所取代(将borrower#和loan-date的属性值设置为空值)。有必要做更详细的分析，看这样操作是否值得。可能最终的决定是保留Loan表格。

(2) Authorship

假设每一本书的作者数上限为3，Authorship子实体并入到Book中，使得Return的操作更方便。由于书的大部分内容是由一名作者写的，有可能会使存储量增加。为了避免这种情况，可将第一作者的姓名分配到Book中，同时将其他作者的姓名分配到Authorship中。Book中唯一作者属性的标注表示是否有必要访问表格Authorship。用这种方法将作者的姓名分开存储的最大好处是可以在需要时仅标注出第一作者的姓名，而对其他作者可用“及其他”来表示。

(3) Limit

为简化获取借书人借书日期限制(loan-limit)的操作，可将其并入Borrower表格中。这时，如果不同的借书人状态(borrower-status)的属性都有不同的借书日期限制(loan-limit)与其对应(例如，loan-limit是Limit的候选标识符)，那么可以删除Limit表格。若loan-limit在表格Borrower中，则根据指定的borrower-status属性值改变loan-limit的值将需要更多的时间。但这种改变并非经常性的，并且由于它可以进行批量操作，反应时间就不重要了。

由于在操作中 Limit 表格能很容易地保存在主内存中，修改表格就没有很大作用，还会导致灵活性降低，因此将保存 Limit 表格。

(4) Book 和 Copy

若多数图书只有一个副本被保存，那么存储关系实际上为 1∶1 关系，因此建议合并 Book 和 Copy 表格，结果如下：

Copy(<u>accession#</u>, ISBNX, title, publication-date, purchase-date, current-price)

当一本图书有多个副本被保存时，无论什么时候图书的多个副本都要被存储，title, publication-date, current-price 的属性值则是冗余的。由于没必要单独从 Book 中检索 title 的信息，Return 操作就更快了，但是增加的 Copy 存储量会影响借书操作的速度。然而，可通过分离不经常使用的属性 publication-date, purchase-date, current-price 来降低 Copy 的存储量。如下所示：

Copy(<u>accession#</u>, ISBNX, title)

Copy-details(<u>accession#</u>, publication-date, purchase-date, current-price)

这时，如果删除了 Book 表，则需重新考虑前面有关将第一作者姓名并入 Book 中的建议。将第一作者姓名重新并入到 Copy 中，这将使得 Return 操作更容易，但会影响借书操作。因此将所有的作者姓名都被返回到 authorship 表中，并且 Copy 和 Copy-details 创建如上。

(5) Borrower

借书人姓名及地址的信息并不经常需要，即使对于 Return 操作也是如此，因为大多数被归还的副本并未被预约，所以可以分裂这些冗长的属性来加速借书事务的操作，但是产生了重复的 borrower#属性值。

(6) 引入属性

借书操作的很多时间都花在计算某借书人已经借出的副本数目上，因此可以通过在 Borrower 中添加 loan-count 属性来简化操作。同样，可以在表 Loan 中添加 reservation-flag 属性提高一些还书事务的处理速度。

(7) 综合的第二层级模型

综合的第二层级的 E-R 模型如图 3 所示。需要仔细检验第一层级的任何变化是否使其他变化失效。应修改事务-属性表，使其反映新的表结构，同时检验模型是否满足所有制约因素。由于构建第二层级模型中的一些折中处理，使得 E-R 图表格之间的对应关系并不是非常明显。Reservation 表格并非如 E-R 图所示的那样将 borrower#连接到 accession#，而是将其连接到 ISBNX。为避免混淆，Reservation 和 Copy 之间的连接用"ISBNX"标记。同样，Written-by 和 Copy 间的连接也被标记为"ISBNX"而不是 accession#。Written-by 实际上是一个 M∶N 关系，它的层级关系也存在问题。然而，由于 authorship 实例仅仅与图书的一个 copy 实例相关，因此将 Written-by 层级关系看做 1∶M，并用 ISBNX 表示连接。

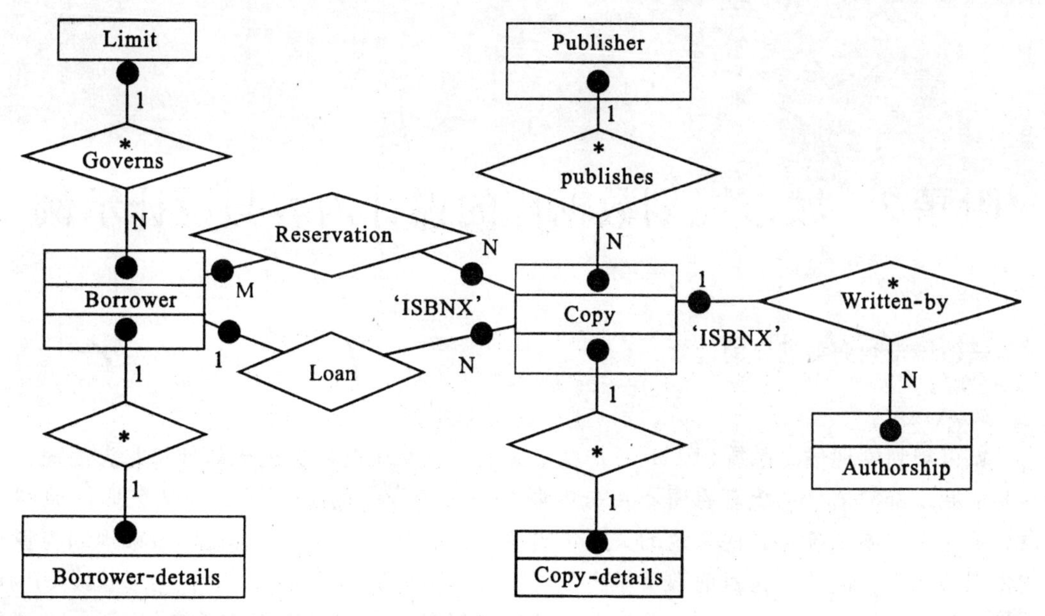


Borrower (borrower#, borrower-status, loan-count)

Borrower-datails (borrower#, borrower-name, borrower-address)

Copy (accession#, ISBNX, title)

Copy-details (accession#, publication-date, purchase-date, current-price)

Limit (borrower-status, loan-limit)

Authorship (ISBNX, author-name)

Publisher (publisher-code, publisher-name)

Loan (accession#, borrower#, loan-date, reservation-flag)

Reservation (borrower#, ISBNX, reservation-date)

图3 已完成的第二层级 E-R 模型

# 附录2　城市规划数据库的设计内容与设计示例

## 一、城市规划数据库的内容

### 1. 概述

城市规划管理信息系统(UPMIS)是城市规划信息系统的重要组成部分和龙头工程，它与其他城市部门信息系统有着密不可分的联系。一个完善的 UPMIS 必须从整体性原则出发，综合考虑本系统与其他系统的关系，提供广泛的共享信息作为动态的城市规划与管理的依据和条件。因此，在目前数字城市发展条件还不成熟的情况下，往往会以建设 UPMIS 为核心和龙头，针对城市规划与管理业务开发隶属各个部门的应用子系统(注意，不是各部门的专业应用子系统，而是城市规划与管理业务有关的部分，如各部门内部的办公系统就不包括在内)，以便进行城市部门之间的资源整合，加强业务工作的连贯、沟通与合作。

一般城市规划数据库的逻辑划分如图 1 所示。

- 城市规划数据库
  - 基础地理信息数据库
  - 社会经济信息数据库(含其他专题文字信息)
  - 城市规划信息数据库
    - 城市规划空间数据库
    - 城市规划业务办公文档库
    - 城市规划文字资料库(如城市规划说明、城市规划法规)
  - 其他专题空间数据库

图 1　城市规划数据库的逻辑划分

以上划分考虑了城市规划体系与城市规划管理信息系统、城市规划数据库的关系。中国的城市规划体系包括城市规划法规体系、城市规划编制体系和城市规划行政体系三个部分，分别对应城市规划立法、城市规划编制与城市规划管理工作。而城市规划管理信息系统是城市规划编制、城市规划立法与城市规划管理的基础与纽带，并为三者提供技术和方法支持，同时也是指导开发与建设的信息源。因此，城市规划管理信息系统设计包括 3 个层次的工作。第一个层次是空间数据库的设计，以空间检索为基本要求；第二个层次是在空间数据库基础上的应用系统设计，开展基于 GIS 的辅助城市规划、办公自动化设计等；第三个层次是在前 2 个层次基础上开展面向应用的各类专家系统(ES)、决策支持系统设计等(如城市规划管理专家系统、地下管线辅助决策支持系统)。第一个层次对应的城市规划数据库包括基础地理信息数据库、社会经济信息数据库和城市规划空间数据库；第二个层次的城市规划数据库中增加了城市规划业务办公文档库和城市规划文字资料库的内容；为保证第三层次专家决策支持的信息全面性，还需要将其他专题空间数据库纳入到城市规划数据库中。

2. UPMIS 典型系统及城市规划数据库内容

根据城市规划专业特定的工作内容，城市规划部门建立的 UPMIS 大多数集中在以下应用：

①总体城市规划与分区城市规划信息子系统；

②城市规划办公自动化系统；

③地下管线信息系统；

④公共设施城市规划支持系统；

⑤道路城市规划子系统；

⑥城镇城市规划建设管理信息系统。

总结以上典型应用，UPMIS 的城市规划数据库的主要内容详述如下。

(1)基础地理信息数据库

主要有基本地形图库、遥感数据库。

①基本地形图库；

②遥感数据库；

③行政界线；

④勘测数据库。

(2)社会经济信息数据库

(3)城市规划空间数据库

①城市规划现状调查数据库；

②城市规划成果数据库；

③城市规划控制数据库。

(4)城市规划业务办公文档库

(5)城市规划文字资料库

(6)其他专题空间数据库

其他专题空间数据库种类繁多，无法一一列举，这里重点介绍与城市规划密切相关的专题空间数据库：

①管线数据库；

②土地(地籍)信息数据库；

③房产信息数据库。

## 二、城市规划数据库的设计应用示例

城市规划数据库一般是通过关系数据库系统和地理信息系统软件对空间数据和属性数据进行管理。完整的空间数据库的详细设计工作集中在三个方面：①要素分类、分层、编码方案及属性数据结构设计；②数据预处理、数据入库作业流程；③数据质量控制方案。下面将以某市城市规划图文办公信息系统为例，简要介绍城市规划数据库设计的过程。

1. 系统目标

在系统建设前期的可行性研究阶段，系统建设者通过组织对国内同类系统的建设情况进行了较为详细的调研工作，对所调研系统的成功与不足的原因进行了较为深入的分析后认为本系统应以强调业务化与实用性为主，应根据城市规划局自身的工作性质、特点及主要支撑技术 GIS 的功能特性来具体设定系统的开发建设目标。城市规划局的主要职责是依据《城市规划法》通过对“一书两证”(建设项目选址意见书、建设用地城市规划许可证和建设工程城市规划许可证)的审批发放来实施城市规划管理，城市规划及管理的决策过程可用图 2 表示。

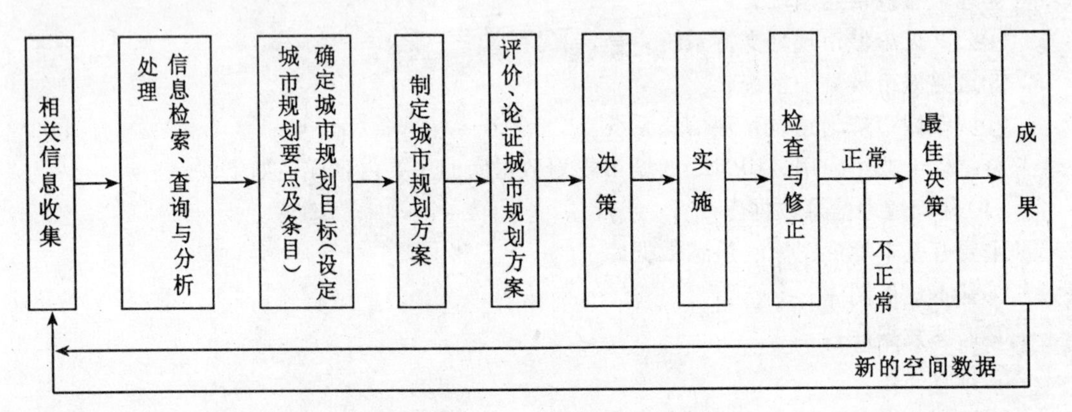


图 2　城市规划与管理决策过程

从图 2 可以看出，城市规划管理决策过程始于数据也终于数据。城市规划、建设与管理工作与大量和城市建设和发展相关的空间信息数据有关，其工作过程中需要对所有相关信息进行查询、分析、利用，建设按城市规划实施后所形成的新的空间信息又成为下一个循环的依据。因此，确定系统的主要应用目标为两部分：①完整的数据库及数据查询、检索、分析功能；②辅助办公自动化，主要目标锁定在内部管理流程的自动化上，因为现阶段不可能要求所有建设项目申报部门提供电子申报材料，难以做到全面的无纸化办公。

系统具体的设计目标包括：

①对城市规划与建设项目审批管理过程中所参照和产生的文本、图形、多媒体数据，按照统一的空间参考系统和信息分类标准进行集成管理，形成可共享的城市规划与管理的综合信息资源。

②城市规划局各级业务人员可随时对集成的图文信息进行查询、检索，有关的用地建筑红线和办理结果也可及时地纳入数据库中。

③根据城市规划局“一书两证”审批的业务流程和服务承诺，按照工作职责和业务审批程序，设计和提供专业的项目审批流转登记、追踪管理、查询统计、填证制证等应用功能，实现基于计算机网络的项目跟踪管理与监控。

④发展专用的建筑用地红线划拨、拆迁分析功能；根据重点项目选址和城市规划方案审定的要求，在图文查询过程中发展动态提示功能(如城市高压走廊控制区、特定地区城市规划管理考虑因素列表提示等)。

⑤在多媒体演示系统的支持下，能以自动或交互等方式展示城市概括、城市发展过程及城市规划建设成果等。

2. 需求分析

(1)城市规划局的机构设置

局内组织机构由局领导(局长、副局长、总工、党委书记、纪委书记)、局职能科室(办公室、计划财务科、城市规划管理科、公房报建科、私房报建科、法规科、城市规划档案馆)和下属机构(城市规划设计院、勘察测绘研究院、城市规划监察大队、城市规划咨询服务公司)组成。其中，城市规划管理科、公房报建科、私房报建科是负责城市规划管理业务的核心科室。

(2)主要业务流程

城市规划局日常业务运作过程包括：

①"一书两证"：建设工程选址意见书→建设用地城市规划许可证→建设工程城市规划许可证。

②选址意见书办理：项目申报受理→核定项目性质规模，提出选址初步意见→征求有关部门意见→发放选址意见书。

③建设用地城市规划许可证办理：项目申报受理→提出城市规划要点或城市规划设计方案→审核城市规划方案总平面→征求相关部门意见→缴纳有关费用→发放建设用地城市规划许可证。

④建设工程城市规划许可证办理：项目申报受理→提出城市规划要点或城市规划设计方案→审核建设项目建筑设计方案→征求相关部门意见→审核建设项目施工图→缴纳有关费用→发放建设工程城市规划许可证。

⑤查处违法建设工程：监察发现或受理举报立案→调查取证→征求相关部门意见→作出行政处罚决定。

⑥局内业务审批程序：业务科经办人签署意见→业务科长意见→总工程师意见→主管副局长意见→局长意见→返回业务科形成审批意见。

⑦违法建设查处局内审批程序：城市规划监察大队调查材料及处理意见→法规科主办人处理意见→法规科长意见→相关业务科室处理意见→主管副局长意见→返回法规科形成处罚决定。

经过对局内现行工作程序和业务职能的深入分析，对"一书两证"的业务流程进行规范化，并采用业务流程图反映各项业务的办理步骤和相互间联系。图3是总体业务流程图，反映了总体业务运作程序。

(3)系统数据流程图

对业务流程图进一步分析导出整个城市规划局和业务科室数据流程图。图4为系统的总体数据流程图，它主要以直观形象的形式表示信息从输入到输出的变换处理过程，定义系统的信息域和功能域，反映业务过程与数据的联系。图中对数据流程图的符号进行了简化，用圆形表示处理过程，用带下画线的文字表示数据存储，并将外部实体放到处理过程中而没有独立出来。

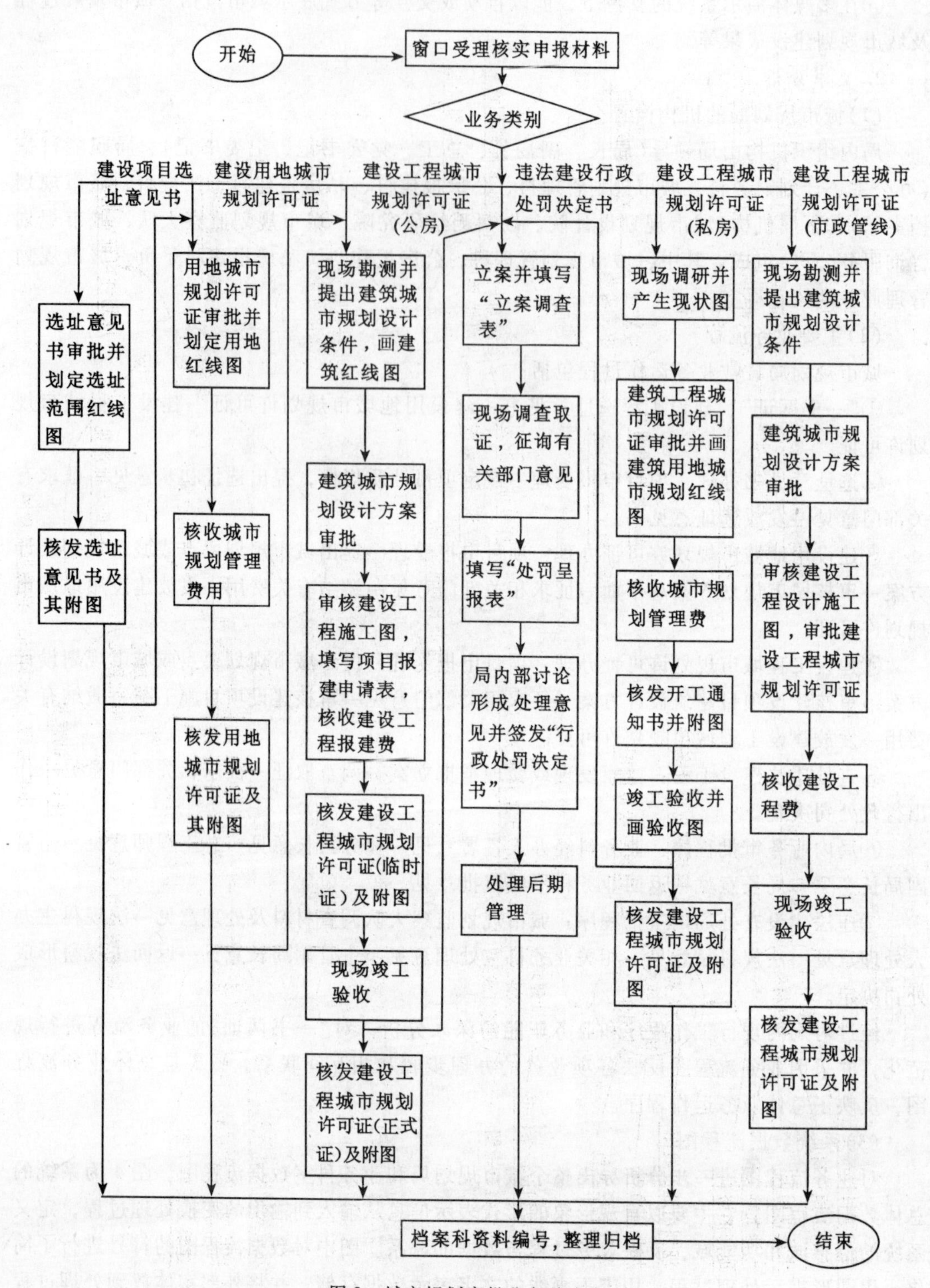


图3　城市规划审批业务总流程

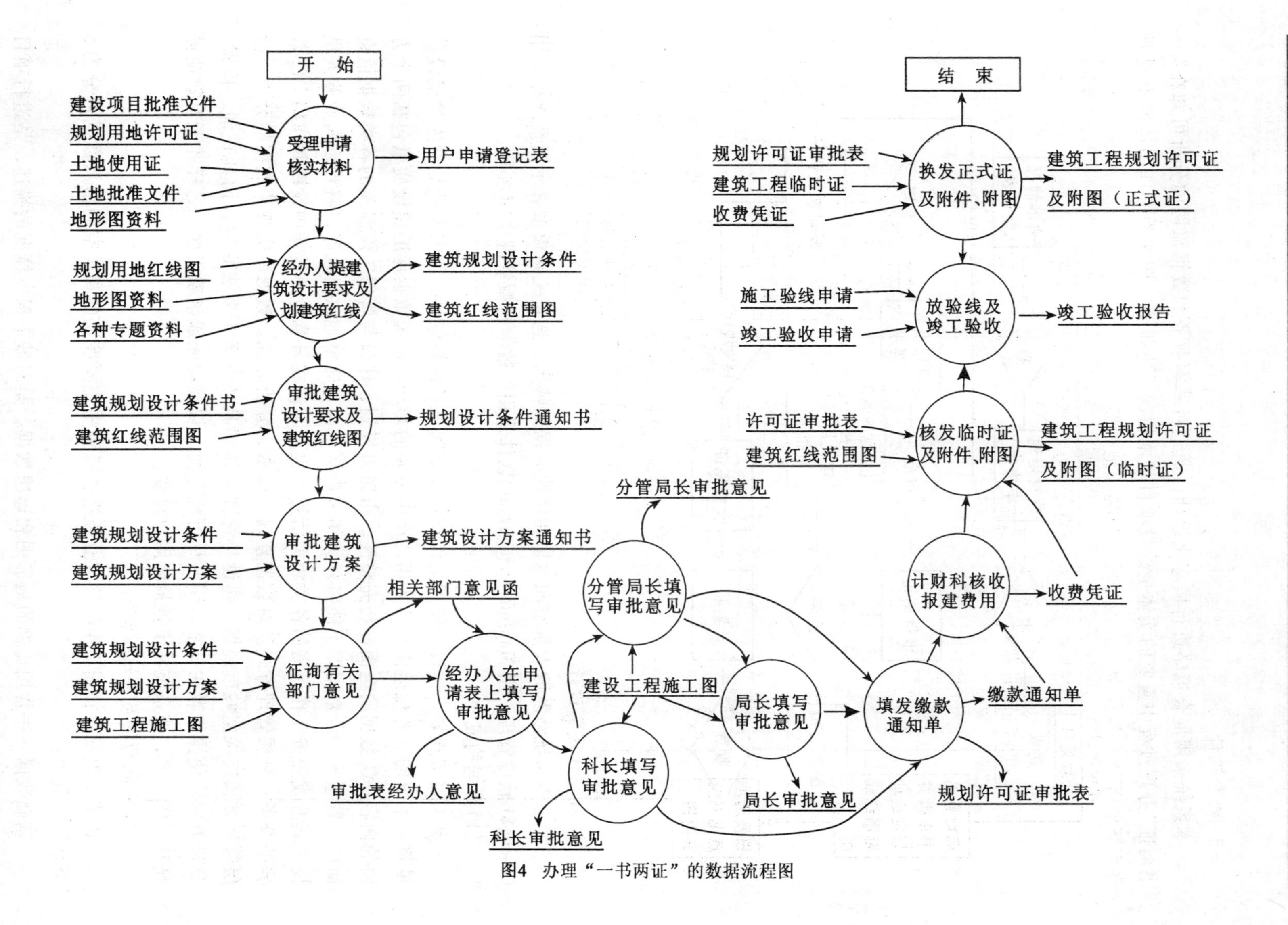


图4　办理"一书两证"的数据流程图

3. 概念设计

本系统采用混合策略进行概念化设计，通过对基本业务和数据流图的分析可知在“一书两证”办理过程中重要的实体是建设项目基本情况、审批表。图5为办理用地城市规划许可证业务的E-R模型，其他分模型可类似地构造。

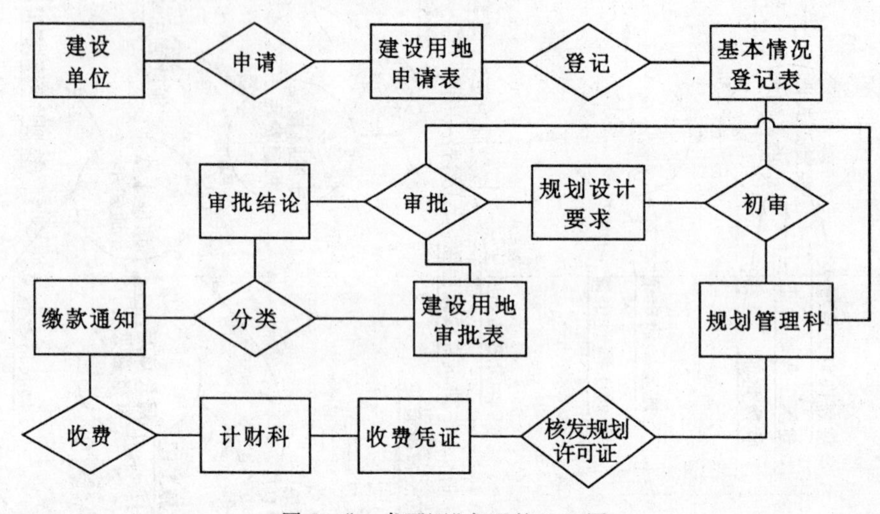


图5 “一书两证”办理的E-R图

4. 数据库逻辑设计

考虑本系统涉及的大量空间数据和属性数据的特点，选定关系模型表示属性数据并用Oracle 8i软件管理，用MapInfo Spacialware软件采用的数学模型管理空间数据。

(1)数据构成

鉴于城市规划、建设与管理工作对相关空间信息的依赖性，因而系统数据库的建设质量将对系统的业务化运作及其实用性产生重要的影响。系统数据库的建设质量包括两个方面的内容：①数据的全面性与完整性。市城市规划、建设与管理工作涉及的各类数据信息面广、数量大，若数据库不能将各类相关数据全面、完整地收集入库，将难以向业务人员提供其开发业务工作所需的各类相关信息，也就不能在日常业务运作中发挥其作用。②数据的分类、分层管理方式及对数据查询、检索、分析方式。数据库中各项数据的分类、分层管理方式应根据城市规划、建设与管理工作的具体业务需要去设定，而其查询、检索、分析方式应使操作者在日常运用时尽可能方便、快捷地完成该项工作，这样才能有效地提高其工作效率，使系统易于被最终用户接受。

(2)空间数据及其组织结构

在城市规划及管理工作的日常业务运作过程中主要涉及的相关空间信息数据可分为5个部分。其中：

基础数据——常用比例的地形图和遥感数据，是对城市根本概况的描述，是进行项目用地选址、用地城市规划定点、实施城市规划管理最常用的数据。

专题数据(含现状数据)——具体反映各专项设施(如:基础设施、综合管线、公用设施等)的建设及现状分布状况,用于为城市规划分析、决策提供专题信息支持(包括区域宏观专题资料)。

城市规划成果数据——现行各项城市规划成果,是在特定时期内城市建设与发展必须遵循的原则、方向与目标的体现,是具体执行城市规划管理的主要依据。

特殊数据——反映的是在城市规划及管理工作中应予以考虑的特殊控制因素。因其特殊地位而划分为一类,实际组织和入库与专题数据作相同处理。

城市规划控制数据——主要是城市规划红线数据,是城市规划管理主要操作的数据。

由于空间数据种类繁多,为方便管理及使用,将其划分为三个主库及其多个子库(表1)。

表1　　空间数据库划分

| 空间数据主库 | 空间数据子库 |
| --- | --- |
| 基础地理数据库 | 1∶500、1∶1000、1∶5000 地形图子库、1∶25000 地形图子库、<br>1∶1 万电子地图子库、1∶13.5 万全图电子地图子库<br>1∶25 万城市地区电子地图子库、1∶90 万省域电子地图子库<br>1∶2000 正射影像图子库 |
| 专题信息库 | 现状专题信息子库、总体城市规划信息子库、分区城市规划信息子库、控制性详规信息子库、修建性详规信息子库、特殊控制信息子库等 |
| 城市规划管理库 | 红线数据子库、城市规划建筑设计图库 |

除了包括上述三个主库外,整个系统的数据库还有文本数据库这一类(图6)。

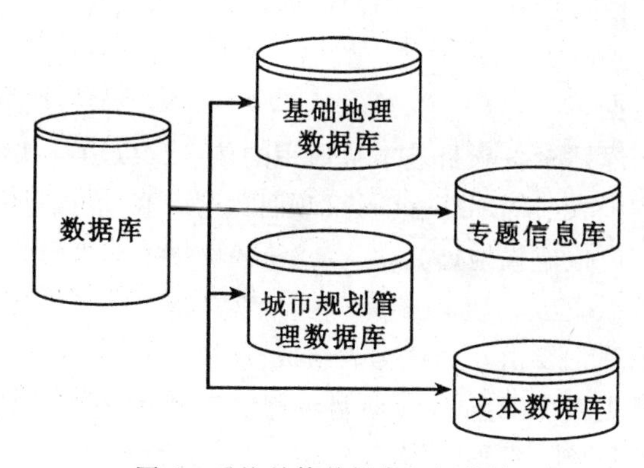


图6　系统总体数据的组织结构

为了方便空间数据库查询功能的实现,可以用图形信息 E-R 关系图(图7)来理清和表达具体图件之间的相互关系。

对图层的管理通过图层调用控制表来实现,它反映了系统运作工程中使用数据的情

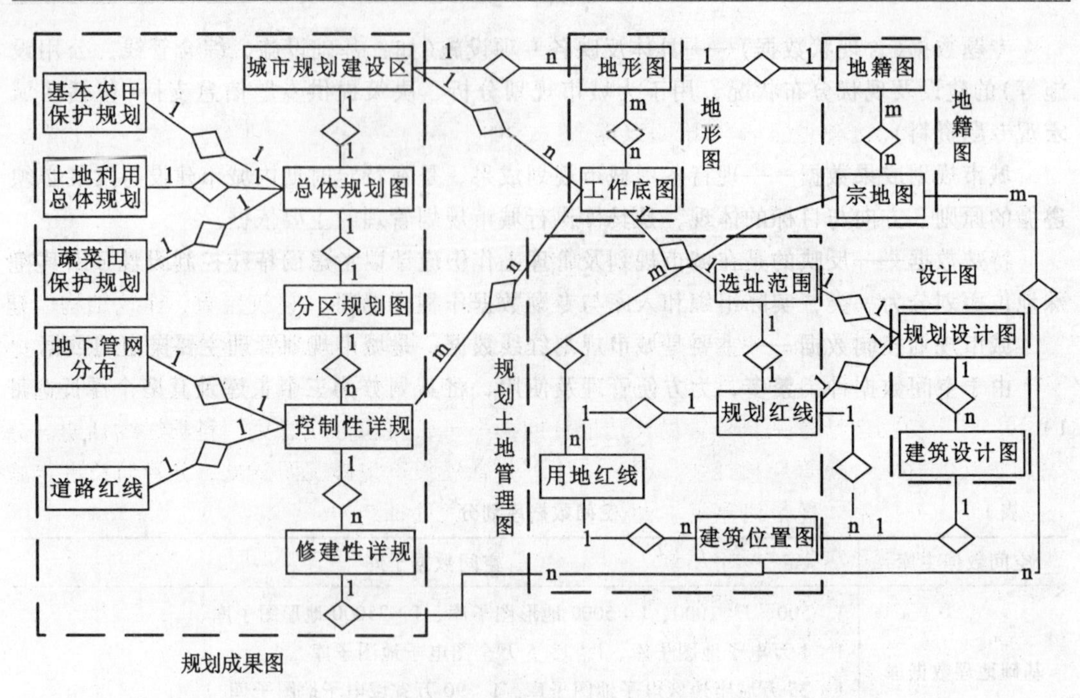


图 7　图形信息 E-R 关系表达

况，系统运行时自动读写该控制表。

(3)属性数据库

根据业务提交资料、证书内容和系统实现功能的支持数据，为系统设计了 9 个数据库及各数据库的子表(注：表中带下画线的属性项为该表的主关键字)。

①系统权限记录数据库

基于数据操作和业务处理安全的考虑而设计该库，以系统用户表为主。

• 系统用户表(XT_User)(<u>用户编号</u>，姓名，部门，系统职务，实际职务，密码)

②项目基本情况数据库

项目基本情况数据库记录各项目基本且通用的信息，以项目基本情况登记表为主。

• 项目基本情况登记表(XMINFO_item)(<u>项目编号</u>，IC 卡编号，建设单位名称，工程名称，申报建设内容，申报建设地址)

③城市规划项目数据库

城市规划项目数据库主要由 6 个数据表组成。

• 建筑工程申请书主表(GH_app)(<u>项目编号</u>，工程性质，建筑地点，基建投资批准单位，投资金额，批件文号，批件时间，土地来源，兴建单位，设计单位，施工单位，申请日期，预计开工时间，完工时间，联系人，联系电话，土地查勘情况，房屋查勘情况，公用设施查勘情况，城市规划查勘情况，经办人意见，经办人姓名，经办人审查日期，科长审查意见，科长姓名，科长审查日期，领导批示意见，局长姓名，领导审查日期)

• 建筑工程申请书子表(GH_app1)(略)

• 城市规划报建核位审批表(GH_approve)(略)

- 城市规划报建立案表(GH_la)(略)
- 城市规划报建结案表(GH_ja)(略)
- 城市规划报建退案表(GH_ta)(略)

④私房报建数据库

私房项目数据库主要由6个数据表组成。

- 私房报建审批表(SF_approve)(项目编号，登记日期，建设单位，建设性质，主管部门，投资总额，资金来源，批准文号，建筑面积，建筑栋数，建筑层数，建筑结构，建设地点，申报占地面积，申报建筑面积，联系人姓名，联系人电话，办公室主任意见，办公室主任姓名，……，局长姓名，局长审查日期，经办人姓名，科长选址意见，科长选址日期，分管局长选址意见，分管局长选址日期，……，科长红线意见，科长红线日期，分管局长红线意见，分管局长红线日期，……，分管局长审定施工图意见，分管局长审定施工图日期，办公室主任最终意见，办公室主任最终意见日期)
- 私房报建验收表(SF_ys)(略)
- 私房报建申请表(SF_app)(略)
- 私房报建立案表(SF_la)(略)
- 私房报建结案表(SF_ja)(略)
- 私房报建退案表(SF_ta)(略)

⑤公房报建数据库

与私房项目数据库类似，公房项目数据库也有相似的6个数据表，分别是公房报建立案表(GF_la)、公房报建结案表(GF_ja)、公房报建退案表(GF_ta)、公房报建申请表(GF_app)、公房报建审批表(GF_approve)、公房报建验收表(GF_ys)，此处不再罗列各表的属性项。

⑥违法项目数据库

违法项目分违法用地和违法建设两类，共对应7个数据表。

- 违法用地立案表(WF_yd_la)(项目编号，违法单位、法人代表，违法人姓名、性别、年龄、职务、工作单位、详细地址，违建地点，案件来源，受理日期，填表日期，违法事实，受理人意见，受理人姓名，受理日期，领导意见，领导姓名)
- 违法用地案件查处审批表(WF_yd_app)(略)
- 违法建设立案表(WF_js_la)(略)
- 违法建设审批表(WF_js_app)(略)
- 违法建设听证告知书(WF_js_tzgz)(略)
- 违法建设送达回执表(WF_js_sdhz)(略)
- 违法建设停工通知书(WF_js_tgtz)(略)

⑦计财项目数据库

主要业务分别有其收费标准和表格。

- 城市规划项目收费表(JC_gh_fee)(项目编号，收费项目名称，应收总金额，减免金额，政策性减金额，政策性免金额，领导特批减金额，领导特批免金额，实收金额)
- 公房项目收费表(JC_gh_fee)(略)

• 私房项目收费表(JC_gh_fee)(略)

⑧项目跟踪数据库

为项目跟踪管理控制需要而设计多个控制表。以对私房审批状态的控制表为例，其他的与之相似。

• 私房科子控制表(GZ_sf)(项目编号，窗口经办人项目，私房科经办人姓名，科长，分管局长，办公室主任，审批时间，施工图时间，进度图标，进度阶段，进度状态，结束时间)

• 城市规划科子控制表(GZ_gh)(略)

• 公房科子控制表(GZ_gf)(略)

• 法规科子控制表(GZ_fg)(略)

• 计财科子控制表(GZ_jc)(略)

• 窗口子控制表(GZ_ck)(略)

• 档案馆子控制表(GZ_da)(略)

⑨收发文数据库

• 收文表(BGS_sw)(文号，收文时间，密级，文件路径，备注)

• 发文表(BGS_fw)(文号，发文时间，密级，文件路径，备注)

(4)文本数据库

文本数据多以文件形式存放，因而单独管理。文本数据由两部分构成：

法律、法规、技术规程及规范——均与城市规划及管理工作相关，并根据实际工作需要，按执行年限、相关程度，进行分类组织和入库。

宏观背景分析材料——向各行业管理部门收集与城市规划有关的社会、经济、文化等资料进行对口分类组织后全部入库。

若对以上数据按其类别、性质、数量及工作中的使用要求，可分为省域基本概况数据库、城市基本概况数据库、法律法规数据库，并分别进行组织管理。

5. 数据库物理设计

(1)空间数据库的物理设计

本系统使用 MapInfo Spatialware 管理空间数据，对基础数据、专题数据(含现状数据)、城市规划成果数据、特殊数据、城市规划控制数据分工作空间进行存储，并能方便地与空间数据关联的属性数据连接。

(2)属性数据库的物理设计

根据属性数据库的逻辑划分，很容易完成其物理文件结构的设计。

6. 数据库功能设计

(1)系统控制流设计

系统的控制流图用于描述系统内部数据与处理操作间的次序关系，是系统代码实现的依据。根据业务流程图和数据流程图，首先分析确定系统的总体控制流图，然后按照自顶向下与由简到繁的原则，根据层次控制流程图间的平衡关系，进行子系统的逐层分解细化，得到各层次结构控制流图，直至可以表达执行程序算法过程的底层控制流程图。底层控制流程图用于指导系统具体功能模块的程序实现。图 8 是系统总体控制流图。

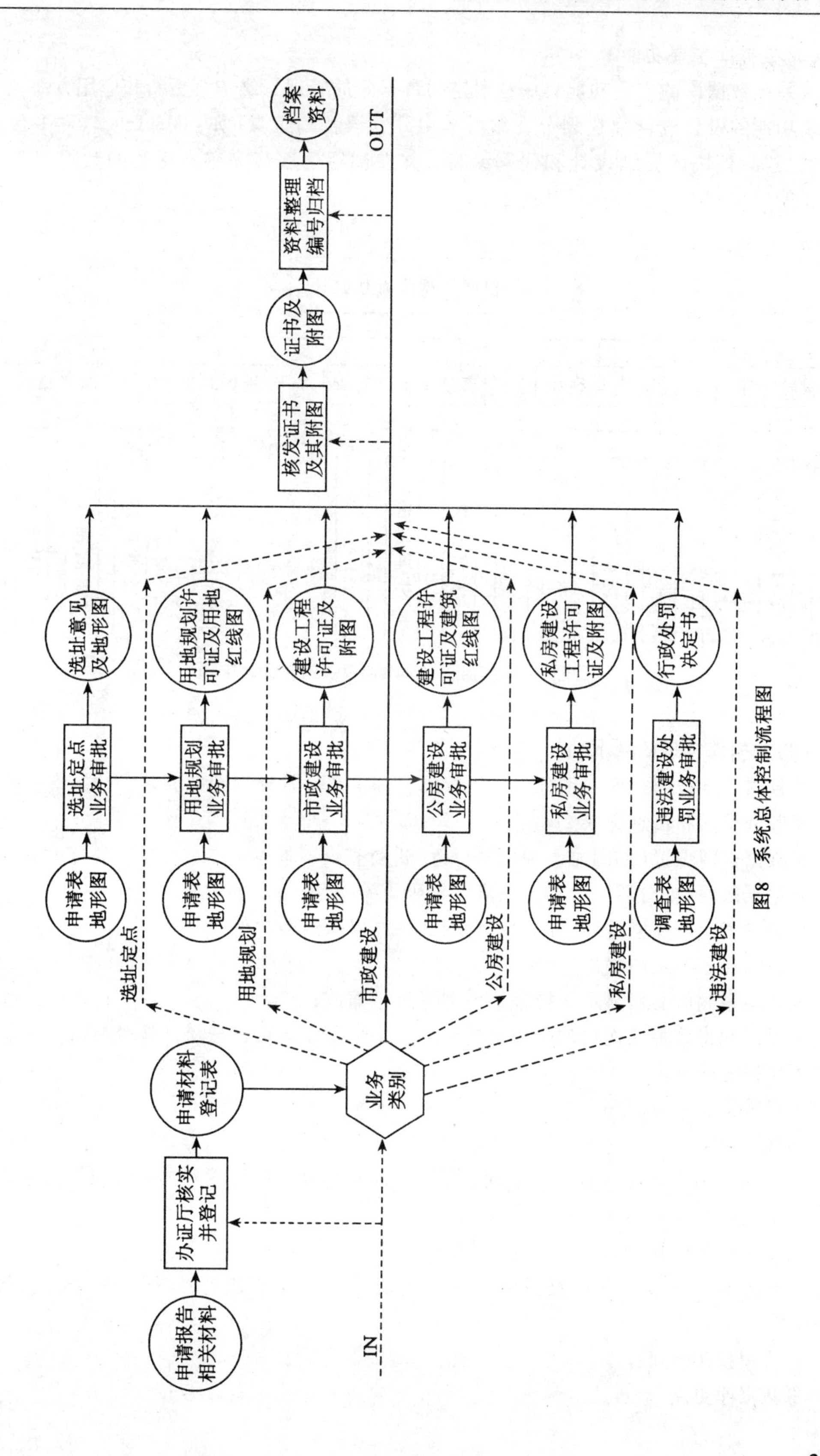

图8　系统总体控制流程图

(2)数据库主要功能

该系统数据库的主要功能集中在对空间数据库的管理、维护、更新和应用方面。先根据系统功能的设计进行模块划分，然后采用开发语言和工具(如：MapInfo 软件平台的二次开发)进行模块的详细设计和代码编写，并在试用后逐步完善本系统的数据库管理系统。功能模块的层次结构如图 9 所示。

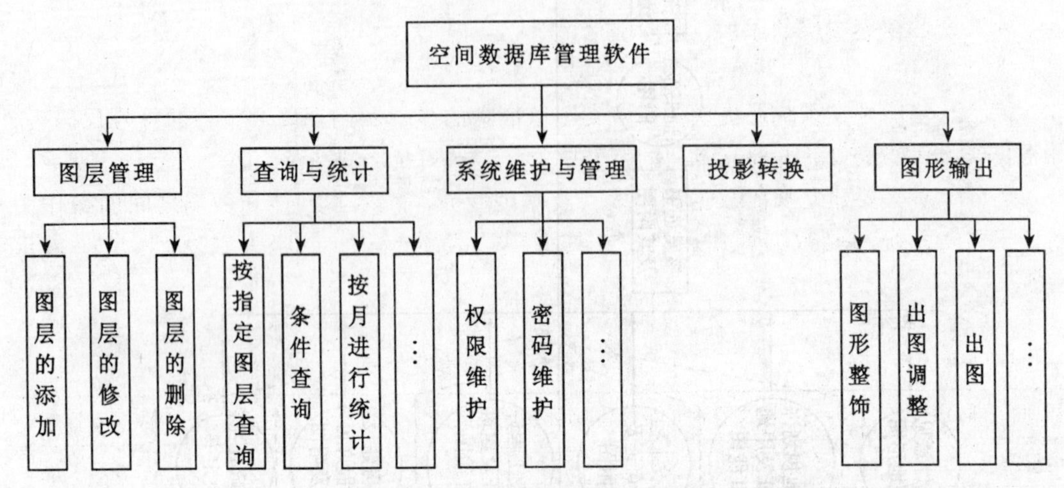


图 9　空间数据库管理功能模块的层次结构

(3)数据库管理的基本功能

①数据库维护与管理：细分为用户权限管理、图层管理、图幅管理、数据备份。

②查询检索和信息提取

• 根据空间位置(如图号、地面坐标等)进行查询、检索；

• 根据属性(如分层、分类、要素识别码等)进行查询、检索；

• 将检索到的要素重新组织生成新的文件，提供给用户使用。

③图形显示和绘图输出

• 将检索到的要素显示于屏幕上，并可进行缩放；

• 可以输出多种比例尺的全要素的标准数字地形图；可以按层、按分类或属性项值选取要素生成专题地图；

• 可输出多种专题图。

④统计

• 提供常用的统计功能，如位置、长度、面积量算，将检索到的要素根据属性进行统计计算等。

⑤数据转换：如 MapInfo 文件与其他标准格式文件互相转换等。

⑥技术文档管理：对数据说明、用户手册等技术文档进行维护管理并供用户进行查询。

⑦常用投影转换

⑧数据库更新

- 定期地处理前台产生的数据；
- 用地形图补测成果更新图库；
- 新的城市规划设计成果及新的现状数据对图库的补充及更新。

⑨日志管理

⑩系统维护管理

- 系统故障后的恢复运行；
- 系统数据库图层的添加、删除与修改；
- 其他。

除上述功能外，系统还提供按照各类图形信息的显示和制图要求编写的符号代码表，并根据符号代码表设计并建立专门的符号库。

另外，有必要建立功能数据调用表，直观地查看系统基本功能与数据之间的操作关系。表2是系统功能数据调用表之一，其中“W”表示“写”，“R”表示“读”，“/”表示“或”。

表2　　**系统功能数据调用表**

| 数据/基本功能 | 图文查询 | 统计 | 项目管理 | 红线 | 汇报演示 | 系统维护 | 数据库管理 |
|---|---|---|---|---|---|---|---|
| 地形图 | R | | | R | | R | R/W |
| 城市规划成果图 | R | | | R | | R | R/W |
| 红线目标数据 | R | R | | R/W | | R | R/W |
| 红线注记数据 | R | R | | R/W | | R | R/W |
| 红线输出数据 | R | R | | R/W | | R | R/W |
| 其他空间数据 | R | | | R | | R | R/W |
| 许可证 | R | R | R/W | R | R | R | R/W |
| 选址意见书 | R | R | R/W | R | R | R | R |
| 申请表 | R | R | R/W | | R | R | R |
| 审批表 | R | R | R/W | R | R | R | R |
| 申请报告 | R | R | R | | R | R | R |
| 计划批文 | R | R | R | | R | R | R |
| 控制表 | R | R | R/W | R/W | R | R/W | R/W |
| 图片 | | R | R | | R | R | R/W |
| 流程图 | | R | | | R | R | R/W |
| 解说词 | | R | | | R | R | R/W |
| 录像 | | R | | | R | R | R/W |
| 动画 | | R | | | R | R | R/W |

# 参考文献


[1]马玉书．数据库技术名词解释．北京：石油工业出版社，1994.

[2]雷光复．面向对象的新一代数据库系统．北京：国防工业出版社，2000.

[3]贾焰，王志英，韩伟红，李霖．分布式数据库技术．北京：国防工业出版社，2000.

[4]周志逵，江涛．数据库理论与新技术．北京：北京理工大学出版社，2001.

[5]吴炜煜．工程数据管理系统．北京：清华大学出版社，1996.

[6]王珊，等．数据仓库技术及联机分析处理．北京：科学出版社，1998.

[7](美)吉尔(Gill，H.)，(美)劳(Rao，P.)．数据仓库——客户/服务器计算指南．北京：清华大学出版社，1997.

[8]王珊，陈红．数据库系统原理教程．北京：清华大学出版社，1998.

[9]龚健雅．当代GIS若干理论与技术．武汉：武汉测绘科技大学出版社，1999.

[10]D. R. Howe. Data Analysis for Data Base Design (Second Edition), Chapman and Hall Inc. 1994.

[11]冯玉才．数据库系统基础(第2版)．武汉：华中理工大学出版社，2000.

[12]陈俊，宫鹏著．实用地理信息系统——成功地理信息系统的建设与管理．北京：科学出版社，1998.

[13]邬伦，张晶，赵伟．地理信息系统．北京：电子工业出版社，2002.

[14]吴信才，等．地理信息系统设计与实现．北京：电子工业出版社，2002.

[15]陆守一，等．地理信息系统实用教程(第2版)．北京：中国林业出版社，2000.

[16]刑继德，蔡依萍，李东编．地理信息系统与地理教学．杭州：浙江大学出版社，2001.

[17]詹庆明，肖映辉．城市遥感技术．武汉：武汉测绘科技大学出版社，1999.

[18]陈燕申，罗成章，寇有观．城市地理信息系统的系统分析与系统设计．北京：地质出版社，1999.

[19]戴蓬．迈向新世纪——广州市城市规划管理信息系统的理论与实践．广州：华南理工大学出版社，1999.

[20]龚健雅．地理信息系统基础．北京：科学出版社，2001.

[21]吴永英，等．金字塔多维索引分析及其实现算法．计算机工程与科学，2000年第28卷第10期.